SCIENTIFIC
LOGIC

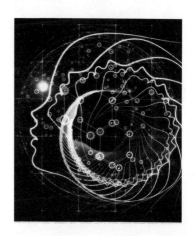

# 科学逻辑

张巨青　主编

学林出版社

# 目  录
## contents

# 再版前言

夏德元

本书为 1983 年国家教委委托武汉大学哲学系张巨青教授主编的《科学逻辑》的重排校订本。这既是我国首部《科学逻辑》大学教材，同时，又是我国首部研究《科学逻辑》的学术专著。文字精炼，通俗易懂，颇有风趣。

本书独到地提出科学逻辑的研究纲领，它是由以下三项构成的：一是科学理论的发现逻辑；二是科学理论的检验逻辑；三是科学理论的发展逻辑。并且，在此研究纲领三项基本构成的基础上，将科学发现逻辑进一步拓展和深化至探究"问题与直觉""比较与分析""综合与概括""类比与想象""抽象与理想化"诸课题；将科学检验逻辑进一步拓展和深化至探究"观察与实验""归纳与确证""演绎与证伪"诸课题，还将科学发展逻辑进一步扩展和深化至探究"理论的修改、淘汰与复活""科学理论系统化"以及"科学知识的增长"诸课题，从此而构成了一门具有严整理论系统的创新性学科——"科学逻辑"。

1992 年，本书荣获国家教育部颁发"优秀教材奖"。

张巨青教授是福建仙游人，1956 年夏毕业于北京大学哲学系，同年受聘于武汉大学正在重建的哲学系。他初见系领导就被要求独自讲授逻辑课。那时，"逻辑"是一门文科必修的公共课，但逻辑学教师却奇缺。他则应急采取"大班课堂"教学的方式，使法律、中文、历史、经济等系的学生都有机会听逻辑课。这是坐满二百人以上的大课堂，授课难度确实不小，可是，他的大胆尝试居然成功了！

1961 年，张老师晋升为讲师。1980 年，晋升为副教授，开始招收硕士生和接纳访问学者。1985 年，他又晋升为教授，尔后担任博士研究生导师。20 世纪改革开放后，他身负的教学重担便从本科教学逐步转为指导硕士研究生，与此同时科研的任务也愈加繁重，主要是受国家教委的委托参加编写《普通逻辑》大学教材，并着手主编《辩证逻辑》大学教材。1983 年他又再次受国家教委的委托，主编我国首部《科学逻辑》大学教材，也就是各位读者手中这本书的最初版本。

在校内、系内的教学活动上，他使得博士生课程、硕士生课程以及访问学者论坛这三者协调有序地开展。他为国家培养多种多样的顶端人才付出过不少心血。他指导的研究生毕业后，既有从事文职研究员的，又有从事武职将军的，还有留学哈佛大学以取得博士学位的高材生。六十多年来，张老师一直坚持忠诚党的教育事业，著书与育才两手抓，齐头并进，相辅相成。

张巨青教授历任武汉大学逻辑学教研室主任、现代西方哲学研究室（国家级重点学科研究室）主任、武汉大学学术委员会委员、首届全国科学逻辑专业委员会主任、全国科学方法论专业委员会副主任、全国辩证逻辑专业委员会副主任、美国哲学学会（APA）国际会员，并被南开大学、厦门大学、华中师范大学等校聘为客座教授。1992 年起享受国务院政府特殊津贴。

张巨青教授的主要科研方向是科学哲学、认识论和逻辑学，他在以上领域都取得了突出的成就。其中，《论假说：谈谈假说的一般特征和它的形成》一文在《光明日报》发表后，在学术界产生了广泛影响，毛泽东曾圈阅该文并做了批示。

张教授的治学轨迹，一般是以论文中尚处于萌芽状态的"种子"思想观念作为原初动因，逐步推进，日渐深化，最终扩展成为结构严整的系统性理论著作。他从关于假说形成、验证和发展的一系列论文为初始点，渐渐深入研究，拓展为"科学研究的艺术"和科学方法论的系统性理论见解。

  《科学逻辑》首版于 1984 年 3 月，由吉林人民出版社铅字排印出版，首印 17440 册，如今早已绝版，难以寻觅。为了满足有志于从事科学研究、技术发明和创新产业的广大读者的阅读需要，经与张教授商量，决定推出本书的重排校订版。这次重新排印，除更正了原版的少量错漏并按照出版规范对原书中的图表进行重绘之外，还一一核对引文，找到了所有引文的外文原版图书出处。为尊重历史原生态，其余文字均保持原貌。

  参与这本教材编写和资料收集工作的教师、研究员，均来自张老师悉心指导培育历时多年筑建而成的"学术共同体"，他们分别是来自河北大学的沙青、于祺明，来自南京大学的郁慕镛，来自四川大学的高兴华、陈康扬，来自南开大学的陶文楼，来自杭州大学的张则幸、黄华新，来自华中师范学院的刘文君，来自北京师范大学的汪馥郁，来自吉林大学的刘猷桓，来自南京工程兵学院的徐纪敏，来自辽宁大学的姜成林，来自中国社会科学院哲学研究所的章士嵘，来自武汉大学的桂起权，来自山东聊城师范学院的张洪慧。

  需要说明的是，由于年代久远，许多当年的参与编写者调换了工作单位，一些单位还在新一轮的院校调整中更换了名称或者被其他院校合并，这次校订再版时无法一一联系到他们，张巨青教授特委托编者在此向当年参与编写的各位老师表达谢意，并欢迎各位参与者看到此书后，向出版社索取样书。

  作为本书主编，张巨青教授声明对整书的全部内容与见解负责。

2020 年 12 月 22 日

# 引　论<sup>*</sup>

## 第一节　科学逻辑的划界

什么是科学逻辑？哪些是属于科学逻辑所要研究的？哪些不是属于科学逻辑所要研究的？这就是关于科学逻辑的划界问题。

逻辑这个词源于希腊语词"λoros"（逻各斯），含有"思维""理性""言语""规则"等意思。逻辑作为一门科学，已发展成为多支，即存在着不同类型的逻辑。科学逻辑以科学的认识活动为研究对象，论述科学研究活动的模式及其规则，作为评判科学活动合理性的标准。

人们曾经把那种以科学理论作为研究对象的学问，叫作"元科学"（或称为"元理论"）。对此需要说明两点：首先，元科学（或元理论）并不是研究一切门类的科学，它仅仅是研究经验的自然科学。经验自然科学总是与观察、实验联系在一起，它既解释经验事实，又有待于通过经验事实给予验证。元科学与元逻辑不同，前者研究的对象是经验自然科学，后者研究的对象是演绎科学（数学和逻辑）。其次，元科学并不研究经验自然科学中的任何问题，它所探讨的只是经验自然科学中的认识论与逻辑问题。人们也把这种经验自然科学的认识论与逻辑问题，通称为"自然科学中的哲学问题"。科学逻辑从属于元科学。

---

究竟元科学研究些什么呢？元科学的研究课题从总体上来说，包括以下两个方面：

第一，科学知识是什么？这是有关科学知识性质方面的问题。对这一方面的问题作出回答就形成了科学观。比如说，有人认为，科学知识具有客观性，它不依赖于个人或集团的主观信仰；而有人则认为，科学知识是科学家集团的共同信仰，具有约定的纯工具性质；还有人认为，科学知识不过是科学家的个人信念，并无客观的意义。无疑，自然科学中具有头等重要意义的是认识论问题，即：科学知识是什么？科学知识的性质如何？应当说，科学观历来就是作为认识论的主要内容之一，不同的科学观构成不同的认识论。

第二，科学方法是什么？这是有关科学研究活动的合理性问题。换句话说，科学的认识活动是依照怎样的模式、程序、途径、手段进行的呢？如何从事科学活动才是有效、正确、合理的呢？科学活动的合理性标准（规则）是什么呢？对这一方面的问题作出回答就形成了经验科学的逻辑方法论（简称为"科学逻辑"）。

这里需要明确，关于经验科学的方法问题既不全是逻辑的问题，也不全是认识论的问题。经验科学的方法论总是作为逻辑与认识论相互渗透的统一体。不存在什么排除认识论的"纯粹的"经验科学逻辑，也不存在什么排除逻辑的"纯粹的"经验科学哲学。

既然科学逻辑是探讨经验科学的方法的学科，是关于科学活动的模式、程序、途径、手段及其合理性标准的理论，那么，是不是说经验科学中的任何一种研究活动的模式或手段——比如光谱分析法、远缘杂交法、气象预报法，以至算术的加、减、乘、除法等——都是属于科学逻辑的研究课题呢？不！并不是这样的。因而，必须进一步明确科学逻辑的划界原则。

作为科学逻辑研究课题的科学认识活动的模式和手段，它们具有以下这些特点：

第一，科学逻辑所研究的是一切经验自然科学所共有的研究活动模式和手段，而且这些模式和手段仅仅是经验自然科学所共有的。也就是说，凡是某一学科（或少数学科）所特有的研究活动模式和手段，都不属于科学逻辑的研究课题。比如说远缘杂交法，这是遗传学、育种学所特有的研究方式，并不是一切经验科学所共有的，因而就不属于科学逻辑的研究范围。此外，科学逻辑也不研究适用于全科学的方法，比如演绎推理和归纳推理，这是任何科学活动以及日常生活活动都普遍应用的。如果是一般地研究演绎推理和归纳推理，那么这是普通逻辑的课题，并不是科学逻辑的课题。科学逻辑所要研究的是作为经验科学活动的模式和手段的演绎推理和归纳推理，目的在于解决科学活动的合理性问题。

第二，科学逻辑的研究课题是经验科学中的认识论与逻辑的课题，并不是数学的或工程技术的课题，甚至也不是科学社会学的课题。比如说，系统论、控制论和信息论，它们如同数学方法一样重要，也是极为普遍地被应用的。然而，它们并不作为经验科学的认识论与逻辑。它们主要是作为解决工程技术问题而兴起的学科，因而，它们就不是科学逻辑所要论述的内容。大家知道，科学是人类社会的事业，科学活动涉及社会人才的培养状况、研究机构的发展状况、资金的使用状况等。总之，人类的科学活动存在着许许多多社会学方面的研究课题。但是，科学逻辑只限于研究科学的认识论与逻辑的课题，并不研究科学的社会学方面的课题。

第三，科学逻辑所阐明的科学活动模式及其合理性标准，并不都是些严格而精确的形式规则，还有些启发性的指导原则。如果科学逻辑的内容仅仅是形式规则所构成的系统，而排除那些不具有机械固定程序的指导原则，那就根本无法解决科学活动的合理性问题。

比如说，为了检验一个假说，就必须从被检验的假说引申（演绎）出关于事实的命题，然后，通过观察或实验判定从假说引申出来的事实命题的真伪，再从引申出来的事实命题的真伪去评估被检验假说的真伪。人们常用"H"来表示被检验的假说，用"E"来表示引申出来的关于事实的命题，那么，从被检验假说 H 引申（演绎）出关于事实的命题 E，被简化地表示为"如果 H，那么 E"。无疑，事实命题 E，也许是真的，也许是假的。

如果观察或实验表明事实命题 E 为真，那么，我们可否依照下式：

如果 H，那么 E

E（即"E"真）

—————————————① 

所以，H（即"H"真）

从而判定假说 H 为真呢？不可以！比如说，根据爱因斯坦广义相对论：

引力会影响一切物理过程所进行的速率，而使它变慢。在月球表面引力比地面上的弱，因此月球上的精密时计将比地面上的同样时计走得快些，而引力强得多的太阳表面处的时计则会走得慢些。当然我们不能将一只人造的时计放到太阳上去，但很凑巧，那里已有天然的时计：这就是原子，它的光波发出精确的频率来标志它们的时间。因此，为了考察在太阳表面与在地球表面的时钟的快慢是否存在差别，我们应该比较一下在太阳表面和在地球表面的同样光源所发射光的频率。不同元素的原子所发射的光给这种研究提供了方便。在太阳的强引力场中，原子的振动将比地球上那些同样的原子的振动慢些。但是这个差别只有约百万分之二，很难作精确的测量。更近代的实验用的是原子核所发射的振动（γ 射线），它能以极高的精确度加以测量。在同一实验室中，处于不同高度所作的这些测量，所得到的结果（如太阳光的频率移动）符合爱因斯坦的预言。但不幸的是，所有别的与此不同的理论——甚至是牛顿力学的一种推广——也预言了同样的结果。所以，这种相符性对这些理论并不能作为选择的根据。②

———————————————

① 在前提和结论之间，我们用双线表示或然的、非演绎的推理，而用单线表示必然的、演绎的推理。

② ［美］G.盖莫夫，［美］J.M.克利夫兰著：《物理学基础与前哨（上册）》，上海：上海教育出版社，1980 年版，第 292—293 页。

即使我们从假说 H 引申出一系列关于事实的命题 $e_1$、$e_2$、$e_3$、……$e_n$，而且观察或实验表明 $e_1$、$e_2$、$e_3$、……$e_n$ 是真的，那么可否依照下式：

如果 H，那么 $e_1$、$e_2$、$e_3$、……$e_n$
$e_1$、$e_2$、$e_3$、……$e_n$
——————————————————————
所以，H

从而判定假说 H 为真呢？还是不可以！比如说，从"一切物体遇热膨胀"可以引申出一系列有关个别物体遇热膨胀的事实命题，而且正如人们常见的：一个气球晒热会膨胀，一床被絮晒热会膨胀，一个饺子煮热会膨胀，等等。有人以为可以从上述事实判定"一切物体遇热膨胀"为真。可是，当他发现冬天水结冰时，居然胀破了水缸或自来水管，他便恍然大悟：原来"一切物体遇热膨胀"的说法还是不能成立啊！由此可见，从被检验假说引申出来的若干事实命题为真，并不能简单地据此而判定被检验的假说为真。

反之，如果观察或实验表明事实命题 E 为假，那么我们可否依照下式：

如果 H，那么 E
并非 E（即"E"假）
——————————————————————
所以，非 H（即"H"假）

从而判定假说 H 为假呢？也是不可以！科学史表明，一个理论假说刚提出之时，往往就存在着许多它尚不能解释的相关事实（我们称之为"异例"），或存在着许多排斥它的事实（我们称之为"反例"）。比如说，哥白尼本人在提出日心说时，并不能解释：既然地球是运动的，为什么从塔顶抛下的石头不是落在远离塔基的地点，而是落在塔脚上？这就被称为"塔的问题"；又如，牛顿提出的引力理论，并不能解释水星近日点运动的偏离。尽管一个新理论往往面临着"异例"或"反例"，可是科学家并不因此就拒绝接受这个理论。如果简单地依照上述的推论方式进行"证伪",那么很多新的进步的理论假说,从初始提出时就会被否定和抛弃了。

综上所述,科学活动的合理性、有效性与正确性问题,并不是完全依靠形式规则就能解决的。对于科学逻辑来说,非形式的指导原则是必要的,而且也是有成效的。

## 第二节  科学逻辑的研究纲领

科学方法问题,科学活动的合理性问题,涉及以下三个最基本的方面:

第一,科学理论的发现方法。这是探讨科学发现活动范围的合理性问题。可以把这方面的内容称为"发现的逻辑"。

第二,科学理论的检验方法。这是探讨理论检验活动范围的合理性问题。可以把这方面的内容称为"检验的逻辑"。

第三,科学理论的发展方法。这是探讨科学理论的演变与更替过程的合理性问题。可以把这方面的内容称为"发展的逻辑"。

科学逻辑的研究工作基本上就是探讨以上三个方面的课题。而且,对上述课题作出不同的回答就形成了不同学派的理论。

### 一、发现的逻辑

关于科学方法的古老见解,我们可以追溯到古希腊时期。依照亚里士多德的见解,科学研究是从观察上升到一般原理,即从个别事实的知识中归纳出解释性原理,然后再以解释性原理为前提,演绎出关于个别事实的陈述。这就是亚里士多德关于科学研究的归纳——演绎程序的理论。然而,亚里士多德本人对归纳程序的研究是非常薄弱的。那时占优势的是演绎科学,数学被看作是一切知识的典范,自然也就特别重视演绎法的逻辑证明意义。亚里士多德认为,任何一门科学都是通过一系列演绎证明而构成的命题系统，其中处在一般性最高层次的，作为一切证明出发点的是第一原理。其余处于一般性较低层次的命题都是由第一原理演绎出来的。总之，理想的科学应当是演绎命题的等级系统。

此后，亚里士多德的追随者，所强调的只是从第一原理演绎出推断，从第一原理开始，而不是从观察与事实的归纳开始。他们把科学方法归结为演绎逻辑，以为科学发现是通过演绎程序来实现的。传统的理性论基本上都是这么看的，包括笛卡尔的方法论也是如此。然而，演绎法的局限性恰恰就在于如果把它作为发现的方法，那它是很难胜任的。"逻辑证明即所谓演绎，结论是由别的陈述，即被称为是论证的前提进行演绎而获得的。论证应构造得如果前提为真，结论也必定为真。……结论不能陈述多于前提中所说的东西，它只是把前提中蕴涵着的某种结论予以说明而已。即是说，它只是揭示了在前提中所包藏的结论而已。演绎的价值就立足在它的空虚上。正因为演绎不会把任何东西加在前提里面，它就可以永远应用而不会有失误的危险。说得更确切一些，结论不会比前提不可靠。演绎的逻辑功能便是从给予的陈述中把真理传递到别的陈述上去——但这就是它所能办到的全部事情了。除非另有一个综合真理已被知道，它是不能建立综合真理的。"① 总之，科学原理的发现不能归结为演绎的功能。科学的实际历史也表明了演绎法的这种局限性。正如 W.C. 丹皮尔所说的："亚里士多德是形式上确凿无疑的形式逻辑及其三段论法的创立人。这是一个伟大的发现；……亚里士多德把他的发现运用到科学理论上来。作为例证，他选择了数学学科，尤其是几何学。……但是，三段论法对于实验科学却是毫无用处的。因为实验科学所追求的主要目的是发现，而不是从公认的前提得出的形式证明。从元素不能再分割为更简单的物体的前提出发，在 1890 年未尝不可得出一个正确的已知元素表，但到 1920 年，再运用这个前提就会把一切放射性元素排除在外。这样，前提既已改变，元素一词的意义也就改变了。……幸而现

---

① ［德］H. 赖欣巴哈著：《科学哲学的兴起》，北京：商务印书馆，1983 年版，第 32—33 页。

代的实验家并不在逻辑的形式规则上操心费神；不过，亚里士多德的工作的威信在促使希腊和中古时代科学界去寻找绝对肯定的前提和过早运用演绎法方面，却起了很大作用。其结果，就把许多有不少错误的权威都说成是绝对没有错误的。"①

近代自然科学是在反对迷信权威、推崇实验方法的呼声下兴起的，与近代自然科学一齐前进的是探讨归纳逻辑与强调归纳法的意义。以培根、穆勒为代表的古典归纳主义，认为科学原理是依靠归纳法从事实材料推导出来的。培根提出归纳程序的理论作为"新"科学方法。他把科学知识结构看作是一种命题的金字塔，作为基础的底层是关于经验事实的命题。科学研究就是通过归纳程序去发现一般原理，这样，从命题金字塔的底层逐步地归纳上升到顶部，其顶端就是最一般的原理。培根认为科学发现是通过归纳程序来实现的。归纳法被当作是唯一的科学发现方法。一个相当长的历史时期内，这种观点被为数颇多的逻辑著作、科学与科学史著作所接受，甚至简单地把经验科学称为"归纳科学"。

古典归纳主义认为归纳法才是真正科学发现的方法，毕竟是把问题看得过于简单了。即使是在科学的萌芽时期，归纳法要作为发现的方法也是不能胜任的。我们不妨追忆一下阿基米德发现浮体定律的故事。

> 说起阿基米德，虽然他有许多各种各样的奇妙发现，可是在这所有的发现当中，我下面将要谈到的一个也许是最精彩最巧妙的了。海罗在锡拉丘兹称王之后，为了显示自己的丰功伟绩，决定在一座圣庙里放上一顶金皇冠，奉献给不朽的神灵。海罗与承包商谈好价钱，订了合同，并精确地称出黄金交给了他。到了规定的日期，制造商送来了做工极其精美的皇冠，大王极为满意。看起来皇冠的重量与所给的黄金重量完全相符。但后来有人告发说，在做皇冠时，商人盗窃了金子，加上了等

---

① ［英］W.C. 丹皮尔著：《科学史及其与哲学和宗教的关系》，北京：商务印书馆，1975 年版，第 75—76 页。

量的白银。海罗认为自己受了欺骗，实在是奇耻大辱，但又没有办法把窃贼的嘴脸揭露出来，就命阿基米德想想办法。阿基米德连洗澡的时候都在想着这件事，当他进澡盆时，发现自己的身体越往里浸，从盆里溢出的水就越多。这可找到解决问题的办法了，他一下子从澡盆里跳出来，光着身子欣喜若狂地冲回家，一边大声喊叫说他找到朝思暮想的答案了，他边跑边大声重复着希腊话："εὕρηκα，εὕρηκα"（意为找到了！）①

　　看来，如果上面关于阿基米德发现浮体定理的情景的描述是真实的话，与其说阿基米德发现浮体定理是依靠归纳法从事实材料推导出来的，不如说他发现浮体定律是在朝思暮想如何解决王冠问题时而顿悟出来的。

　　现代归纳主义与古典归纳主义不同，不再认为归纳法是科学发现的方法。卡尔纳普直截了当地说出："不可能制造出一种归纳机器。后者可能是指一种机械装置，在这种装置中，如果装入一份观察报告，将能够输出一种合适的假说，正如当我们向一台计算机输入一对因数时，机器将能够输出这对因数的乘积。我完全同意，这样一种归纳机器是不可能有的。"② 赖欣巴哈也认为："归纳推理并非用来发现理论，而是通过观察事实来证明理论为正确的。"③ 那么，科学发现被看作怎么一回事呢？科学发现被解释为一种无逻辑性可言的神秘猜测。换句话说，他们认为不存在科学发现的方法。在现代归纳主义以及其他的学派中，不少人把科学发现的范围看作是非理性的，并划归心理学研究范围，对发现的逻辑持着完全否定的态度。但是，这并不是一个可取的解决问题的办法。

　　一个纲领性的问题是：发现的逻辑是可能的吗？

　　诚然，科学发现是非常复杂的创造性思维的结果，需要巧妙的猜测，而且往往夹带着戏剧性事件。我们不能幻想有什么普遍有效的、固定的、机械的发现程序（发现的形式规则）。谁也不能否认科学发现具有随机性

① ［美］乔治·伽莫夫著：《物理学发展史》，北京：商务印书馆，1981年版，第14页。
② 洪谦主编：《逻辑经验主义》，北京：商务印书馆，1982年版，第330页。
③ ［德］H. 赖欣巴哈著：《科学哲学的兴起》，北京：商务印书馆，1983年版，第182页。

和直觉性，甚至连科学家本人往往也说不清他是用什么方法获得发现的。可是，如果由此就简单地断言发现范围是非理性的，不存在合理性的问题，那还是分析不足而结论过早的。

首先，我们已经知道，理论发现过程的起点是问题，而终点是找到能够解答问题的理论。一方面我们要看到，从问题到答案之间曾出现过这样的或那样的思绪，其程序是变幻不定的；另一方面我们也要看到，寻求答案的基本手段、构成发现过程的认识活动的基本方式却是有限的。任何科学发现都是通过比较、分析综合、概括、类比、想象、抽象等来实现的，好比画家能以他所掌握的几种画法技巧，而描绘出各式各样题材的画。

其次，对于寻求答案的基本手段来说，即比较、分析、综合、概括、类比、想象、抽象等，是否存在着合理性、有效性问题呢？我们试以比较的方式来探讨。比较即识别对象之间的相同或相异，科学发现过程总是少不了比较。那么，比较作为构成发现过程的认识手段之一，如何才是合理而富有成效的呢？无疑，这里存在着两种不同的做法，而且二者所导致的结果也大不相同。如果比较极相同的现象而探求其同点，或比较极不同的现象而探求其异点，这是容易的事，但也不会有什么重大的发现。对于获得新知的科学发现来说，非常重要的是：比较极不相同的现象而探求其同点，或比较极相同的现象而探求其异点，这将会导致重大的科学发现。比如说，加速度和引力作为两种不同的力学现象，长期以来，人们以为这两者之间是没有什么联系的。可是爱因斯坦却把这两者加以比较并探求其同，这是他在论述广义相对论的论文中所完成的。

在这篇论文中，爱因斯坦描述了一些假想实验，它们是在一个自由漂浮于星际空间的封闭房间里进行的。由于不存在引力，房间里所有的物体都没有向任何方向运动的趋势。但是，如果这个房间被加速，例如被几个装在它下面的火箭发动机所加速，那么，室内的情况就完全不同了：这时所有的物体都要被压向地板，就好像有一个引力把它们往下拉一样。如有一个人站在这个以均加速度 $a$ 在运动的空间实验室里的地板上，他手上有两个球，一轻一重。由于整个系统有加速度，这个人的双脚就会牢牢地压在地板上，两个球也会压迫他的手掌。现在，如果他同时松开这两个球，会发生什么情况呢？因为两个球都不与火箭体相连，所以它们将继续以松手瞬间所具有的速度运动，因此保持并排的位置。但是，因为火箭运动是加速的，它的速度要继续增加，室内地板很快就会赶上这两个球，并同时碰到它们。在此碰撞之后，两球就会一直被压在地板上，而与整个系统一起被加速了。但在室内的观察者看来，这两个球在他松手后是以相同的加速度开始下落的，因此它们同时击中地板。这就是加速度与引力的等效原理。①

由此可见，对于科学发现来说，比较极不相同的现象而探求其同点或比较极相同的现象而探求其异点，这是发现过程中比较的基本原则之一。不言而喻，这里所讲的基本原则，并不提供出机械的固定程序规则，而是助发现的启发原则。

总而言之，否定发现的逻辑是基于以下两点误解：第一，把科学发现的机遇性与合理性对立起来；第二，把发现逻辑理解为能提供出一套普遍适用的机械的程序规则。如果消除了上述的误解而代之以新的观点，认为科学发现的机遇性并不排斥其合理性，认为发现的逻辑是关于解答问题的手段和模型的理论，是启发方法的理论，那么研究发现的逻辑就是一项目标明确、道路广阔的工作了。

## 二、检验的逻辑

如前所述，人们通过猜想而提出了能够解释事实的理论，即普遍的定律或一般的原理。科学解释（或说明）就是把人们所观察到的某个事

① ［美］乔治·伽莫夫著：《物理学发展史》，北京：商务印书馆，1981年版，第186页。

物现象归属于普遍定律的作用（效应）。犹如把苹果落地这一现象解释为牛顿引力定律的作用那样。我们还可以更具体地说，科学解释通常是以普遍定律和某个事实的先行条件的陈述作为前提，从中演绎出被解释事实的陈述。科学解释（或说明）的演绎模式如下：

$$T——理论$$
$$C——条件的陈述$$
$$\therefore E——事实的陈述$$

比如说，人们经常观察到筷子的一头浸入水中，它竟然会变成"弯的"。解释这个事实就是说明由于哪些普遍定律以及相关的先行条件而导致这种现象。在这里，人们可以将下列的陈述作为解释性前提：光的折射定律，即光从一种介质进入另一种介质则发生偏折，水和空气是两种不同的介质，即水的折射率比空气的折射率大；再结合这根筷子是直的，而且它有一头以特定的角度浸入水中等关于先行条件的陈述，由上述这样一组解释性的前提就可以演绎出被解释事实（筷子变"弯"）的陈述。

可是，问题往往在于人们通过猜测而提出的解释性理论并不是唯一的，解释事实的理论通常是多元的。比如说，人们看到一根木柴燃烧起来，这个事实既可能用燃素说来解释，也可能用氧化说来解释。这就是说，陈述某个事实的命题可以从不止一组的解释性前提中演绎出来。那么，究竟要选择哪一种解释呢？或者说应当接受哪一个理论和应当拒斥哪一个理论呢？这就是理论的证实问题与理论的证伪问题。

我们先探讨一下理论的证实问题。

须知，一个理论如果要对事实作出有效的解释，那么它本身必须确实是个普遍的定律（或原理）。因此，就要对理论（假设的定律）作出检验，看它是否果真具有普遍必然性，即从它所演绎出来的关于事实的陈述，是否与观察、实验相一致。

凡是称得上是普遍的定律，必须在其相关范围内的一切事例中都确有效应。比如，对于牛顿的引力定律来说，不仅苹果与地心、月球与地球之间能观测到引力效应，而且地球与太阳、哈雷彗星与太阳、天狼星与其伴星等之间也能观测到引力效应。此外，作为一个普遍的定律，在其相关的范围内不仅过去是有效的，现在是有效的，而且未来也是有效的。这意味着，一个假设的普遍定律所涉及的具体事例是无穷多的。

无疑，人们无法对普遍定律所涉及的无数具体事例全部一一给予验证。人们所能做到的是：以一个定律所涉及的部分具体事例去验证一个普遍的定律。因而，这种验证的方式是应用归纳论证的，前提是一组陈述具体事例的单称命题，而且只是一个定律所涉及的部分具体事例被陈述出来，但结论却是陈述定律的全称命题。这种由检验证据（e）论证定律（H）的归纳模式如下：

$S_1$ 是 p（$e_1$）

$S_2$ 是 p（$e_2$）

$S_3$ 是 p（$e_3$）

……

$S_n$ 是 p（$e_n$）

尚有未曾验证的 $S_{n+1}$，$S_{n+2}$……

∴ 所有 S 都是 p（H）

由此看来，前提并不蕴含结论，结论不是由前提必然得出的。即使前提真，结论却未必真。也就是说，这种归纳论证的方式并不能完全证实一条定律，而只是给予定律部分的或者说某种程度的证实，它起了辩护的作用。我们可以把这种只具有某种程度的证实和只具有某种程度的支持叫作确证（即弱证实）。并把前提中所陈述的支持某个理论和为某个理论辩护的那些事实叫作确证事例（即证据）。

我们应当把理论的确证与科学的解释区别开来。对事实的解释通常是以解释性理论为前提，从中演绎出被解释事实的陈述。而对理论的确证是以一组确证事例的陈述为前提，从中归纳出被确证的定律。在这里需要留心的是：在演绎论证中，如果前提为真，结论就不可能不真，因而，真实性就由前提传递到结论；而在归纳论证中，即使前提全部都是真的，结论也未必真，前提仅仅是给予结论一定程度的支持或确证，这种支持或确证的程度可以用概率来表示。

那么，如何理解上面所说的归纳论证的概率呢？这种归纳的或逻辑的概率仅仅是表示前提与结论之间的逻辑关系，即前提给予结论支持的强度或确证的程度，并不是表示结论自身的真实性程度。结论是否为真理与结论的真理性是否已被判明并不是一回事，就像论题的真实性与论证的逻辑性并不是一回事一样。

由于引进了逻辑概率的概念，那么就可以把归纳逻辑量化，发展出一种定量的归纳逻辑。按现代归纳主义的作法，证据（"e"）对于假说（"h"）的确证度（"c"）以如下的公式来表示：

$$c (h, e_1 e_2 \cdots\cdots e_n) = r$$

上式表示归纳前提（证据）$e_1 e_2 \cdots\cdots e_n$ 联合起来，将逻辑概率 r 给予归纳结论（假说）h。依照这种逻辑概率方式解决确证问题，无疑对于克服某些简单化的认识是颇为有益的。"有些逻辑家相信，他们应该把确证解释成为演绎推论的逆转；这就是说，我们如果能够演绎地从理论推导出事实来，那我们就能归纳地从事实推导出理论。然而，这个解释是过于简单化了。为了要进行归纳推论，还有许多东西需要知道，而不只是从理论到事实的演绎关系。一次简单的考虑就可以弄明白，确证推论具有一种更复杂的结构。一组观察到的事实总是不只适应于一种理论的；换言之，从这些事实可以推导出几种理论来。归纳推论常常对这些理论的每一种各给予一定程度的概率，概率最大的理论就被接受。"[1] 可是，上述这种量化归纳论证的方式，对如何定量这个关键问题却并未解决。情况就像 C.G. 亨普尔所说的："一个证据陈述 e 对于假设 h 所提供的归纳支持，在多大程度上能够用一个具有概率的形式特征的精确定量的概念 c (h, e) 来表示，则仍然是一个引起争论的问题。"[2]

现代归纳主义对概率的理解是以频率解释为基础的，实际上是把归

---

① ［德］H. 赖欣巴哈著：《科学哲学的兴起》，北京：商务印书馆，1983 年版，第 183 页。
② 洪谦主编：《逻辑经验主义》，北京：商务印书馆，1982 年版，第 302 页。

纳论证化归为列举式归纳（简单枚举法），并把每个确证事例（证据）给予假设定律的支持强度看作是等价的。这样，确证的程度如何则取决于确证事例的数量。也就是说，前提中陈述的确证事例愈多，那么给予结论的逻辑概率也就愈高。反之，如果前提中陈述的确证事例愈少，那么给予结论的逻辑概率也就愈低。

其实，每个确证事例给予理论假说的支持强度并不是一样的，这是古典归纳主义者早就认识到的。穆勒在提出探求因果联系的五种方法时，认为由于差异法是借助对照实验而进行检验的，它所提供的证据将有更大的价值和意义。与列举式归纳法不同，对于追求严格检验目标的排除归纳法来说，它力图通过实验以排除不相干的事项，使因果律的验证过程更为精密。这样，确证的程度如何就不再是取决于确证事例的数量，而是取决于提供确证事例的严格性。这就是说，理论的确证度主要不是看做了多少次实验，而是看实验的严格性如何。从检验的严格性来看，有些确证事例将比另一些确证事例具有更大的价值和意义，即给予理论更强的支持。

不仅可以从严格性方面区别各个确证事例（证据）的不同价值和意义，而且还可以从严峻性方面区别各个确证事例（证据）的不同意义和价值。大家知道，一个理论的提出是为了解释已知的相关事实，同时它也容易以已知的相关事实来为自己进行辩护。如果一个理论能够提出新颖的预见，即演绎出一个当时已有的知识（可称为背景知识）所意想不到的新事实陈述，比如说，根据牛顿的引力理论首次预言重见哈雷彗星的日期，根据爱因斯坦的广义相对论预言星光经过太阳表面附近时偏转1.75角秒。那么，对此作出检验便是严峻的，而且严峻检验所取得的确证事例将比一般的确证事例具有更大的价值和意义。试想一下，如果把赫兹根据麦克斯韦方程式的预测，通过实验首次发现电磁波这个确证事例的意义，与今天人们收看电视台节目显示电磁波存在这样平凡事例的意义一样地看待，那还谈得上什么合理性呢？因而绝不可以撇开时代的背景知识，把列举已知事实与预见未知事实混为一谈。从检验的严峻性来看，有的证据给予理论的支持强度将超过别的证据的支持强度。

总之，理论的确证是个复杂的研究课题，既不可以简单地只从确证事例（证据）的数量方面探求确证的合理性标准，也不可以简单地只从确证事例（证据）的质量方面探求确证的合理性标准。研究确证的合理性问题，比较切实有效的途径和方向，应当是对证据的定量分析与定性分析两者的结合。同时，还应当把静态考察与动态考察统一起来，进一步认识到理论的确证度将随着实验技术的提高、理论的应用和修改而历史地变更着。

现在，我们再探讨理论的证伪问题。

理论的证伪（否证）问题，乍看起来，不如确证问题复杂。从假说演绎出来的关于事实的论断被证实，固然不能证明假说为真。但是，从假说演绎出来的关于事实的推断被否定，似乎在逻辑上必然地推出否定假说的结论。有些逻辑学家认为证伪的演绎模式如下：

$$如果 H 则 E$$
$$非 E$$
$$\therefore 非 H$$

上式不符合证伪的实际情形。必须明白，从假说出发演绎出关于事实的推断，应是根据一组前提，其中包括假说和关于先行条件的陈述，而不只是以假说为前提。以下是皮埃尔·杜恒所作的精细分析。

"考察一个实例：把一张纸放进液体中检验'所有蓝色石蕊纸遇酸性溶液即变红'这条定律。我们根据下列演绎论证预测这张纸会变成红色：

L　在任何情况下，如把一张蓝色石蕊纸置于酸性溶液中，那么它会变成红色。

C　把一张蓝色石蕊纸置于酸性溶液中。

$\therefore$ E　这张纸将变成红色。

这个论证是正确的——如果前提为真，那么结论也必定为真。由此可知，如果结论为假，那么必有一个或更多个前提为假。但是如果纸没有变红，那么否证的是 L 和 C 的合取而不是 L 本身。人们可以通过声称不存在蓝色的石蕊染料或声称纸并未放入酸性溶液中来继续确认 L。诚然，也可以有独立的方法来确定关于先行条件的陈述真理性。但是观察到 E 的情况不是如此本身并不否证 L。"①

由此看来，如果假说检验中出现相反的事实（反例），它的演绎模式应当是这样的：

如果 H 而且 C，那么 E
非 E
————————————
∴ 非 H 或非 C

上式的结论只表明：也许假说（H）为假，也许先行条件的陈述（C）为假。因而，上述的演绎模式并不就能证伪一个假说（H）。先行条件的陈述（C）出现某种差错是常有的事。

杜恒主要分析的是更为复杂的情况，即预言出现某一现象如果是依据若干个假说，那在这种情况下，即使先行条件陈述无误，又未能观察到所预见的现象，也仅仅是否证那些假说的合取。为了恢复与观察的一致，科学家可以随意改变出现在前提中的任何一个假说。

上述已表明证伪一个假说所面临的复杂情形了。一方面，先行条件的陈述和当时公认的原理或定律，并不是绝对无误的。背景知识的陈述也可能含有谬误。另一方面，科学理论具有"韧性"。当一个理论的检验出现与预测相反的事例时，只要相应地对这个理论的某些辅助部分作点修改，或者说作出新的辅助性假说为它辩护，它就可以继续坚持下去，以等待新的检验。大家都知道，19 世纪对天王星轨道的观察结果表明，它的实际运行情况，偏离了从牛顿引力理论结合当时天文学知识所推导出来的关于天王星轨道的描述，这在当时被称为天王星轨道的"摄动"。那么，牛顿引力理论是否就被天王星轨道的"摄动"这个事实所证伪了呢？并非如此。人们可以提出太阳系里还存在着一个未知的大行星（即

----

① ［美］约翰·洛西著：《科学哲学历史导论》，武汉：华中工学院出版社，1982 年版，第 171—172 页。

海王星）这个辅助性假说，为牛顿的引力理论作辩护。因而，天王星轨道"摄动"这个事实，并未构成对牛顿引力理论的证伪，而是导致了海王星的发现，又一次确证了牛顿的引力理论。上例表明，修改后的理论与原先的理论相比，它更富有启发力，作出了新的预测，也更富有成果，新的预测被证实了。

理论证伪的复杂性不止是上述这些，困难还在于事实证据往往不可靠。由于每一特定时代的科学技术水平都具有历史的局限性，因而对某些理论的检验在当时是很难做到的，或者做得很不严格，以致出现了差错。直到后来，在更高的技术水平上进行检验，才把差错纠正过来。在科学史上，这种情况是常有的事。既然否证所引用的事实证据并不是绝对可靠的，那么理论的证伪也就只有相对的意义。

我们还应当看到，即使否证所根据的事实是可靠的、无误的，可它通常并不是直接地否证某个理论。一个事实之所以能够作为否证某个理论的证据，这是另一个理论给予解释的结果。让我们分析一下在《列子·汤问篇》里叙述的一则"两小儿辩日远近"的故事：

> 孔子东游，见两小儿辩斗。问其故。一儿曰："我以日始出时去人近，而日中时远也。一儿以日初出远，而日中时近也。"一儿曰："日初出大如车盖，及日中，则如盘盂，此不为远者小而近者大乎？"一儿曰："日初出沧沧凉凉，及日中如探汤，此不为近者热而远者凉乎？"孔子不能决也。两小儿笑曰："孰谓汝多知乎？"[1]

小孩甲认为：日地距离晨时近而午时远（$T_1$）。

小孩乙则认为：日地距离晨时远而午时近（$T_2$）。

小孩甲引用的事实证据为：太阳的视觉形象晨时比午时较大（$e_1$）。

小孩乙引用的事实证据为：太阳辐射来的热度晨时比午时较低（$e_2$）。

---

[1] 《列子集释》，北京：龙门联合书局，1958 年版，第 105—106 页。

小孩甲引用 $e_1$ 来为 $T_1$ 辩护而拒斥 $T_2$，这是依赖于如下的解释性理论：凡是运动着的物体，当其体积恒定不变时，与观察者距离愈近则视觉形象愈大。反之亦然（$T_1'$）。

小孩乙引用 $e_2$ 来为 $T_2$ 辩护而拒 $T_1$，这是依赖于如下的解释性理论：凡是运动着的热源体，当其温度恒定不变时，与观察者距离愈远则辐射来的热度愈低。反之亦然（$T_2'$）。

由此看来，$e_1$ 之所以作为确证 $T_1$ 而否证 $T_2$ 的证据，这是 $T_1'$ 对 $e_1$ 进行解释的结果。同样的道理，$e_2$ 之所以作为确证 $T_2$ 而否证 $T_1$ 的证据，这是 $T_2'$ 对 $e_2$ 进行解释的结果。可见，$T_1$ 是依赖于 $T_1'$ 的，而 $T_1'$ 是比 $T_1$ 更高层次的理论。$T_1$ 与 $T_1'$ 既是处于不同的层次，又是属于同一系列的理论。同样的道理，$T_2$ 是依赖于 $T_2'$ 的，而 $T_2'$ 是比 $T_2$ 更高层次的理论。$T_2$ 与 $T_2'$ 既是处于不同的层次，又是属于同一系列的理论。至此姑且不谈解释 $e_1$ 和 $e_2$ 所涉及的先行条件的陈述，单是面临着这种多层次的理论系列之间竞争的局面也就够为难了，无怪乎古代的孔夫子不知如何决断为好。既然理论是由多层次构成的，而且又是多元的，存在着不同系列理论的竞争，那么理论的证伪问题就不单纯是某一层次的问题，也不单纯是某一系列的问题。证伪问题必须放在不同理论系列的历史竞争中来考察。

如前面已分析过的，背景知识与事实证据并不是绝对无误的，科学理论又是具有"韧性"的，因而，一次性的证伪不具有最后的、绝对的意义。严格说来，一次性的证伪是无效的，不能成立的。然而，一次性证伪又不是毫无意义的，它或多或少地起了拒斥的作用。正因为如此，"反常"事例的累积将导致科学理论的危机。可以把这种只具有某种程度的拒斥作用叫作弱证伪，表示理论被证伪的可能性，或称为可证伪度。以可证伪度的高低来表示拒斥作用的强弱。而可证伪度却是历史地更变的。大家知道，科学理论是具有复杂结构的系统，既不是完全真、绝对真，也不是完全假、绝对假。它是关于认识对象的近似的、逼真的描述，而且每个科学理论都是不断地发展的；人们判定科学理论的真假，同样也必须是个历史发展的过程。然而，科学理论的真理性程度如何与对其的判定程度如何，这两者应当区别开。

研究证伪的合理性问题，比较切实有效的途径和方向，首先是把证伪度看作是确证度的反面，证伪度与确证度互补。对一个理论的证伪度的评估，必须与这个理论的确证度结合起来权衡，也必须与对立的竞争理论的确证度结合起来权衡。其次，还要看到评估一个理论的确证度是历史的、相对的、可变的。而作为这种相对确证度的反面的则是可证伪度。我们进一步分别说明如下：

当一个理论未取得或只取得极微小的确证度时，它被证伪的可能性就极大。因而，还不能接纳它进入科学知识的大厦而占据一席位。然而，一个理论未取得确证，并不意味着它已被证伪，即永远拒斥它于科学知识大厦的门外。例如，尽管中古时代炼金术以失败而告终，可是，作为它的指导思想的高层理论："一种元素可转化为另一种元素"，并不因此就被证伪。到了核子时代，"一种元素可转化为另一种元素"却被确证了，这就可以接纳它进入科学知识的大厦而给予一个席位。

当一个理论取得了相当的确证度之后，它就不可能具有极高的证伪度或完全被证伪。因而，它总有一部分内容或以这种形式或以那种形式继续被接纳在科学知识的大厦之内，也就是说，再也不能把它完全拒斥于科学知识大厦之外。比如说，牛顿力学既已取得了相当可观的确证度，虽然出现了相对论的革命，但并不完全拒斥牛顿力学，而是以另一种形式容纳了牛顿力学的部分内容。又如量子论的兴起，也并不完全拒斥"粒子说"与"波动说"，而是以新形式容纳了"粒子说"与"波动说"的部分内容。

在对立理论的竞争过程中，当其中的某个理论取得一定程度的特有的确证事实时，那么，人们就可以相应地对别的理论给予一定程度的拒斥。反之亦然。比如说，当光的"波动说"得到了光的干涉与衍射现象的确证时，人们就可以对光的"粒子说"给予一定程度的拒斥，即对光的"粒子说"不能全部地接受。反之，当光的"粒子说"得到了光电效应现象的确证时，人们就可以对光的"波动说"给予一定程度的拒斥，即对光的"波动说"不能全部地接受。

总之，理论的证伪是个复杂而微妙的问题，对它作出定性分析就很不容易，至于定量分析那更是困难重重。我们应当注意把静态分析与动态分析统一起来，从实践技术的历史发展和理论竞争的历史发展中来探讨证伪的合理性的标准问题。

## 三、发展的逻辑

自古代开始，人们就把科学知识看作是许许多多确实无误陈述的集合，看作是真命题的金字塔，其中处于上层的是一般性较大的命题，处于下层的是一般性较小的命题。而科学家则是建筑和扩充这座命题金字塔的巨匠。这就是以往对科学知识共同的传统见解。所不同的只是，理性论通常认为这座命题金字塔是依靠演绎法自上而下地构建起来的，而经验论通常认为这座命题金字塔是依靠归纳法自下而上地构建起来的。但是，他们都认为这种由真命题构成的金字塔，是非常牢固而不可推翻的。因而，科学知识的发展是累进性的，它不过是真命题的堆积和递加。依照传统对于科学知识增长的看法，如果把命题金字塔的下层扩大或把它的塔顶加高，那便是合理的。如果把它推翻重建，那便是不合理的。

上述这种传统的观点与科学发展的实际情景实在是相差太远了。科学的历史发展表明，科学理论并不会是绝对可靠的、无误的，科学理论的发展也不只是个累进性的过程。天文学正是由于哥白尼以"日心说"取代"地心说"所进行的革命而大踏步地前进。即便是"经典的"学科也不是绝对可靠的，如近代力学从伽利略到牛顿，似乎是攻无不克，已达到极为成功的地步了。可是到后来，它却被相对论所取代。物理学的新篇章正是从爱因斯坦提出相对论所进行的革命开始谱写的。于是在人们心中又唤起了一种新的科学发展观，如证伪主义学派所主张的。他们不再认为科学理论是绝对真实无误的，而是认为凡是科学理论都是可证伪的。他们也不再认为科学的发展是真实知识的累积和递加，而是认为科学的发展是一个理论被证伪并以另一个理论代替，如此不断地变更的过程。在证伪主义的代表人物波普尔看来，科学始于问题，然后科学家提出可证伪的假说作为对问题的回答，以后假说就经历了广泛而严峻的检验过程并终于被证伪，于是又出现了与原来已解决了的问题不同的新问题，又需要发明新假说来回答新问题，而新假说接受广泛而严峻的检验时又被证伪……这个过程将无限地如此继续下去。虽然波普尔认为一切假说都不能被证实，而只能被证伪，可是他后来也承认科学的目标是认识真理，科学的进步是愈来愈接近真理，新假说比旧假说具有更高的逼真性。依照波普尔的科学发展观，科学发展的过程是由一系列科学革命（新旧假说更替的理论变革）构成的。因而，他认为在任何时候，如果对传统理论进行批判，使它被证伪，那便是合理的。如果对传统的理论进行维护，使它免于被证伪，那便是不合理的。

波普尔的证伪主义观点在科学的研究活动中并不是切实可行的，而且它也不符合科学发展的实际情形。假说检验过程的情况是非常复杂的，任何一次否证都不是最后的、绝对的。科学家并不因为新假说在某次检验中被证伪就抛弃了它。即使是被淘汰了的理论，有的也能重新"复活"。科学发展的实际过程既有新旧理论更替的变革时期，也有维持和完善传统理论的累进时期。为了使证伪主义的观点接近于科学的实际活动方式，那就必须赋予证伪主义更精致的形式。拉卡托斯的科学研究纲领方法论正是由此发展而来的。拉卡托斯以对立理论的相互竞争（多元论）来代替波普尔所说的一个理论被证伪之后才提出新理论（一元论）。更为突出的是，他以一个相当长的历史时期的检验来代替波普尔所说的一次性证伪的简单化观点。他认为应当给每个理论留有发展的时机，而不必考虑它所面临的"反例"。如果一个理论能不断地作出新的预测而且新的预测又不断地被证实，那它就是处于进步的状态。反之，如果一个理论不再能够作出新的预测，或者不再能够证实它所作出的预测，那它便是处于退步的状态。人们可以将理论的进步性程度作为理论选择的标准。自然，这种历史发展的长时期检验，只有等到事后才能明白。此外，对立理论的竞争还可能是这种情景，前一个历史时期这个理论是进步的，而另一个理论是退步的，可到了后一个历史时期却逆转为这个理论是退步的，而另个理论则是进步的。因而，科学研究纲领方法论所提供的合理性标准是很难实行的，它不易成为指导科学实际活动的有效准则。

　　人们注意到应当按科学活动的实际样子来描述科学发展的模式。美国的库恩立足于科学史的研究，提出了如下这个不同于证伪主义的科学发展模式：常规科学—科学危机—科学革命—新的常规科学—新的科学危机—新的科学革命……库恩认为一门成熟的科学，是由于某些杰出的科学成就被人们公认为范例，吸引了大批的拥护者而形成了科学共同体，他们根据共同的规范从事研究活动。

　　那么，"规范"（paradigm）是什么呢？库恩说："我采用这个术语是想说明，在科学实际活动中某些被公认的范例——包括定律、理论、应用以及仪器设备统统在内——为某一种科学研究传统的出现提供了模型。"[①]规范的作用是维持常规科学的研究传统，规定常规科学的研究方向。在库恩看来，当常规科学家在规范的指导下解决难题的活动遇到困难和失败时，即出现了反常。当一次次的反常发展到严重地动摇人们对规范的信心时，即出现了危机。一旦有人提出了对立的新规范时，危机就加深了。发生一场科学革命就是越来越多的科学家放弃某一规范而采纳另一新规范。完成了一场科学革命不仅是出现了新规范，而且是原有科学团体的瓦解和新科学团体的形成。对于个别的科学家来说，"规范的转换"就像是宗教信仰的转换，其原因是各不相同的，必须给予社会学的、心理学的分析。

　　库恩认为，规范本身就包含"科学实践规则和标准"。如果规范不同的话，彼此的规则与标准也不同。因而，不同规范之间是无法进行比较的，不存在超规范的、中立的、公认一致的评判标准。总之，科学方法是历史地变更的。固定不移的、普遍适用的合理性标准是没有的。这就是关于科学理论的不可比性观点。库恩主张按科学的实际样子来描述科学的发展模式，并立足于科学史的研究，这无疑是很有见地的。而且，他提出的科学发展模式也比波普尔的模式更为全面，不仅注意到科学革命，也注意到科学常规活动。可是，库恩对科学方法的看法，却否认了科学发展的合理性，从逻辑的彻底性来说，它必然导致否认科学发展的

_____

① ［美］库恩著：《科学革命的结构》，上海：上海科学技术出版社，1980 年版，第 8 页。

模式。库恩所说的"规范"这个概念是模糊不清的、多义的，他所说的"科学共同体"也缺乏明确的界限，可作多种不同理解。实际上，人们完全可以参照不同的规范从事科学工作。这不仅是可能的，也是合理的。如果硬把自己（照库恩说的那样）囚禁于单一规范（理论框架）之内，那就是不合理的。正如中西医结合，虽然困难不少，但互相学习，总会有收获。

人们从科学史的研究中可以看出，科学的演变既有累进性的，又有革命性的。在累进性的演变中表现为继承和完善一种研究传统，而在革命性的演变中表现为一种研究传统的中断，更变为另一种研究传统。那么，如何解决科学发展的合理性问题呢？人们通常持有这样的简单化看法：以为在累进性的演变中，只是继承某个传统而不批判某个传统；以为在革命性的演变中，只是批判某个传统而不继承某个传统。

波普尔在《常规科学及其危险》一文中，认为库恩说的"常规"科学活动是受当时教条统治的理科学生们的活动，他们从未想到向这门科学提出挑战。而且库恩所说的"常规"科学家，他们受到的教育很差。他们受教于一种独断气氛之中，是机械灌输的牺牲品。在波普尔看来，大学水平（或还应低于这一水平）的教学，应训练和鼓励批判性思维。因而，波普尔认为库恩的"常规"科学活动并不合乎常规，它对科学是一种危险。

应该说，如果看不到"常规研究"与"非常规研究"的区别，否认常规科学的存在，或否认变革理论活动的存在，那是片面的、不合史实的。但是，如果以为常规科学活动只是继承传统而不批判传统，或以为变革理论活动只是批判传统而不继承传统，那也是片面的、不合史实的。波普尔只强调批判传统，而轻视继承传统。他的观点恰好处于与归纳主义相反的极端[①]，应该说，这对科学也是一种危险，并不合乎常规。试想一下，如果只是批判光的粒子说或波动说，而不继承光的粒子说或波动说，能出现量子论吗？

---

① 波普尔后期使用了"逼真性"这个概念，在这点上却表现出向归纳主义接近。

研究科学发展的合理性问题，比较切实有效的方向和途径，应当是把批判传统与继承传统两者统一起来。在科学理论的累进性演变中，它表现为继承一种研究传统，同时隐含着在一定程度上批判这种研究传统。它的"显性性状"为继承传统，而它的"隐性性状"为批判传统。在科学理论的革命性演变中，它表现为批判一种研究传统，同时隐含着在一定程度上继承这种研究传统，它的"显性性状"为批判传统，而它的"隐性性状"为继承传统。如果我们确立了上述的纲领性观点（基本的模式），那就可以进一步详细地研究批判与继承的具体准则。一个问题是累进性演变（$T_x \rightarrow T_{x+1} \rightarrow T_{x+2} \rightarrow \cdots\cdots$），即同一系列理论的完善与修改究竟是如何进行的？另一个问题是革命性演变（$T_x \rightarrow T_y \rightarrow T_z \rightarrow \cdots\cdots$），即不同系列理论竞争的选择与淘汰究竟是如何进行的？如果对上述问题都作出了较为详细的正确回答，那么科学发展的合理性问题也就不难解决了。

以上论述了关于发现逻辑、检验逻辑和发展逻辑的基本理论问题，也评述了以往各个学派对待这些理论问题的不同见解，并且提出了本书的纲领性观点，目的是说明本书解决这些理论问题的方式与进一步研究它们的途径。

# 第三节　科学逻辑的基本特征

科学逻辑是一门以经验自然科学理论作为研究对象的学科，它的任务是探讨科学的合理性及其标准。那么，应当如何进行研究呢？有的学派主张研究静态理论的逻辑结构，或者说对科学理论的结构作出静态分析；而有的学派则主张研究动态理论的发展过程，或者说对科学知识的增长作出动态分析。这个问题无疑是非常紧要的，它涉及科学逻辑这门学科的基本特征。

当人们倾向于把科学知识作为专门的研究对象时，最初是从静态方面进行研究的。它的中心课题就是对科学知识的结构作出逻辑分析，考察命题金字塔（公理系统）的基础与上层的逻辑关系，考察科学解释（说明）的逻辑模式，考察理论检验的逻辑模式，等等。这样的研究方式以现代归纳主义学派为代表。他们所研究的是静态的科学理论，他们所关心的是科学知识的逻辑结构问题。

当然，研究科学知识的结构问题，并不能回答科学知识的增长问题。而解决科学的合理性问题，更重要的是分析科学知识的增长过程。因而，波普尔学派就以另一种研究观点来对待科学逻辑（被称为"科学发现的逻辑"）。他们不把科学理论当作是既成的、静态的，不去研究静态理论的逻辑结构。他们把科学理论看作是演变的、动态的，因而研究新旧理论的更替过程，即提出科学发展的模式与合理性标准。

那么，科学逻辑作为一门学科，应当研究静态的科学理论呢，还是应当研究动态的科学理论呢？回答是必须把这两者结合起来，并以后者为主。

如果不对静态的科学理论结构作出逻辑分析，不把握陈述定律（或原理）的命题与陈述事实的命题之间的逻辑关系，那么，我们对于科学活动的最基本方式（如解释、预测、确证等），都不可能有较为精确的、细致的了解。当然，也就谈不上着手解决科学活动的合理性问题。问题却在于静态理论的逻辑分析带有极大的局限性，它把复杂的问题简单化，以致远离科学发展的实际进程。正是由于这个缘故，归纳主义学派无法接应复杂问题的挑战，因而就衰败下去了。可是，研究静态科学理论的逻辑结构，依然是完全必须的，只不过是处于次要的地位罢了。

对于解决科学的合理性问题来说，头等重要的是对科学知识的增长作出分析。只有研究动态的科学理论，对发现的过程、检验的过程以及发展的过程作出动态的分析，才能了解科学实际活动中的发现方法、检验方法以及发展方法。总之，分析静态科学知识的逻辑结构，并不能解决科学活动的合理性问题，只有分析动态的科学知识的增长过程，才能解决科学活动的合理性问题。

无论是现代归纳主义学派的研究纲领，还是证伪主义学派的研究传统，都认为存在着普遍适用的、固定不移的规则，这些规则可适用于任何时代的不同学科中的一切理论。他们都认为科学方法不受理论内容发展的影响，规则是统一的、不变的。这就是对待科学方法的逻辑主义观点。按照逻辑主义的观点，科学逻辑是一门规范性的学科，科学的实际活动应当遵循普遍而固定的规则。逻辑主义的研究目的是建立标准的逻辑或规范的方法论。

与此相反，另一种观点则认为不存在超时代、超理论发展的普遍适用规则，规则和标准是受理论内容影响的，不同的理论含有不同的规则与评判标准。也就是说，科学方法并不是统一的、固定不移的，而是随着理论的更替而发生历史演变的。这就是对待科学方法的历史主义观点。按照历史主义观点，不存在一门作为规范性学科的科学逻辑或科学方法论，科学方法论也不过是一门描述性的学科、一门经验科学。这对于正统的科学方法观点——逻辑主义来说，的确是个"革命性"的挑战。历史主义学派最极端的代表人物费耶阿本德主张"无政府主义认识论"，反对按任何固定的规则从事科学活动。

他说："科学能够并且应该按照固定的普遍的规则进行的想法，是不现实的，也是有害的。……每一条方法论规则与一些宇宙观假定相联系，因此使用这条规则，我们就认为这些假定当然是正确的。朴素的证伪主义认为自然界的定律当然是一目了然的，并未隐藏在相当规模的干扰下面。经验论认为感觉经验当然是比纯粹思想更好的反映世界的镜子。赞扬论证就是认为理智的大厦要比自由运用我们的感情获得更好的成果。这样一些假定也许完全是有理的，并且甚至是真的。人们还是有时应该对它们进行检验。对它们进行检验就是意味着我们停止使用与它们相联系的方法论，开始用一种不同的方式从事科学，看看会发生什么事。……所有的方法论都有它们的局限性，留下的唯一'规则'是'怎么都行'。"① 费耶阿本德认为规则和标准是从具体的研究过程中"发明"的，从科学的研究实践中产生的，因而就没有什么先天的普遍有效的规则，反对把规则硬加给一切科学活动。他说："实践可以缺乏标准的明显指导

① ［美］费耶阿本德著：《反对方法》，伦敦：新左派书社，1975年版，第295—296页。

而离开既定的标准，毕竟决定不仅是由标准而来，它们也判定标准或者提供制定标准的材料"，"一个科学家，或者就这件事而论，任何解决问题者，并不像一个小孩那样，要等候方法论者爸爸或理性主义者爸爸给他提供一些规则，他不依靠任何明显的规则而行动，并且以他的行动构成合理性；否则科学就从来不会出现，科学革命就从来不会发生。"① 总而言之，历史主义学派主张科学方法多元论，而与逻辑主义学派主张科学方法一元论相对立。

那么，科学方法究竟是统一的还是多元的？科学逻辑究竟是一门规范性的学科，还是一门描述性的学科？这也是一个非常紧要的问题，它涉及科学逻辑这门学科的基本特征。

各门科学无疑都有其独特的研究方式，而且既然存在着不同理论的竞争，也就有不同的观点和评判立场。因而，就每个学科、每个理论的特异性来说，科学方法是多元的，并不是一元的。这是个基本的事实。

然而，真正需要探讨的问题并不在于各门学科的方法有无特异性，而是在于各门学科的方法有无相对的统一性。比如说，理论系统的构造有无共同的模式（一般的逻辑关系），对事实作出科学解释有无共同的模式（一般的逻辑关系），对预测未知的事实有无共同的模式（一般的逻辑关系），科学理论的发展有无共同的模式（一般的逻辑关系）等。应该说，这种共同的模式（一般的逻辑关系）是存在的，这也是个基本的事实。

那么，为什么科学方法具有相对的统一性？为什么科学逻辑具有规范性？诚然，普遍适用的规则和标准并不是先天就具有的，并不是逻辑学家"编造"出来硬加给各门科学的。它产生于科学实践，它是由于亿万次科学实践的不断重复而固定下来的。因而，不是规则和标准决定科学实践，而是科学实践决定规则和标准。也就是说，科学逻辑必须与科学实际的历史发展相一致，科学逻辑也是一门具有描述性的学科。这一

---

① ［美］费耶阿本德著：《从无能的专业主义到专业化的无能》，《社会科学的哲学》，1978 年 3 月，第 43 页。

点正是历史主义学派所强调的，而被逻辑主义学派所忽视的。科学方法有无相对的统一性，既不可以预设地加以肯定，像逻辑主义脱离了科学实际的历史发展那样给予肯定，也不可以预设地加以否定，像历史主义提出所谓科学不可比性那样给予否定，而必须是全面地总结科学发展的历史实际，才能真正解决科学方法的统一性问题。因而，科学逻辑应当既是一门描述性的学科，同时又是一门规范性的学科。

更进一步说，科学方法具有相对统一性是否意味着科学方法是既成不变的？究竟科学方法是固定不移的还是历史发展的？究竟科学逻辑应当是一门静态的学科还是一门动态的学科？这些也是非常紧要的问题，它们也涉及科学逻辑的基本特征。

科学逻辑无疑同其他学科一样，存在着不同学派的不同见解，科学逻辑的理论观点也表现为新旧理论更替的过程。因而，就理论观点的变迁来说，科学逻辑自然不是静态的而是动态的。

然而，真正需要探讨的问题并不在于科学逻辑的理论观点是否演变，而在于科学实际活动中的方法（规则和标准）是否也是发展的。对于历史主义学派来说，这点是毫无疑问的。他们认为方法是依赖于理论内容的，方法不是纯形式的一般逻辑关系。因而，不同时代的不同理论传统会产生不同的规则和标准。可是，对于逻辑主义学派来说，他们认为方法是纯形式的一般逻辑关系，并不是依赖于理论内容的发展而演变的。也就是说，科学方法本身被看作是静态的，并不是动态的。

应当看到，科学方法对于理论内容来说，具有相对的独立性，否则，就不存在科学方法的相对统一性。如同推理形式对于推理内容来说具有相对的独立性一样，不同的推理内容可以有共同的推理形式。但是，科学方法相对于理论内容的独立性并不是绝对的。科学方法作为不同理论内容的一般形式（逻辑关系），并不是什么先天的东西，它是在科学实践的过程中与科学理论一起产生的。如果没有科学的理论，自然也就不会有作为不同理论的一般形式（逻辑关系）的科学方法。随着科学研究实践的历史发展，不同历史时期的科学理论将具有不同的水平和不同的特征。因而，作为科学理论的一般形式（逻辑关系）的科学方法也是历史发展的。如果以为现代科学理论比古代科学理论大有进步，水平高超，而现代科学方法还是古代的老一套，毫无发展，那是非常荒谬的。因而，切不可抱有这种幻想，以为科学方法是固定不移的，只要把它全部发现了，则一劳永逸，以为科学逻辑将会成为一门永恒不变的"经典学科"。

科学方法的发展并不是一个神秘的不可理解的过程，它是在科学实践的历史发展中进行的。人们在科学实践中继承传统的科学方法，同时，也在科学实践中改进传统的科学方法。前者表现为科学方法的"遗传性"，后者表现为科学方法的"变异性"。然而最为关键的是这一点：并不是科学方法的任何一种"变异"都能保存下来，人们通过科学实践对它们进行选择。如果科学方法出现的某种"变异"，在科学实践中是富有成果的，那么这种"变异"便被保存下来。如果科学方法出现的某种"变异"，在科学实践中不是富有成果的，那么这种"变异"便被淘汰。所以，科学实践决定着科学方法发展的合理性，它是评判科学方法发展的"元标准"。总之，科学方法的进化作为"遗传性"与"变异性"的统一，它是在科学实践的基础上进行的，而且科学方法的进化是"定向"的、合理的。事情既不像逻辑主义所说的那样，科学方法是永恒不变的，也不像"无政府主义认识论"所说的那样，不存在合理性，"怎么都行"。

我们认为，科学方法既是相对统一的，又是历史发展的；科学逻辑既是一门描述性的学科，又是一门规范性的学科；科学理论是永无止境地发展的，科学方法也是永无止境地发展的，从科学历史实践中认识科学方法的学问——科学逻辑也是永无止境地发展的。

# 第一章　问题与直觉*

## 第一节　理论发现从问题开始

经验自然科学是人类认识自然现象以及现象间的规律性和因果性的成果。它包含着陈述个别事实的经验知识和解释事实的理论知识，而后者尤其重要。因为前者不过是对自然界的个别现象的认识，它只是描述了某个现象如何如何，只是陈述事实；而后者则是对现象间的规律性和因果性的认识，它才能说明为什么存在着某种现象（解释事实）。由此可见，有了认识自然界的规律性和因果性的理论知识，即有了科学定律和科学原理，才能说有了科学。如果仅有认识个别事实的经验知识而没有陈述定律和原理的科学理论，那人的认识还是处于前科学时期。

那么，科学理论的发现是从哪里开始的呢？

科学活动是人类典型的、富有创造性的认识活动。它并不是消极地等待着自然界"显露"出其自身的奥秘——自然界的规律性和因果性，而是积极地探索自然界的秘密。这就集中表现为提出问题和探求问题的答案。科学理论的发现过程也就是在实践活动的基础上从问题到答案的过程。

科学从哪里开始，这是发现逻辑首先要解决的问题。在古代，亚里士多德早就提出了一个科学程序的理论，即从观察个别事实开始，然后归纳出解释性的原理，再从解释性的原理演绎出关于个别事实的知识。依照这

---

\* 本章执笔者：河北大学沙青、于祺明。

个程序理论，科学只能始于观察。以培根为代表的古典归纳主义学派，片面地夸大归纳法的发现作用，科学始于观察的观点也就更为突出了。然而，科学越向前发展，情况就越清楚：科学理论并不是简单地直接从经验事实中归纳出来的，科学理论的发现过程是提出问题与解答问题的过程。

比如说，爱因斯坦在建立狭义相对论以后又开始探讨"引力疑难"，这并不是因为观察到了什么新奇的实验事实，而是出于解答疑难的问题。当时他对狭义相对论还不满意，他觉察到还有重要的问题尚未得到圆满解决。"当我通过狭义相对论得到了一切所谓惯性系对于表示自然规律的等效性时（1905 年），就自然地引起了这样的问题：坐标系有没有更进一步的等效性呢？换个提法：如果速度概念只能有相对的意义，难道我们还应当固执着把加速度当作一个绝对的概念吗？……在引力场中一切物体都具有同一加速度。这条定律也可以表述为惯性质量同引力质量相等的定律，它当时就使我认识到它的全部重要性。我为它的存在感到极为惊奇，并猜想其中必定有一把可以更加深入地了解惯性和引力的钥匙"。[①] 正是这些问题促使爱因斯坦进一步研究下去，探求一种更广泛、更普遍的理论，从而导致了广义相对论的科学发现。自从伽利略以来，物理学家都知道，一切物体都以同样的加速度下落。实验证实，这个规律是被严格满足的，人们认为这已是完全弄清楚的事情了。科学发展的近 300 年间，不知有多少人在实验观察中碰到过这种事实，但是谁也没有想到这里面还有什么问题，唯独爱因斯坦站在理论的高度重新审视这一古老的实验事实，从加速度的等同性得到了重要的启示，进而追究它的意义和原因，才开拓了导致重大发现的科学研究进程。如果说理论发现始于观察，那就很难说明为什么同样的观察事实却引起了大不相同的结果。显然，关键之处是在于爱因斯坦首先提出了发人深思的问题，他的研究是从问题开始的。

科学史上有不少理论的发现与机遇观察密切相关，但是它们也是为了解答问题。比如丹麦物理学家奥斯特发现电流磁效应的过程就是这样。

---

① ［美］爱因斯坦著：《爱因斯坦文集》，北京：商务印书馆，1976 年版，第 319—320 页。

他从电与磁的吸斥作用的相似性而提出了电对磁有什么作用的问题。从1807 年起奥斯特就开始研究它，但探索了十几年而无结果。直到 1820 年，有一天，奥斯特给一些高年级学生讲课，他随手把通电导线放到了一枚指南针的上方，正好与磁针平行，他这时突然发现磁针发生了近于 90 度的大偏转。听课的学生并不在意，但这引起了奥斯特的极大重视。他使电流反向通过，发现磁针也反向偏转。他经过 60 多次实验，反复进行研究，终于揭示了电流的磁效应。偶然的机会使他多年探索的问题得到解决，机遇观察起了"突破口"的作用，但是观察是从原来提出的电与磁之间的关系问题出发的。如果不存在求解的问题，那就只会是看到了一些现象而已，而决不会导致什么科学理论的发现。

把观察看成是科学理论的开端，这只是描绘理论发现过程的现象，而没有揭示它的实质。从根本上说，科学发现的过程就是提出问题和解决问题的过程。人们在实践的基础上，不断地提出问题和解决问题，也就使理论不断地发展。一门学科在某个时期提出的问题愈多，这门学科就愈有活力；一个科学家愈能提出有价值的问题，他的科学创造力就愈旺盛。如果没有问题，科学也就停滞不前了。正是问题激发着我们从事科学理论研究，有目的地进行观察和实验，积极、创造性地展开科学探索活动。

问题就是疑难、矛盾。科学问题通常是在如何给事实以理论的解释时提出的。一旦人们发现了已有理论不能解释的事实时，或者已有理论的预测不符合观测的事实时，也就出现了有待解决的疑难问题。为此，或许是调整解释事实的理论，即作为理论问题处理，对理论解释提出疑难，从理论上给予解决；或许是核实纠正观察事实的报告，即作为经验问题处理，对事实记录（观察报告）提出疑难，从事实的描述上给予解决；或许是二者兼而有之。绝大多数的科学问题属于理论问题，因为陈述事实的观察报告一般是较为稳定的。对于调整解释事实的理论来说，也许是已有理论的基本框架保持不变，只对其中的个别部分作出修改，也许是重建新的理论框架。

对于科学逻辑来说，区分以下两种性质不同的问题是特别重要的：一种是常规问题，另一种是反常问题。

　　常规问题是在维持已有理论框架的前提下提出的有待解决的疑难，这些疑难的解决将使原有的理论更加充实、完善和系统化，使科学知识稳步地扩大和精确化。常规问题的特点就是它将在已有理论的范围内进行解决。这个范围包括公理、原则、定律，它们的应用，以及仪器设备使用、操作方法等知识。这样，我们也可以说，常规问题的解决是不与背景知识相冲突的，它将使背景知识更加充实和完善。绝大部分常规问题属于下面三类：

　　一类是关于检验理论的事实问题。一方面要使支持理论的事实范围不断扩大，另一方面要消除与理论相违的"反例"。我们以哥白尼关于恒星周年视差的预见被证实过程为例，比较具体地来分析一下这类常规问题。哥白尼学说从理论上预见了金星的盈亏、恒星的视差。所谓恒星周年视差，是因为地球围绕太阳运动，所以在一年中的不同季节，从地球在太阳系中不同的位置看恒星，应该看到恒星视位置的周期性改变。哥白尼自己曾经力争得到经验的证实，但是失败了。他认为："恒星没有这种现象，说明它们的距离太大，以至地球轨道同它相比也可忽略不计，从而不能看到视差现象。"[①] 后来，德国天文学家开普勒也力图观测到恒星视差，结果也失败了，但是他坚信总有一天会成功的。到了1616年，伽利略用自制的望远镜观察天空，发现金星也像月亮一样有盈亏了，从而使"日心说"获得了第一次强有力的确证。但是对于观测恒星视差，仍然未获成功。此后的300多年间，天文学家一直都在试图测到恒星视差，以致改进望远镜以寻求视差的努力成为当时天文学研究的一个中心问题。直到1836年，俄国天文学家斯特图维观测织女星，才得出了关于恒星视差的结论。不久，德国的培塞尔和英国的亨德逊也在1837—1840年间各自独立地发现了恒星的视差现象。"日心说"长期面临的一个异例被克服了。这就更加有力地确证了地球相对于恒星的运动。恒星周年视差的数值问题驱使天文学家注意更加深奥的问题，仔细而深入的研究又扩大了哥白尼理论能够说明的事实领域，同时，理论本身也得以丰富和

---

① ［波兰］哥白尼：《天体运行论》，北京：科学出版社，1973年版，第34页。

深化。从这里我们还可以看到，一个常规问题的解决，有时也要经历很长的时间，牵动众多科学家为之奔忙努力，有的科学家甚至为此献出了自己的毕生精力。

另一类是关于理论的应用问题，即怎样应用已有的理论去解释已知的相关事实，使理论的解释能与观察的事实相符合。牛顿原来为了推导出开普勒行星运动规律，除了单个行星同太阳之间的引力，他不得不忽略此外的全部吸引作用，但这只是一种近似。望远镜的定量观测表明，行星的运动并不完全遵循开普勒定律。而牛顿万有引力定律则指出各行星之间也在相互吸引。为了使理论的预测更好地与观测事实相符合，就需要考虑两个以上相互吸引的天体同时运动的情况，需要进一步修正理论预测，这就为牛顿的后继者留下了令人神往的理论应用问题。比如，到了 18 世纪，科学家想从牛顿力学理论推导出人们所观察到的月球运动规律。这也是个常规的理论应用问题，因为它的解决并不能使牛顿理论本身发生变革，但它却显示了应用理论的成功，扩大了应用理论的范围。

还有一类常规问题则是关于已有理论的系统化与表述问题。所有学科中都有一个已有理论如何系统化和表述的问题，典型的案例就是对《自然哲学之数学原理》（以下简称《原理》）这部重要著作的重新表述。这部著作几乎记载了牛顿的全部理论。一方面，因为这是项开创性的工作，其中不可避免地有拙劣疏漏之处；另一方面，《原理》的许多含义只有在应用中方能清楚地显示出来。因此，从 18 世纪的伯努里、欧拉、达朗贝尔和拉格朗日，到 19 世纪的哈密顿、雅可比和赫兹，许多欧洲最卓越的数学物理学家都努力以等效的，但逻辑上和美学上更令人满意的形式对牛顿理论重新加以表述，力图展示出《原理》中的内在的和外在的含义。这样不仅消除了《原理》中的模糊不清之处，得到了更加精确的理论，而且还产生了新的知识，使牛顿力学发展成为分析力学。

与上述各类常规问题根本不同，反常问题是在拒斥已有理论框架的前提下提出的有待解决的疑难。这些疑难的解决意味着一场科学理论的革命，以新的解释性理论取代现有的解释性理论。反常问题的特点就是对已有的理论提出质疑。例如，1924 年，当时不知名的法国物理学家德布罗意发表了一篇阐述有关物质波的文章。他经过对以往各种理论的研究，提出了一个令人难以理解的问题。在他看来，整个世纪以来，在光学上，比起波动的研究方法，我们是否过于忽视了粒子的研究方法？而在物质粒子的理论上，是否发生了相反的情形，我们把粒子的图像想得太多，而过分地忽视了波的图像呢？这一想法遭到了许多物理学家的冷遇。当时科学界普遍认为，所有可能存在的波都已经被发现了，德布罗意所谓的"物质波"既非机械波（声波等）又非电磁波（光波、无线电波等），那会是什么呢？任何物体的运动都会产生物质波，为什么我们看不见呢？大家公开表示怀疑。德布罗意的问题之所以会受到如此冷遇，就是因为它公然违背了背景知识的常规。历来认为，物质粒子就是粒子性的，哪里会和波动发生什么关系？德布罗意竟然要改变人们对波动与粒子性传统图景的认识，怎么会不使人惊异呢？显然，在已有背景知识的范围内不可能解决反常问题，它们之间是那样格格不入，以致所有按常规方式进行的努力都归于失败。崭新的科学理论的发现正是和这样的反常问题紧密相联的。

如果说常规问题的解决就是使原有的理论获得新的发展，那么反常问题的解决就是新理论的发现。当新的理论被建立之后，就要继续解决新理论的常规问题，使新理论不断地发展、精确和完善，直到新理论也面临它的反常问题的日益严重的挑战，而终于又被一个更新的理论所取代。可见，科学的历史就是无止境地提出问题和解决问题的历史，就是不同系列的常规问题与反常问题相互交错地发生与解决的历史。

值得注意的是，反常问题与常规问题的区分是相对而言的。在科学革命的时期尤其是如此。例如，前面提到过的恒星周年视差问题，对于哥白尼"日心说"而言是常规的问题，但是对于托勒密"地心说"来讲则是反常的问题，因为观察者如果是在不动的地球上，那么远方恒星的视位置就不会发生什么变动，自然也就没有什么恒星的视差。换言之，如果在已有理论框架范围内通过改进原有理论来解释疑点，就是把问题当成常规的来对待；如果突破原有理论的框架束缚，通过变革理论来解决，就是把问题当成反常的来对待。究竟应该按常规问题处理还是按反常问题处理，往往是事后才判明。有的问题在某个时期被某些人认为是常规的，但是当新的科学理论形成之后，才清楚表明这本来就是个反常性质的问题，不应该作为常规问题看待。比如，为了解开"以太之谜"，1887年美国物理学家迈克尔逊在化学家莫雷的合作下，进行了一次精密的实验。实验的结果表明，不管他们将仪器对准地球运动的哪个方向，不管重复多少次，地球相对于以太的运动是不存在的。这一结果促使许多科学家寻求这个难题的答案：为什么地球相对于以太没有任何运动？这个问题其实已经与当时"承认以太是电磁波传播媒介"等背景知识发生了尖锐冲突。然而，荷兰物理学家洛仑兹等人由于传统理论的束缚，从维护以太存在这一前提出发，仍然试图在背景知识的框架内把它作为常规问题来解决，结果捉襟见肘，不能自圆其说。与此相反，爱因斯坦在狭义相对论中指出，以太是多余的。不存在以太，自然也就不会有地球相对于它的运动，从而揭示出这个问题的反常意义。

通过以上的阐述，我们可以概括起来说，科学问题的作用就在于导向发现新知：它或者是对背景知识的扩充探索（常规问题），或者是对背景知识的质疑批判（反常问题）。前者导致知识的累积，原有理论的发展和完善。后者导致科学的革命，新理论的建立。

科学问题愈是能指向背景知识的薄弱方面，愈是能抓住背景知识与经验事实的冲突，它就愈是有意义，它所具有的科学价值就愈大。特别是反常问题在科学理论的变革中能起重大作用。当然，也有这样的情况，问题是颇有价值的，然而由于受到当时历史条件的限制，这些问题没有得到应有的重视，甚至被埋没了很长时间。例如，阿基米德的同时代人、古希腊的阿利斯塔克就提出过"太阳中心说"，并且探讨了"为什么恒星在地球运动的时候表面上不动"的问题，他远远地走在时代的前面，可是得不到一般人的认可，甚至无人问津。经过1700多年，到了哥白尼时代，问题复出，才显示出其固有的重大意义。这样的案例在科学史上是屡见不鲜的。一切具有科学价值的、预示着科学进步方向的问题，终究会在科学发展的历史长河中发挥其应有的作用。

爱因斯坦说过，提出一个问题往往比解决一个问题更重要，因为解决问题也许仅是一个数学上或实验上的技能而已，而提出新的问题、新的可能性、从新的角度去看旧的研究课题，却需要有创造性的想象力，而且标志着科学取得每项进步的真正开端。

## 第二节　问题的解决与探索的逻辑

科学的历史就是问题与解答的历史，从问题到解答，从新的问题到新的解答，不断地提出更加有意义的、更加复杂的问题，不断地探求更加普遍、更加深刻的解答。只要有人类认识世界、改造世界的实践活动，就会有问题提出，就会有解答问题的探索过程。

常规问题与反常问题的性质不同，它们的解决方法也不相同。

常规问题的解决与背景知识是不冲突的，人们是在背景知识的指导之下探索常规问题的答案。在第一节中已经介绍过，常规问题基本分为三个类型。下面我们分别来讨论一下。

对于事实问题来说，就是要求从背景知识出发，利用已知的普遍原理、定律去设计巧妙的仪器，制定合理的观测方案，从而取得对事实问题的解答。例如，要回答"光在空气中传播的速度大还是在水中的传播速度大？"，就必须制作有效的仪器，确定实际观测的方法，而这些都需要创造性的研究。为了扩大对事实的认识范围，提高对事实精确性的认识，一次又一次地设计出复杂的专门仪器，常常吸引大批第一流人才，他们为此付出了巨大的努力。牛顿的《原理》出版以后的 100 年间，没有任何人能设计出确定万有引力常数的仪器，由此可见一斑。从第谷·布拉赫到 B.O. 劳伦斯，某些科学家之所以获得很高的声誉，并不在于他们的发现有什么新颖之处，而是因为在判定某种事实方面他们提供了更加精确的方法，具有更大的可靠性和适用性。

对于理论的应用问题，就是要运用普遍的原理来解释某些事实，说明某些现象，作出合乎实际的预测。为了使理论预测与观测的事实更为符合，往往需要引入新的方法，进一步修正解释经验的理论模型。比如，我们掌握了处理两个以上互相吸引物体同时运动的技巧以后，就可以根据万有引力定律对行星的运动作出更准确的预言，使它与观测事实更加符合。

在解决这一类型的问题时，开辟新的理论知识的应用领域也是很值得重视的。比如，把牛顿理论应用于流体的研究工作，就形成了新的力学分支——流体力学。关键是要解决应用的方法。不仅如此，推而广之，一个学科领域的普遍原理也可以应用到其他学科领域中去，这常常成为解决问题的重要环节。有时称这种应用为"移植"。更进一步，在两门学科交接处的领域内，可以应用两门学科的理论，把它们结合起来，进行所谓"边缘问题"的研究，从而逐步建立起新兴的边缘学科。甚至还可以把几个学科的原理应用到同一个领域中，例如海洋科学和岩体力学、土木工程力学、材料力学等就是如此。由于现代科学发展的特点之一是各门学科之间的相互渗透和相互联系越来越密切，所以探讨理论的应用问题日益重要。

对原有理论的进一步系统化和重新表述的问题，就是要填补空白点，纠正枝节的瑕疵，使原理更加完善，成为更严密、更精确的逻辑体系。但是这些都不会改变已有理论的根本性内容。而这类问题的提出又与前一类问题有关，在理论的应用中往往会反映出需要进一步说明的问题来。为了解决这类问题，通常还要采用新的数学方法来完成对普遍理论的重新表述。比如，欧拉提出了质点及刚体运动的一般微分方程；达朗贝尔提出了达朗贝尔原理；拉格朗日在伯努里的基础上建立了虚功原理的普遍形式，并与达朗贝尔原理相结合，提出了广义坐标动力学。由于这些人的新贡献，使牛顿力学向着解析的方向发展，成为一门严密而完整的理论物理学科。

关于反常问题的解决过程则与上述情景大不相同。不管以何种形式提出来的反常问题，都是拒斥已有的理论和原则。因此，必须探索与原有的主导理论大不相同的新的普遍原理。比如，狭义相对论与广义相对论，它们的基本原理与牛顿理论在某种意义上是互不相容的。相对论的概念同牛顿理论的概念同名而不同义。后者所说的质量是守恒的，而前者所说的质量则与物体运动的相对速度有关；后者所说的能量和质量两者互不相干，而前者所说的能量和质量则可以相互对应；后者所说的时空是绝对的，而前者所说的时空则是相对的，即时空的特性既依赖于物体运动相对速度（狭义相对论），也依赖于物体质量的大小与分布状况（广义相对论），等等。总之，以相对论取代牛顿理论，这是对自然界整个图景的认识发生了根本的变化。

探索这种新的普遍性原理，比解决常规问题要困难得多。"科学家必须在庞杂的经验事实中间抓住某些可用精密公式来表示的普遍特征，由此探求自然界的普遍原理。"① 广泛的事实材料对于建立可望成功的理论是不可少的，但材料本身并不蕴含着理论，相反的，人们需要设想出能够解释这些材料的普遍原理，以这样的原理作为逻辑演绎的出发点，以后推断就一个接着一个，往往得出一些预料不到的结论，远远超出这些原理所依据的事实范围。

探索与猜测是紧密地联系在一起的。反常问题一旦提出，人们为了解决反常问题，就必须通过猜测去探索新的解释性理论，只有猜测才能发现新的解释性理论，而只有发现新的解释性理论，反常问题才能得到解决。离开了猜测，就无法探索对反常问题的解答。

每一次科学发现都经历了问题与解答的过程。同一个问题可能有不同的提法，多种不同的解释性理论可能同时存在而相互竞争，这是一幅比较复杂的图景。因此科学发现没有机械的、固定的、普遍有效的模式，它有主动、活跃、丰富多彩的探索逻辑。科学总是在探索、猜测、检验，在永不停歇地发展。探索不是非理性的，而各种逻辑的手段正是探索的逻辑工具。


## 第三节　科学发现中的直觉

探索问题的解答与直觉有着不解之缘。不少科学家承认，自己所取得的理论发现产生于直觉。直觉与猜测在科学理论发现中的作用日益得

---

① ［美］爱因斯坦著：《爱因斯坦文集（第 1 卷）》，北京：商务印书馆，1976 年版，第 76 页。

到人们的确认。

但是，直觉常常被人误解为非逻辑的思想活动。爱因斯坦提出，科学原理虽以直接经验为基础，但是原理的发现"并没有逻辑的道路；只有通过那种以对经验的共鸣的理解为依据的直觉"①，而这种直觉只能是一种"心理的"联系。当代西方许多著名科学哲学家也认为，科学发现的过程是非逻辑的，不存在合理性问题。比如，波普尔说过："一个人如何产生一个新的思想（不论是一个音乐主题、戏剧冲突或者一个科学理论），这个问题对于经验心理学来说是很重要的，但对于科学认识的逻辑分析来说，是无关的。"科学发现是一种"非理性因素"或柏格森的"创造性直觉"，而这种"直觉也就是"灵感的激起和释放的过程"。②波普尔之后的库恩等人也持有这种观点。按照这种观点，科学发现就纯属心理学的研究对象了，与科学逻辑无关。

科学发现的逻辑是否可能，一个很重要的、很关键的问题就在于如何看待科学发现中的直觉。直觉果真是非逻辑、非理性的吗？要回答这个问题，就要比较详细地考察一下直觉的产生、直觉的随机性与合理性的关系问题。

直觉，有时又称为顿悟。这是在一切高度复杂的思考活动中常见的一种现象，是一种创造性的思维活动。在科学史上，人类很多卓越的发现往往与之相关。

爱因斯坦在回忆他 1905 年 6 月写作《论动体的电动力学》（关于狭义相对论的第一篇论文）的情景时说：

> 一次，我读了洛仑兹 1895 年的著作。他使用略去 $v/c$ 高次项的一次近似方法（式中 $v$ 是运动物体的速度，$c$ 是光速），讨论并完满地解决了电动力学的问题。接着，我根据这样的假设，

---

① ［美］爱因斯坦著：《爱因斯坦文集（第 1 卷）》，北京：商务印书馆，1976 年版，第 102 页。

② Karl R. Popper: *The Logic of Scientific Discovery*，Hutchinson of London，1977，p32.

即洛仑兹电子方程像洛仑兹原来讨论的那样在真空参照系中成立，同时也应该在运动物体参照系中成立，……方程式在运动物体参照系中成立的假设引出了光速不变概念，而光速不变却与力学中的加法定律矛盾。

这两个概念为什么会相互矛盾呢？这个困难确实很难解决。为了解决这个问题，我白白用了近一年的时间试图修改洛仑兹理论。

我在伯尔尼的一位朋友米凯耳·贝索（Michele Besso）意外地帮助了我。那天天气很好，我带着上述问题访问了他。开始，我告诉他："最近，我一直在钻研一个难题。今天到这儿来，请你和我一块攻克它。"我俩讨论了问题的各个方面。①

爱因斯坦从他与贝索的讨论中受到了不少启发，不过问题尚未解决。有天晚上，他躺在床上，又在思考那个折磨着他的难题，一下子答案出现了，办法是分析时间这个概念。时间不能绝对定义，时间与信号速度之间有不可分割的联系。爱因斯坦马上进行工作，使用新的概念，第一次满意地解决了整个困难。5 个星期之后，他的论文写成了。

达尔文在创立进化论的过程中也有类似的情形。在他已经想到该理论的基本概念以后，有一天，他阅读马尔萨斯的人口论著述作为休息。马尔萨斯清晰地阐述了人类数量增长所受到的各种遏制，并提到那些被淘汰的是最不适于生存的弱者。当读到这些地方时，达尔文突然想到：在生存竞争的条件下，有利的变异可能被保存，而不利的则被淘汰。他把这些想法记了下来。但是，还有一个重要问题未得到解释，即由同一原种繁衍的机体在变异的过程中有趋异的倾向。怎么解决的呢？达尔文说，他能记得是在路上那个地方，当时他坐在马车里，突然想到了这个问题的答案。

---

① 爱因斯坦于 1922 年 12 月 14 日在日本京都大学的一次讲演，载于 *Physics Today*，1982 年 8 月。

从上面的典型案例中，我们可以看到所谓直觉就是问题突然得到了解决。它不是对事物表面的生动直观印象，而是对事物规律性的一种猜测。这里有两种情况：一种是人们在自觉或不自觉地思考某一问题时，在头脑中突如其来地产生了使问题得到澄清的思想；另一种是人们在机遇观察中闪现出某些具有独创性的设想，导致了未曾预料到的科学发现。也有人把科学发现的直觉说成是灵感，给它染上更浓厚的神秘色彩。其实，他们说的灵感与直觉是一回事。科学发现中的直觉（灵感）的实质都不过是逻辑过程的压缩、简化，而采取了"跳跃"的形式，在瞬间猜测到了问题的解答，显现为突然闯入脑际的"闪念"。说它们是灵感时，着重强调的是在百思不得其解时顿悟现象间的规律性与因果性的奇效；说它们是直觉时，着重强调的是未经渐进的精细的逻辑推论而以简化的逻辑程序作出推断。

直觉是突发性的，这种猛然的顿悟什么时候到来，由什么因素触发，往往带有很大的偶然性，既不能预先知道时日，也不能人为选择触发方式。

人们在思考某一问题时，答案忽然在脑海中闪现，通常是由于受到某种启发而得出问题的解答。这种启发可能是来自讨论或交谈中别人的讲话，可能是来自一篇文章或者一幅图画，也可能是来自其他的方面。直觉的产生还常常是几方面的偶然因素相互补充的结果。这就致使直觉可以这时出现，也可以那时出现；可以这样出现，也可以那样出现；可以在此人心中出现，也可以在彼人心中出现，因而呈现出随机性来。

直觉的产生具有偶然性，但又不是随心所欲、凭空出现的。只有具备了一定的条件，直觉才有可能产生。努力实践，勤于学习，取得足够的经验和知识，这是产生直觉的必要条件之一。微生物学家巴斯德曾认为，在观察的领域中，机遇只偏爱那种有准备的头脑。对于直觉来说更是如此，这是一方面。另一方面，还要求对某一问题进行反复思考、经久沉思。对问题的有关方面连续长时间地考虑，以致达到问题总是萦绕脑际，即使在干着别的事情，思想也总是不自觉地转向这一问题，在反反复复地进行试探性的猜测中，直觉的产生就有更高的几率。

长期而紧张的逻辑思维活动虽是产生直觉的准备，但是，产生直觉的机会却往往不是在冥思苦想的时候。很多科学发现的案例表明，直觉常常是在原来的习惯思路中断之后才发生的。正是如此，这种顿悟给人以神奇之感。其实，这不过是变换了思路因而导致问题的解决。有时人们是主动中止研究课题的某种固定思路，而从不同的角度去重新考虑，从而产生引人注目的设想；有时是在与他人的精神交流中，摆脱了已经形成的、并无成效的习惯思路，重新思考，而带来了问题迅速有效的解决；还有人是在思想松弛时产生顿悟，比如散步、沐浴，或是从事不费力的娱乐活动，这时按照固定思路进行的沉思基本停止，就比较容易更换思路，在某种启发下导向科学的发现。传说化学家凯库勒发现苯环结构就是这样。有一天，凯库勒的工作进行得不顺利，思想开了小差。他把座椅转向炉火，面对炉火，好像眼前是原子在飞动，变化多姿，靠近、连接起来了，一个个扭动着、回转着，像蛇一样，在他眼前旋转。这时，凯库勒突然领悟了。

由于直觉富有创造性又具有随机性，因而直觉活动不具有严格、精确的模式。然而，直觉或顿悟所赖以完成的仍然是各种逻辑手段的组合。比如，以阿基米德发现浮体定律来说，他为什么会在浴盆溢水的机遇观察中找到"王冠之谜"的答案呢？这与逻辑思维活动是分不开的。阿基米德接受了海罗王的任务，并向国王借来一块同金匠拿去制作王冠所用的一样大小的金砖。他想，金子较其他金属比重大，如果王冠掺了假，它的体积必定比借来的金砖大，所以，他自然就试图通过比较王冠与金砖的体积的办法来解开难题。但是王冠的体积太不好计算了，因为它的形状复杂，又有花纹，阿基米德虽然已是当时有名的科学家，也被弄得束手无策。"怎样才能知道王冠的体积呢？"他无时无刻不在想着这件事，以致完全入了迷。正是在这样的前提下，当他进入浴盆时，看到自己身体越往里浸，从盆里溢出的水越多，他才突然顿悟：浸在水中部分的身体的体积和溢出水的体积有此长彼长的关系，由人体而想到王冠，这样王冠的体积也就有办法知道了。阿基米德看到的是自己身体越往盆里浸，溢出的水越多，想到的是王冠体积的计算，在这里，他自然地运用了类比等逻辑手段。在入浴时产生直觉的瞬间，阿基米德是不可能进行严密推理的。他会很快地想到，假使王冠不是纯金制成的，它的体积就大，所以排出去的水也会多一些。于是，他先在两只同样大小的容器中灌满了水，再把金砖和王冠分别浸入，把排出的水盛积起来，计算出水量，从而比较它们体积的大小。这样就找到了鉴别王冠是否掺假的办法。

我们还可以研究一下牛顿发现万有引力定律的案例。开普勒运动三定律解决了行星怎样运动的问题，虽然开普勒继续探索行星运动的原因，但是他未能完成这一任务。牛顿接过了这一课题，"数学家的任务就是要找出这种正好能使一个物体在一定轨道上以一定速度运行的力，并且反过来要确定从一定地点以一定速度发射出去的一个物体，由于一定的力的作用偏离其原有直线运动而进入的那条曲线路程。"① 传说，有一天牛顿在他母亲的花园里，碰巧一个苹果从近旁树上掉了下来，他因此突然想到使重物下落和天体运动的是同一种力，从而把地面物体的运动与天上物体的运动统一起来，找到了天体运动的原因。自然，这样的传说未免把科学发现的过程过于简单化了。然而，就以这个传说来看，从地面的落体想到了天上的星球，不正是概括、想象、类比等逻辑方法的应用吗？

直觉是瞬间的推断，是逻辑程序的高度简缩。顿悟之时，逻辑思维的一系列细节过程被省略了，越过了许多中间的环节，一下子将问题的解答呈现在面前。随后，又把简缩的逻辑程序还原，逐步地显出其中的细节过程，检查各个推论的步骤，使之臻于完善。所以，科学发现的最后完成还要依靠逻辑思维。关于万有引力定律的发现，牛顿后来在《自然哲学的数学原理》一书的第三编中作了较为详细的表述，他写道：

　　行星依靠向心力，可以保持在一定的轨道上，这只要考虑一下抛射体的运动，就很容易理解了；一块被重抛出去的石头

① ［英］牛顿著，［美］H.S.塞耶编：《牛顿自然哲学著作选》，上海：上海人民出版社，1974年版，第16—17页。

由于其自身重量的压迫不得不离开直线路径，它本应是按照起初开始的抛射方向走直线的，现在在空气中划出的却是一条曲线，它经过这条弯曲的路径最后落到了地面上；抛出去时速度越大，它落地前走得就越远。因此，我们可以假定抛出的速度不断增大，使得它在到达地面之前能划出 1、2、5、10、100、1000 英里的弧长，最后一直增加到超出了地球的界限，这时石头就要进入空间而碰不到地球了。……

但是，如果我们现在想象物体是从更高的高度沿着水平线方向抛射出去的，例如从 5 英里、10 英里、100 英里、1000 英里或更高的高度，甚至高达地球半径的许多倍。那么，这些物体就会按其不同的速度并在不同高度处的不同重力作用下划出一些与地球同心的圆弧或各种偏心的圆弧，它们在天空沿着这些轨道不停地转动，正像行星在自己的轨道上不停地转动一样。

这就是行星作曲线运动的向心力与使苹果落地的重力发生联系的推理的步骤，是完善的逻辑表述，它们是同一种力，就是引力。宇宙的定律就是质量与质量间的相互吸引。

由此可见，直觉的发生过程及随后对其推理的展开都离不开运用逻辑思维的手段。直觉决不是非逻辑的、无理性的。自然直觉也有非逻辑因素的作用，正是由于那些非逻辑因素的作用，而使直觉表现出机遇性来。可是，直觉的逻辑因素是更重要的。

一般说来，对于直觉有两种错误的看法：一种是否定直觉的作用，另一种是把直觉神秘化。这两种看法实际上都是把认识过程简单化，孤立地、片面地看待发现过程的结果。科学发现逻辑的重要研究课题之一，就是要探讨直觉的随机性与合理性的统一问题。直觉的随机性并不排斥直觉的合理性，直觉的合理性也不否定直觉的随机性。

直觉总是离不开运用比较与分析、综合与概括、类比与想象、抽象与理想化等基本手段。愈是熟练、巧妙地使用各种逻辑方法，就愈能有效地作出科学发现。科学发现逻辑就是关于启发方法的理论。

# 第二章　比较与分析[*]

科学始于问题，科学发现的过程就是探索问题答案的过程。在科学发现的过程中需要运用多种逻辑方法，比较与分析等是科学发现的基本逻辑方法。

## 第一节　比较的概述

比较是认识对象间的相同点或相异点的逻辑方法。它可以在异类的对象之间进行，也可以在同类的对象之间进行，还可以在同一对象的不同方面、不同部分之间进行。例如，富兰克林曾将天上的闪电与地面的电火花这两个长期被人们认为是毫无联系并且截然不同的客观对象作比较。1749 年 11 月 7 日，他在笔记中写下这样一段话：

> 电流跟闪电在这些特征方面是一致的：（1）发光；（2）光的颜色；（3）弯曲的方向；（4）快速运动；（5）被金属传导；（6）在爆发时发出霹雳声或噪声；（7）在水中或冰里存在；（8）劈裂了它所通过的物体；（9）杀死动物；（10）熔化金属；（11）使易燃物着火；（12）含硫磺气味。[①]

---

[*]　本章执笔者：南京大学郁慕镛。

[①]　［美］丁弗·卡约里著：《物理学史》，呼和浩特：内蒙古人民出版社，1981 年版，第 126 页。

富兰克林通过比较认识到两者有 12 个方面的相同点，并写了《论天空闪电与地下电火相同》一文，送交英国皇家学会。1752 年夏，一个雷电交加、倾盆大雨的下午，富兰克林做了著名的风筝实验，检验了他的发现。富兰克林对电学的发展作出了重要的贡献。

在科学研究中，比较是一种有目的、有计划的认识活动。为了探索什么而进行比较？比较哪些对象以及对象的哪些方面？这些都是由科学研究所要解决的问题来决定的。

比如，1724 年，富兰克林由美洲赴伦敦。一个雷雨天，他在船上看到船的桅杆尖上有一串淡蓝色的火花。这是什么？船员们说这是神火。富兰克林在英国时也问过一些科学家，他们认为神火是气体的爆炸。后来，富兰克林也认为神火是"一种难以捉摸的硫磺、黄铁矿的易燃的气体，并且自身着了火"。1746 年，富兰克林偶然看到英国学者史宾斯在波士顿做的电学实验，不久，他收到了从欧洲寄来的莱顿瓶。富兰克林也用莱顿瓶做各种电学实验。在一次实验中，他把十几个莱顿瓶连在一起，以加大电的容量。他的夫人不慎碰到了莱顿瓶的金属杆，受到了电击。这次事故给他留下了深刻的印象。莱顿瓶中的电也能损伤人体，这同天上的雷电多么像啊！雷电与地面的电火花是否相同？他决心要弄清这个问题。因此，富兰克林将二者作了仔细的比较。可见，比较的起因在于问题。如果没有问题，那就没有比较的目的，也就无从确定比较的对象以及比较的方面，自然也就无法进行什么比较了。

比较的起因是问题，但是有了问题并不就能进行比较，还要具备进行比较的背景知识。在富兰克林以前，也有许多人提出"什么是神火？为什么有神火？"之类的问题，但是，它并没有促使人们把天空的闪电与地面的电火花进行比较。其原因是缺乏进行这种比较的背景知识。自 16 世纪吉尔伯特提出"电"一词以后，17 世纪，德国物理学家格里凯制成了摩擦起动机。1731 年英国电学家格雷区分了导电体和绝缘体。1733 年法国化学家杜费提出了电的"双流"说。1746 年，荷兰莱顿大学的马森布罗克发明了莱顿瓶。富兰克林正是在静电学迅速发展时，开始了他的电学研究。他在接受前人研究成果的基础上，用电的"单流"说取代杜费的"双流"说，提出电荷守恒定律。所以，富兰克林在比较天空的闪电与地面的电火花之前，已具备了进行这种比较的各种知识。如果他没有这些背景知识，那么，他也不能去进行这种比较并导致科学的发现。

经验自然科学所要研究的是自然界的各种事物及其规律性。自然界千变万化，各种事物千差万别、千姿百态。但是，整个自然界又是统一的，各种事物是相互联系的，存在着客观的规律性。自然界的每一事物都是在同其他事物的相互联系中表现出自己的多种属性。这些属性中，既有同其他事物相同的属性，也有同其他事物相异的属性，人们只有把握这些相同点和相异点，才能陈述事实并进而给予理论解释。比较在科学发现中具有非常重要的作用，不进行比较，就不可能有科学的发现。

古典归纳逻辑的创建者弗朗西斯·培根是很重视比较的。他认为要获得科学知识，必须要有正确的方法（新的认识工具）来指导。他在总结科学实验方法的基础上，提出了"三表法"。培根的"三表法"以及以后穆勒又加以发展的"求因果五法"，都是通过比较去探索现象间的因果性的逻辑模式。只有比较不同方面的经验材料，才能导致科学的发现。比如，1895 年 11 月 8 日傍晚，德国物理学家伦琴在用克鲁克斯管做实验时，突然看到实验装置旁边的氰化钡铂荧光屏上，似乎稍稍发出蓝白色的光。这是否同室内电灯有关？伦琴关上电灯，以便与全室变暗时作比较，结果表明荧光屏上依然发光。伦琴用黑纸将克鲁克斯管紧紧地蒙上，使阴极射线不能漏出来，同时也把厚厚的窗帘放下，使室外光线一点也不进入，这样就可以与全室一片漆黑时作比较，结果表明两米远的荧光屏依然发着光。是否黑纸未能完全遮住阴极射线？伦琴卷了十张黑纸，仔细地把克鲁克斯管包严实，有时还用木板挡一下，他反复地作了上述的比较，荧光屏上都是仍然发光。伦琴依据已有的理论进行了多方面的比较，才认识到，这种光线不是阴极射线，而是另外一种性质的光，他取名为"X 光"。1896 年元旦前夕，伦琴终于完成了《关于一种新的光线》的论文。他也因此成为 20 世纪初新设立的诺贝尔物理学奖的第一位获奖者。

其实，在伦琴发现 X 射线之前，早有人观察到 X 射线了。英国物理学家克鲁克斯做实验时，就曾看到过这种奇怪的蓝白色的光线。他用照相底板将它拍下来，但是，洗出来的底板却是模模糊糊的。换上新买来的照相底板，重复多次，结果仍然如此。总之，实验时使用的照相底板总是不理想。克鲁克斯写信给生产照相底板的工厂，抱怨产品质量不好，工厂在回信中虽然表示歉意，但又对此感到无能为力。以后，克鲁克斯用这种照相底板拍出来的底片仍然模糊不清。使用克鲁克斯管的其他科学家，如美国的古德斯皮也遇到了类似的情况。但是，他们并没有作多方面的比较以进行深入的研究。如果通过比较而进一步深入研究，克鲁克斯可能是 X 射线的第一个发现者。他错过了一项重大科学发现的机会，后来他一直为此后悔不已。

比较是初步整理经验材料所不可缺少的逻辑方法。所谓初步整理经验材料，就是通过比较各种各样对象的相同点与相异点，并由此给予分类。相同点多而相异点少的对象归属于同类，相同点少而相异点多的对象归属于不同的类。这样，人们对被研究对象的认识就不再是孤立、零碎的，而是全面、系统的。这一步工作很重要。规律具有普遍性，它是从一类对象的系统联系中抽象概括出来的。更高层次、更普遍的规律则是从更广的系统中抽象概括出来的。所以，运用比较来整理经验材料，进行分类，作出系统的研究，这对科学发现是十分重要的。比如，俄国化学家门捷列夫把每一种元素的主要性质和原子量分别写在一张小卡片上，反复比较它们的性质，作出系统的分类，终于发现了元素周期律。又如物理学对基本粒子的研究，到 20 世纪 70 年代，已发现的基本粒子（包括共振态）约有 300 多种。通过比较，基本粒子可以分为三类：第一类是光子和 γ 射线，它们传递电磁相互作用；第二类是轻子，包括电子、M 介子、中微子，这些粒子之间有电磁作用和弱相互作用；第三类是强子，强子又可以分作介子（π 介子、K 介子等）和重子两类，重子包括质子、中子、超子和许多共振态粒子等，在强子之间存在电磁作用、弱相互作用和强相互作用。光子和轻子只有少数几种，绝大多数基本粒子属于强子。正是通过这种比较与分类，使基本粒子的研究工作不断地深入。

人们合理地期待着，这将导致发现新的定律。

## 第二节　比较的类型和合理性原则

各门经验科学为了解决不同的问题而进行的比较，各有具体的特点，然而概括其共同点来说，有两大基本的类型：

### 1. 相同点的比较

指比较两个或两个以上的对象而认识其相同点。这种比较使我们认识到表面相异的对象之间有其共同性，即异中有同。这种比较的模式如下：

对象　被比较的特性

A　　a、b、c……

B　　a、b、c……

所以，A 与 B 两对象具有相同的特性 a、b、c、……

英国著名的博物学家达尔文在《物种起源》一书出版后，他和赫胥黎、海克尔等人，为了将生物进化论贯彻到底，解决人类的起源问题，也为了用确凿的事实材料来回答宗教界的恶毒攻击，他们成功地运用比较法，证明人类和高等哺乳动物（主要是猩猩、黑猩猩等）在许多方面是相同的，由此说明，人类是从哺乳动物进化而来的。他们从以下几个方面进行了比较：

第一，解剖学方面的比较：人类和哺乳动物的骨骼构造和一些内部器官，有其共同的布局。如身体由分化了的脊柱支持，体上有毛腺，有乳腺，腹内有横膈膜将胸腔和腹腔分开，心脏由四个部分组成（左右心房、左右心室），牙齿分门齿、犬齿、臼齿三种，四肢骨的结构（肱骨、尺骨、桡骨、腕骨、掌骨和指骨）及指骨数（2、3、3、3、3）均一样。

第二，胚胎学方面的比较：人在胚胎发育过程中，与一般哺乳动物的胚胎发育十分相似，都经历了类似单细胞动物、多细胞动物、脊索动物、鱼类、两栖类、爬行类、哺乳类这些阶段。

第三，感觉表情方面的比较：1872 年，达尔文出版了《人类和动物的表情》，对人和动物的感情作了比较。无数的事实表明，人类的情感，在动物身上也有萌芽，动物会保护自己的婴儿，会表示好奇、恐惧、满足等。

### 2. 相异点的比较

指比较两个或两个以上对象而认识其相异点。这种比较使我们认识到，表面上相似的对象之间有其差异点，即同中有异。这种比较的模式如下：

对象　被比较的特性

A　　a、b、c……

B　　$\bar{a}$、$\bar{b}$、$\bar{c}$……

所以，A 对象以特性 a、b、c……与 B 对象相异

1932 年，法国物理学家约里奥·居里夫妇用放射性钋（Po）所产生的 α 射线轰击铍、锂、硼等元素，发现了一种穿透性很强的辐射。当时，他们将它误认为就是 γ 射线，因为这种辐射也是中性不带电的。约里奥·居里夫妇虽然也觉察到这种辐射在穿透性方面比 γ 射线强，但是他们没有进一步作相异点的比较。英国物理学家查德威克是著名物理学家卢瑟福的学生。卢瑟福早在十多年前就预言中子的存在。查德威克清楚地了解他老师的观点，因此，他读到约里奥·居里的论文后，立即重复了这个实验，并作相异点的比较。这种新的辐射穿透能力很强，同 γ 射线不同，它还能轰击原子核而打出质子来。由此，他断定发现的辐射不是 γ 射线，新的粒子是中子。查德威克因此而获得了诺贝尔物理学奖。而约里奥·居里在听到查德威克的发现后，十分后悔。实际上，他看到了中子而不能识别，这是因为他不去作相异点比较的缘故。

### 3. 同异综合的比较

指比较两个或两个以上的对象，而认识其间的相同点与相异点。这种比较的模式如下：

对象　被比较的特性

A　a、b……p、q……

B　a、b……$\overline{p}$、$\overline{q}$……

所以，A 对象以特性 a、b……相似于 B 对象，

又以特性 p、q……区别于 B 对象。

同异综合的比较是对两个或两个以上对象之间的相同点与相异点的探索，它同时具有前两种比较的特点，能提供较为全面的认识，因而它在科学发现中有更重要的价值。

在科学史上，不少人运用比较的方法，搜集和整理大量的经验材料，导致重大的科学发现。然而，也有不少人运用了比较的方法，却成效甚微。这就要求我们去研究比较的合理性问题，即比较应当遵循怎样的准则？如果弄清了指导比较的启发性原则，那就能帮助我们有效地运用比较法。这是个十分艰难而又不可回避的研究课题。

我们认为运用比较法应当注意以下的原则：

**1. 比较必须在同一关系下进行**

运用比较法，首先要解决对象是否可比的问题。如何理解对象的可比性呢？

《墨经》中认为："异类不吡。说在量。"(《经下》)"木与夜孰长？智与粟孰多？爵、亲、行、贾四者孰贵？"(《经说下》)

《墨经》告诉人们，两类异质的对象不能从它们的不同关系上进行量的比较。木之长是空间的长度，夜之长是时间的长度。前者计之以绳尺，后者计之以时分。因此，二者不能比长短。智是精神的、无形的，而粟是实物的、有形的，二者也不能比多少。至于爵、亲、行、贾四者亦如此，无法比贵贱。所以，比较必须在同一关系下进行。但是，《墨经》中的具体阐述还是直观的、朴素的。异质对象在不同关系上进行量的比较是不当的，并不是说异质的对象是不可比的，更不是说不可比较的特性之间没有差异。科学在不断地发展，人类对自然界认识的范围越来越广，认识的层次越来越深，因此，过去曾被人认为是不可比的特性，而现在

从更广的范围和更深的层次来认识，它们却受着更普遍规律的制约，存在着相同点。电、磁、光三类对象，过去一直被认为是互不关联、截然不同的三类对象。1820 年，丹麦物理学家奥斯特在实验中发现电能产生磁。1831 年，英国物理学家和化学家法拉第在实验中发现磁能产生电，由此概括为电磁感应定律。1845 年，法拉第又发现"磁光效应"，磁与光又联系了起来。1873 年，英国物理学家麦克斯韦建立了麦克斯韦方程组，将电与磁统一为电磁场。他还预言电磁波的存在，并预言光也是一种电磁波。1888 年，德国物理学家赫兹终于在实验中发现了电磁波，测得电磁波传播速度与光速是同一数量级，光波也具有电磁波反射、折射、偏振等性质。这样，电、磁、光在波动性的同一关系下是可以比较的，科学家找到了它们的相同点，从而统一起来。由此可见，只要从同一关系去比较不同对象或对象的不同特性，这种比较就是合理的；反之，就是不合理的。

**2. 选择与制定精确、稳定的比较标准**

这是作定量比较的基础，也是定性比较所必须的。为了比较物体的长度、面积、体积和容量等，我们必须规定标准的计量单位。如果定量比较使用的计量单位不确定、不精密，那就会使比较所取得的经验材料不可靠，自然就很难产生新的科学发现。定量比较的认识结果如何，相当大程度上与比较的计量标准有关。在日常生活里，测定时间是根据地球的自转和公转，地球自转一周为一天，地球绕太阳公转一周为一年，以地球的自转和公转为基准的计量时间系统——平太阳时和历书时，颇能满足人们的日常生活的需要。但是，在科学研究中，要比较各种各样自然现象的时间特性，就不能以太阳时为标准。如基本粒子中的各种介子和超子的平均寿命极短，$\pi^0$ 介子的平均寿命为 $0.84 \times 10^{-16}$ 秒。科学还证实地球的自转和公转都是不均匀的。因此，在精密科学中利用平太阳时和历书时来测定时间就是不可靠的。现代精密科学测定时间使用原子时。原子内部能级跃迁所发射或吸收的电磁波频率极为稳定，以此为基础建立的很均匀的计量时间系统被称为"原子时"。原子时的秒长定义为铯原子跃迁频率 9，192，631，770 周所经历的时间。目前，规定原子时的秒长为时间的基本单位。

在生物学中广泛使用生物标本，地质学中广泛使用矿石标本，用它们来证认不同品种的生物和矿石。这些标本是作为定性比较的标准。现在研究陨石或登月采集的月岩物质，也是将它们同地球上的矿石标本比较，以辨同异。由此可见，选择和制定精确、稳定的比较标准，对于能否有效地进行比较，以及能否取得科学发现是极其重要的。

### 3. 采用合理的比较方法

在越不相同的对象中探求相同点，或在越相同的对象中探求相异点，它对科学发现的意义就越大。

古代的人们进行比较是直观的，仅仅在极相同的对象之间发现它们相同，在极不相同的对象之间发现它们相异，这是科学思维能力甚低的表现。黑格尔说："假如一个人能看出当前即显而易见的差别，譬如，能区别一支笔与一头骆驼，我们不会说这人有了不起的聪明。同样，另一方面，一个人能比较两个近似的东西，如橡树与槐树，或寺院与教堂，而知其相似，我们也不能说他有很高的比较能力。我们所要求的，是要能看出异中之同和同中之异。"[①] 科学思维的基本要求之一，就是在极不相同的对象中探求相同点，或在极相同的对象中探求相异点。因为我们在极不相同的对象中探求相同点，往往能概括和抽象出更普遍的定律来；在极相同的对象中探求相异点，也往往能分析出事物更深层次的规律来，而这些都将导致重大的科学发现。

现代科学发展，一方面分得越来越细，人们在极相似的对象域中探求其相异点，建立起一支又一支更专门的学科，据统计已达 4000 余门。另一方面又在不断走向综合，显示整体化的趋势，人们在极不相同的对象域中探求相同点，建立起一支又一支的边缘学科、横断学科和综合学科。第二次世界大战后，系统论、信息论、控制论诞生了。它们把电子、机械系统、生物和大脑高级神经活动系统、思维和社会系统，以及工程技术系统、军事系统、教育系统、交通系统、经济系统等差别极大的系

---

① ［德］黑格尔著：《小逻辑》，北京：商务印书馆，1981 年版，第 253 页。

统联系起来，进行比较研究，探求其相同点，从信息论和控制论的角度，提出了适用于一切综合系统的模式、原则和规律，对科学技术以及人们广泛的社会实践，发挥越来越深刻的影响。现代科学的任何成就，与合理地进行比较都是分不开的。

## 第三节　分析的概述

分析就是将被研究对象的整体分为各个部分、方面、因素和层次，并分别地加以考察的认识活动。比如说，我们研究植物细胞，将它分为细胞壁、细胞膜、细胞质和细胞核几个不同部分来认识，并分别地考察各部分所特有的性质和功能。由此可知，一个细胞外面包着一层透明的薄壁，这就是细胞壁，它有保护和支持作用；紧贴在细胞壁里面的一层很薄的膜，就是细胞膜，它控制着物质的出入，既不让有用的物质任意流出细胞，也不让有害的物质轻易进入细胞；细胞膜里面包着的透明物质就是细胞质，细胞质里含有很多非常重要的物体，如植物绿色部分的细胞质里，含有制造有机养料的叶绿体；细胞质里还含有一个或几个像水泡似的液泡，细胞液含有糖分或带有酸味的物质；细胞质还含有一个近似球形的细胞核，细胞核里含有在遗传上起着重大作用的物质。我们分别对植物细胞的各部分作如上的考察，这样的认识活动就是分析。

分析是一种科学的思维活动，这种分析活动当然是在感性认识所获得的大量经验材料的基础上进行的，但是，思维的分析活动并不是指感觉的分析活动。人的各种感觉器官都是一种分析器，每一种感官都只能接受某一种特定的信号（刺激）。自然界的各种事物的特性如颜色、气味、声响等都是密切联系在一起而呈现在人们的面前，人的感官将它们分析之后形成不同的感觉。科学思维的分析活动与感官分析器这种感性的分析活动是不同的，它是一种理性的认识活动。

为什么思维中要对客观对象进行分析呢？我们知道，自然界中的任何事物都不是单纯的和不可分的，而是具有复杂的构成。它们总是由不同的部分、方面、因素和层次组成的。果核可以剖开，化合物可以分解，所谓"元素""原子"和"基本粒子"也都不是单纯的，都有其一定的结构。客观事物构成的复杂性决定着思维分析的必要性。没有分析，人们对事物只能有浑沌的认识。

为了认识被研究对象的复杂构成，人们从不同的实践角度出发，提出所需要解决的问题，作出不同学科的理论分析。就以人们对水稻的认识来说，既有解剖学的分析，又有生理学的分析，还可以给予育种学、营养学、地理学等方面的分析。各种分析的具体方式差别很大，然而，它们都离不开考察研究对象的组织成分、各种性能以及细部结构，只是侧重点不同而已。也就是说，任何分析都是由考察研究对象的"成分—性能—细部结构"诸环节构成的，但各以某一环节为主，其他环节为辅。

正如客观事物的分解要有一定的物质技术条件，思维的分析也要有一定的认识发展条件。人类的分析能力随着生产活动和科学实验的发展而不断提高，分析的深度也随着科学理论的发展而不断深化。任何分析都是在原有理论综合的指导下进行的，而分析的目的又是为了向下一步新的理论综合过渡。

但是，不能把分析的作用看作是综合的附属，分析是一种相对独立的逻辑方法，它既为新的综合做准备，同时它在科学发现中又有其独特的作用。

## 第四节 分析的类型和合理性原则

各门学科有自己特殊的分析方式，但是各门学科的分析又有共性，可以概括为以下这些基本的类型：

### 1. 定性分析

定性分析是为了确定研究对象是否具有某种性质的分析，主要解决"有没有""是不是"的问题。我们要认识某个客观对象，首先就要认识某个对象所具有的性质，并把它与其他的对象区别开来。所以，定性分析是最基本和最重要的分析。

比如，英国化学家普利斯特列为了寻找燃素而研究各种气体，他曾做过这样一个实验：在一个密封的玻璃容器内，放一只小老鼠、一支点燃的蜡烛和一盆花。很快蜡烛熄灭了，小老鼠也死了。普利斯特列将整个玻璃容器移到靠近窗户的桌上接受光照，继续对花进行观察。第二天早晨，他惊奇地发现，花不仅没有枯萎，而且又长了一个花蕾。难道植物能净化空气吗？普利斯特列兴奋地点燃了一支蜡烛，迅速地放进玻璃容器里，蜡烛继续燃烧，就像容器里充满了纯净的空气一样。过了一会儿，蜡烛又熄灭了，空气又"被污染"了。普利斯特列由此进行理论分析，他认为，空气中有一部分使蜡烛燃烧和小老鼠存活的"活命空气"，还有一部分就是被物理学家和化学家布莱克称为"固定空气"的东西。植物吸收"固定空气"而放出"活命空气"。这种还没有研究过的"活命空气"维持着动物的呼吸，帮助物体燃烧。普利斯特列认识到，空气不是单质，而是一种复杂的混合物。

## 2. 定量分析

定量分析是为了确定客观对象各种成分的数量的分析，主要解决"有多少"的问题。客观对象的成分不仅具有质的区别，而且具有量的区别，有些客观对象因其成分在量上的不同而互相区别开来。例如化学上的同位素就是这样。19世纪末到20世纪初，化学家认识到同位素的其他化学性质相同，只是原子量不同，如钍的同位素有钍232、钍238；铅的同位素有铅210、铅214、铅212、铅211。人们认识到，元素并非是单一的，而是一种复合体，只有通过定量分析，才能认识各种不同的同位素。原子结构的卢瑟福模型提出后，人们又进一步从原子结构的角度出发分析天然放射性同位素问题。1913年，索迪指出，当一个原子放射出一个α粒子时，由于α粒子是氦的原子核，所以，它所变成的元素在周期表上要降低两个位置（原子序数减少2）；当它放射出一个β粒子时，由于β粒子是电子，所以，它所变成的元素在周期表上则提高一个位置（原子序数增加1）。这样，对天然放射性同位素的定量分析，又帮助人们后来去创造人工放射性同位素。通过定量分析所确立的"同位素""天然放射性同位素""人工放射性同位素"等新概念和新理论，大大地补充和丰富了人们的物理和化学知识。

### 3. 因果分析

因果分析是为了确定引起某一现象变化原因的分析，主要解决"为什么"的问题。因果分析就是在被研究对象的先行情况中，把作为它的原因的现象与其他非原因的现象区别开来，或者是在被研究对象的后行情况中，把作为它的结果的现象与其他的现象区别开来。

因果性是自然界现象之间普遍而基本的联系。虽然在宇观世界、宏观世界和微观世界，因果律的表现形式各异，但是因果律的存在是确定无疑的。古典归纳逻辑的"求因果五法"就是分析因果联系的最简单模式。

### 4. 可逆分析

可逆分析是解答下述问题的一种分析方法：作为结果的某一现象是否又反过来作为原因，从而产生原来是原因的那一现象呢？

自然界里有些现象之间的因果联系是不可逆的，例如太阳上出现黑子、耀斑的剧烈活动，会引起地球上短波通信突然中断，气候异常，心肌炎和血管梗塞的发病率提高。可是，后者不可能又反转过来影响太阳黑子、耀斑的活动。然而，自然界有些现象之间的因果联系却是可逆的，而认识这种可逆性也非常重要。

1820年，丹麦物理学奥斯特观察到沿导线流动的电流会使附近的磁针发生偏转。法国物理学家安培在奥斯特之后继续这方面的研究，他发现通电的螺线管具有与磁棒相同的作用。这就是说，电可以转化为磁。据此，英国的法拉第发问：由电可以产生磁，那能否反过来由磁产生电呢？经过9年的探索，他终于在1831年概括出电磁感应定律。由此可见，当一个过程发现后，可逆分析法有助于我们去探讨逆过程是否成立。这样，科学发现就可能以对偶形式出现，大大开拓我们的视野。

### 5. 系统分析

系统分析是一种动态分析，它将客观对象看成是一个发展变化的系统。系统分析又是一种多层次的分析，它把对象看作是一个复杂的、多层次的系统。比如，认识大气对流层系统、人体生理系统、工程技术系统、环境控制系统、交通运输系统、军事系统等，都要采用动态的、多层次的系统分析法。

概括分析的不同类型，相对来说还是不太难的，而探讨分析的合理性原则，却是个更加艰难的问题。究竟如何进行分析才是合理、有效的呢？我们认为应当注意以下原则：

**1. 分析必须达到最基本的成分（或者说最简单的因素）**

为了认识一个事物的复杂成分，必须将事物分析到构成它的最基本成分，然后分别加以考察。因为只有分析到构成事物的最简单因素，认识这些因素在质上和量上的不同以及它们之间的关系，这样事物的复杂性才会充分暴露出来。所谓最简单的因素，这是相对的，它是相对于研究的课题来确定的。探讨微观世界，要分析到基本粒子或更深的层次，但是，如果我们所要分析的是宏观低速的现象，那么，分析微观基本粒子在一般情况下是不必要的。

**2. 分析必须是对被研究对象的重新认识**

分析是在原有综合的指导下进行的，人们总是依据一定的理论去分析对象。但是，分析并不是已有理论的演绎，而是对研究对象重新作具体深入的研究。比如，德国物理学家普朗克在分析黑体辐射问题时，是以经典物理学为指导的。普朗克为分析黑体辐射，经典物理学的所有理论和方法他都试过，但都失败了。这使他认识到，必须抛弃经典物理学关于"能量是连续的"这一传统观念。普朗克认为，物质辐射（或吸收）的能量只能是某一最小能量单位（能量子）的整倍数，因此，能量还是连续的。普朗克开创了量子论的历史。由此可见，普朗克如不以经典物理学作为指导，他就不可能开始黑体辐射的研究，也不能发现经典物理学的局限性而提出量子论。但是，从经典物理学是不可能演绎出量子论的。

爱因斯坦接受了量子论，1905 年，他提出了光量子理论。但是光量子论也不是由量子论直接演绎出来的。经验科学必须面对经验事实，爱因斯坦以普朗克的量子论为指导，分析光电效应的经验事实而提出光量子论。

麦克斯韦认为光的本质是一种电磁波。赫兹几乎在发现光电效应的同时又发现了电磁波，论证了它与光的一致性。电磁波的发现使光的"波动说"统治了物理学界。爱因斯坦分析了光电效应现象，认为光的波动说不能解释光电效应。因为按照波动说，光是一种波，它的能量是连续的，和光波的振幅——也就是光的强弱有关，而和光波的频率——也就是光的颜色无关。但是，在光电效应里，很强的红光却打不出电子来。爱因斯坦认为，如果光和原子、电子一样，也是一个个粒子，可以称为光量子的话，那么，光的能量是不连续的，只有光量子的能量达到一定的值，才能从金属表面打出一个电子来。普朗克的公式是：

$$E（能量）= h（普朗克常数）\cdot \nu（光的频率）$$

显然，光量子的能量只同光的频率有关，所以，微弱的紫光就能打出电子来。爱因斯坦的光量子论，作为对光电效应现象的理论分析的结果，它并不是原有理论的演绎，而是对光的重新认识。如果分析不是这样进行，那么，分析就不可能是科学发现的有效方法。

# 第三章　综合与概括[*]

## 第一节　综合的概述

综合就是将已有的关于研究对象各个部分、方面、因素和层次的认识联结起来，形成对研究对象的统一整体的认识。比如，1911 年，英籍新西兰物理学家卢瑟福提出原子结构的行星模型，就采用了综合的方法。卢瑟福当时并没有借助于各种实验设备去观察原子内部的结构，更没有拍下原子结构的照片，他是在思维中综合 α 粒子轰击金箔出现散射现象等事实后提出的。大多数 α 粒子会穿过金箔，这是卢瑟福意料之中的，因为原子中电子质量极小，它是无法阻止 α 粒子的。根据汤姆生模型，原子内部带正电荷的部分，虽然质量几乎同原子相等，但由于它均匀分布，因此也不能阻止 α 粒子的穿过。但是，使卢瑟福大吃一惊的是，极少数 α 粒子不能穿过金箔，而是向两旁散射。他测出 α 粒子撞回的几率约 1/8 000。通过对上述事实进行综合，他认为大多数 α 粒子可以自由穿过，这说明原子内部非常空，而 1/8 000 的 α 粒子被撞回，这说明有东西能阻止它前进。是什么东西呢？只能认为原子内部存在着一个带正电荷的、体积很小、质量很集中的部分，由于 α 粒子带正电荷，同性排斥，故 α 粒子遇到这部分就被撞回。同时，卢瑟福又受到哥白尼的太阳中心说的启发，于是就综合成一个原子结构的行星模型，认为原子内部存在一个带

---

[*]　本章执笔者：四川大学高兴华。

正电荷的、体积小、质量集中的原子核，而电子则绕着原子核旋转。

综合是在分析的基础上进行的，它的基本特点就是探求研究对象的各个部分、方面、因素和层次之间相互联系的方式，即结构的机理与功能，由此而形成一种新的整体性认识。所以，综合不是关于对象各个构成要素的认识的简单相加，综合后的整体性认识具有新的关于对象的机理和功能的知识。综合的成果往往导致科学上的新发现。

科学研究活动的综合是指一种科学思维的活动，它不同于感觉活动中的综合。所谓感觉活动的综合，是指人们通过自己的感觉器官，以不同的感觉直接反映事物的某一表面特性，并在大脑中综合成为关于对象的完整的知觉表象。科学思维中的综合不是指感觉的综合。科学思维已经不是停留在对事物的表面特性的感知阶段，而是上升到认识事物的结构原理以及运动规律的理论阶段了，而且由于理论的深度不同，综合的水平也不同。

初步的理论综合是静态的，它是探求研究对象在相对静止、相对稳定的状态下的整体性结构。随着研究工作的进一步发展，更高水平的理论综合是动态的，它把对象的各部分、各要素之间看成是一个多变量的关系，把这个结构整体看成是运动的和变化的，从运动和变化中来把握这个结构整体。例如，现代环境科学认为，生态系统就是一个非常复杂的动态结构系统，是在一定的时间和空间内，生物和非生物通过不断的物质循环和能量流动而相互作用的统一整体。因此，"生态系统"这个概念已经不是抽象的和静止的概念了，而是对活生生的整个生态系统的综合认识。在生态系统中，没有孤立不变的因素，其中生物种类、种群数量、种的水平和垂直空间配置、种的发育和季相的时间变化等都是运动发展的。

科学知识的发展过程是一种从低级到高级的螺旋上升的"综合—分析—综合"的周期性运动。人们是在原有综合知识的指导下，对研究对象的各个方面、部分、环节和因素作出分析，在此基础上，人们又从事新的综合。当人们由前一次综合进入后一次综合的时候，人们的科学知识就由不甚深刻的认识深入更深刻的认识。人们对现实的认识是不可穷尽的，因此"综合—分析—综合"的周期运动也是没有止境的。例如，生态系统是 20 世纪以来建立的新学科。这门学科的建立，标志着人们对自然界的生态系统的第一次科学综合的认识。1935 年，英国植物群落学家谭士理（Tansleg）就强调了有机体与环境不可分割的观点，而且把物理学上的"系统"概念引用到生物学中，认为生态系统不仅包括有机复合体，而且也包括形成环境的整个物理因子复合体。林德曼（R.L.Lindeman）在 40 年代又将谭士理的理论和思想进行了创造性的发展。以后，人们又以这种综合的认识为指导，由理论概念的研究进入新的实验研究时期，积累各种新的资料和数据，建立各种经验定律，弄清了生态系统的营养结构等问题。20 世纪 60 年代以后，人们对生态系统的研究，又进入新的综合，主要是为了解决实际的问题而进行理论上的新探索。人们为了综合认识这个极其复杂的、多要素的、多变量的生态系统，引进了系统分析的理论与方法，从整体上研究生态系统的结构与功能的关系，生态系统的演进，生态系统的多样性与稳定性，生态系统对干扰的恢复能力和自我调节控制能力，人对环境的影响以及森林、牧场、农田等生态系统的科学管理等。在研究中建立了各种物理模型和数学模型，进行定量描述，从而作出科学的预言。当然，这种新的综合也不是生态系统研究的终极。

经验自然科学的研究活动一点也离不开综合的方法，随着近现代自然科学的发展，综合在科学发现中的作用越来越重要。科学的新概念、新范畴是综合的认识成果。大家都知道，在法拉第之前，人们用引力的超距作用来解释电磁运动，认为电磁作用也是超距的，但这样解释是有困难的。1837 年，英国科学家法拉第对电磁现象进行分析与综合，他发现了电磁作用是通过使周围空间的介质极化来实现的，电与磁的周围都有一种贯穿整个空间的力线。这样就提出了"场"这个概念，它是人们对电磁作用与空间关系的综合认识。

当代自然科学一方面高度分化，另一方面又高度综合，但其根本特点在于综合。科学的综合一般来说分为两类，一类是多种学科的综合，产生一种综合性的边缘学科。如物理、化学、生物学三者相互渗透，成为综合性的物理化学生物学科。另一类是科学内的综合。如当前的许多物理学家都致力于研究四种自然力——引力、电磁力、强力、弱力的统一理论。这种统一理论一旦建立起来，就标志着物理学实现了第五次更大的飞跃。自然科学综合化的趋势，更加表明了综合在现代自然科学的认识中起到越来越重要的作用。

## 第二节　综合的类型和合理性原则

综合可依据不同的标准作出不同的划分。本书将从模型的角度对综合进行分类。模型是关于对象的整体的认识，因此，模型的建立是科学综合的认识成果。科学综合的完成标志是从理论上建立这样或那样的模型。

模型有物质模型和思想模型两种。科学综合所建立的模型自然是思想模型，而不是物质模型。

人们之所以能通过综合建立各种模型，是因为思想模型是现实原型的近似反映。现实原型是建立思想模型的客观基础，思想模型是研究客体的结构、功能以及相关因素的规律性，从而综合出来的观念形态。思想模型来源于现实原型，但又不同于现实原型。一切科学理论模型都排除原型中偶然的、非本质的、次要的因素，而只是对原型中必然的、本质的、主要的属性、关系及其整体联系的综合认识。不仅如此，科学理论模型不过是对现实原型的近似和简化的综合认识。一切综合构成的科学理论模型都是相对的。随着科学知识的进步，人们将综合出新的理论模型去取代原有的理论模型。

须知，综合的方式不同，作为其研究成果的模型的性质也就不同。不同性质的模型标志着不同的综合方式。按模型的性质不同，可以看出综合的主要类型有如下几种：

（一）直观模型的综合

所谓直观模型的综合，是指人们用经验中比较熟悉的、可观察的图像来表示对象的整体、结构的一种综合。即用直观的素材综合成一幅对象的整体图像。比如关于日食、月食的直观模型的综合是教学上经常使用的。

直观模型的综合有其独特的优点，它使理论知识具体化，也使科学解释的逻辑过程简化。这对于激发人们的思维创造力和直觉力具有重大的意义。尤其是现代科学进入宇观世界和微观世界以后，人们不能直接感知宇观世界与微观世界的结构，迫切需要应用直观模型的综合手段，以构思研究对象的整体图像。比如，关于原子结构的图像，依据法拉第的电解定律，电荷是不连续的。1904年，汤姆生又发现这种不连续电荷的最小单位是电子，他在此基础上形象地综合出"布丁模型"。他想象原子结构如同葡萄那样，是嵌在原子的带正电的主体上。以后，卢瑟福等人通过对α粒子（氦核）散射的实验，又综合出原子结构的"太阳、行星模型"。他们设想，原子核极小，它由质子组成。电子绕原子核运动。1932年查德威克发现了中子，海森堡提出原子核由质子和中子组成的观点以后，人们又综合出一些直观模型来描述原子核的结构。1936年，玻尔提出了"液滴模型"，把原子核描绘成一个外表均匀的实体，在这个实体中，不存在任何有规则的结构。单个的核粒子即核液分子在液滴内经常处于不规则的运动中。有的学者又综合出"壳层模型"，认为原子核和原子相似，原子核也是分为壳层的，其中质子和中子也分别占据一些壳层和支壳层。此外，还综合了一些其他直观模型，如"α粒子模型""集体模型"和"超导模型"等。

直观模型的综合一方面具有形象的特点，能帮助人们简洁明了地从整体上把握对象；另一方面，也正由于直观、形象和过分简化，所以它们关于对象的综合认识是粗糙的、不精确的，也是不甚深刻的。直观模型的综合必须进一步发展到原理模型的综合和数学模型的综合。

（二）原理模型的综合

所谓原理模型的综合，是指在抽象化和理想化的条件下，以反映对象的特性和规律的概念系统来描述对象的整体结构的一种综合。原理模型的建立，反映了综合已达到科学思维的高度抽象阶段。在现代科学思维中，原理模型往往与直观模型是相对应的，两者都是关于对象整体的综合认识。原理模型深化直观模型的认识，给直观模型以理论说明，而直观模型也给原理模型以浅明的、形象的说明。

比如，在化学理论中，对于综合完成一个认识分子整体的原理模型来说，必须从概念上明确：首先，分子是由哪些性质不同的原子或原子团和多少原子组成的？其次，原子或原子团间以什么方式相互联系和相互作用？原子或原子团的空间排列顺序、方向、角度和距离如何？再次，分子在整体上属于什么结构式？把这些问题的基本概念弄清楚了，一个分子的整体结构的原理模型也就综合完成了。下面，我们以分子式为 $C_nH_{2n+2}$ 的烷烃系列来看，最简单的甲烷分子也绝不是 1 个碳原子和 4 个氢原子的简单相加，而是一个具有复杂结构的整体。其中碳原子的核外电子排布不是最低和最稳定状态的 $1s^2$，$2s^2$，$2p_x^1$，$2p_y^1$ 的轨道，而是彼此间发生剧烈的相互作用和相互影响，1 个 2s 电子获得能量跃迁至 $2p_z$ 轨道上。

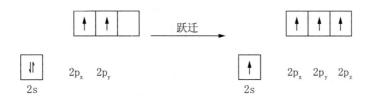

这样，就发生了一个 s 轨道与三个 p 轨道的杂化重叠作用，形成了四个具有新质的 $sp^3$ 杂化轨道。四个 $sp^3$ 杂化轨道的轴在空间的取向即相当于从正四面体的中心伸向四个顶点的方向，键角为 109.5°。然后，氢原子的 1s 轨道又与 $sp^3$ 杂化轨道相重叠，这样，甲烷分子的结构就是一个正四面体的整体结构了。与此相应的甲烷 $CH_4$ 直观模型如下：

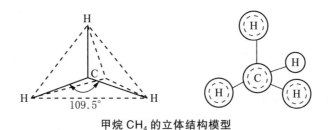

甲烷 $CH_4$ 的立体结构模型

（三）数学模型的综合

所谓数学模型的综合，是指用数学方程式从整体上描述对象的特性、关系及其规律的一种综合。数学模型与原理模型有相同之处，数学模型也是在纯粹条件下，对对象近似的、简化的反映和摹写。数学模型与原理模型又有不同之处，数学模型是以其更为抽象的数量关系式来揭示对象的各种特性及其间的规律。数学模型与原理模型的密切联系之处，在于人们综合构成一个原理模型时，又往往要求建立数学模型来深化对原理模型的认识。因此一个原理模型往往有着相对应的数学模型。正因为二者的紧密联系，数学模型的综合就可以作为综合的一种类型。

数学模型极为多样和普遍，有的比较简单。例如，在物理学中，由万有引力原理模型进一步给予数学抽象。设 $M_1$ 与 $M_2$ 为两个物体的质量，$R$ 为两物体之间的距离，$G$ 为引力常数，$F$ 为两物体间的引力，那么，可以下面的数学方程式综合表示上述几项之间的关系：

$$F = G\frac{M_1 \cdot M_2}{R^2}$$

这就是关于两个物体间引力的数学模型。

有的数学模型综合地反映了不同对象之间的内在联系，反映了它们之间的统一。列宁曾经深刻地指出："自然界的统一性显示在关于各种现象领域的微分方程式的'惊人的类似'中。"例如，在微观世界中，电子、光子等一切微观粒子的能量和动量关系，都可以综合成一组共同的数学模型。

$$E = h\nu$$
$$P = h/\lambda$$

其中 $E$ 为能量，$\nu$ 为频率，$\lambda$ 为波长，$h$ 为普朗克常数，$P$ 为动量。

由于综合是一个十分复杂的认识活动，目前还无公认的逻辑程序和合理性标准。为了使综合富有成效，人们应当注意以下原则：

**1. 综合必须与分析相结合**

恩格斯指出："分析和综合一样，是必然相互联系着的。不应当牺牲一个而把另一个捧到天上去。"① 这就给我们指明了，科学的综合总是离不开科学的分析，综合与分析总是相互联系、相互依赖和相互转化的。

科学的综合必须建立在科学的分析的基础上。科学综合的结果是建立各种模型，从模型上再现对象的特性和规律。为了建立模型，就必须首先对被研究对象进行充分、周密的分析，分别认识对象各个部分、各个方面的特性以及它们之间的相互联系、相互作用的情况。如果离开了科学的分析，就根本不可能综合出模型来。从人们对光的本性的认识来看，要得出光有微粒性的局部综合的认识，就必须建立在对光的直线传播、反射和折射的定性、定量分析的基础之上；同样，要得出光有波动性的局部综合的认识，也必须建立在对光的干涉、衍射等定性、定量分析的基础之上。随着 20 世纪科学的发展，人们在对新发现的光电效应、康普顿散射效应等进行分析的基础上，又结合分析了原来支持微粒说和波动说的各种事实，才从更高的水平上综合出光具有波粒二象性的认识。

一个综合的成果出现之后，它是否符合客观实际，是否真实反映了对象的内部联系和特性，还必须用实践来验证。在验证中也不能离开分析，必须使用分析的方法才能完成验证的任务。尤其是现代科学向微观和宏观发展时，有时理论自身的结论很难直接验证，只能对理论的演绎结论进行分析，给予间接验证。

**2. 综合必须创造性地形成关于对象整体的认识**

综合作为对象整体的认识，虽以分析的局部认识为基础，但绝不是局部认识的拼合与累积，不能把综合当作是类似于儿童玩拼板图形那样。综合是一种富有创造性的思维活动，它的认识成果远远超出原有通过分析而取得的许多局部性认识的总和。犹如考古人员综合了许多从文物提供的认识，就能描述古代的整个社会生活的情景一样。因此，综合法不是局部认识的"加法"（2 + 3 + 4 = 9），而是局部认识的"乘法"（2 × 3 × 4 = 24）。

科学研究的重要工作之一就是综合事实，而综合事实并不是把事实收集在一起就了事，它必须以某种观点（或者说引进某个概念）把这些

---

① 恩格斯著：《自然辩证法》，北京：人民出版社，1971 年版，第 206 页。

事实连成一体。所以，综合事实是以提出定律、原理来完成的。对于对象整体性的认识来说也是如此。认识对象的整体就是综合对象的各个局部的认识（包括理论知识在内），而综合局部的认识并不是把它们拼凑在一起就了事，它必须以某种新观点（或者说引进某种模型）来统一说明这些局部认识。应当了解，综合是很复杂的艺术，不能化归为分析，它比分析更需要想象力。如果不懂得这一点，忽视综合过程朝创造性方向的努力，那就不会有什么科学理论的新发现了。

自然，综合过程的创造性想象不能是胡思乱想。正如恩格斯所说的："思维，如果它不做蠢事的话，只能把这样一种意识的要素综合为一个统一体，在这种意识的要素或它们的现实原型中，这个统一体以前就已经存在了。如果我把鞋刷子综合在哺乳动物的统一体中，那它决不会因此就长出乳腺来。"① 综合必须以分析研究对象的局部认识为依据，而且一切综合出来的模型都是相对的，都是现实原型的近似描述。人们在科学实践的基础上，沿着"综合—分析—综合"的周期性活动而不断地接近现实原型。

## 第三节　概括的概述

概括一词的英文为 generalizalion，普遍性一词的英文为 generality，这两个词在英文中是同一语根，意味着概括与普遍性有着密切联系。概括是人们追求普遍性认识的方式。换句话说，概括是一种由个别到一般的认识方法。

概括的基本特点在于从同类的个别对象中发现它们的共同性，由特定的、较小范围的认识，扩展到更普遍性的、较大范围的认识。它是以研究对象中少数已知的分子具有或不具有某种属性的观察陈述为基础，进一步断定全类对象或其他类对象也具有或不具有某种属性。因此，概括的结果将导致科学定律的发现。然而，概括出一条科学定律并不是件简单的事，它通常是开始于经验概括，而完成于理论概括。

---

① 《马克思恩格斯选集》（第 3 卷），北京：人民出版社，1972 年版，第 81 页。

经验概括是从事实出发，以关于个别事物的观察陈述作为基础，从而上升为普遍性的认识，即由个体特性的认识上升为对个体所属的种的特性的认识。

经验概括的认识上升是以归纳的方式进行的。如果人们是通过完全归纳方式进行经验概括的，那么其认识的结果将是一个记录性的全称判断。比如：

　　"住在这个村子里的人都是回民。"（根据户口普查）
　　"这批小鸡全注射过疫苗。"（根据工作记录）

如果人们是通过不完全归纳方式进行经验概括的，那么其认识的结果就有可能是发现了经验的定律。比如：

　　"摩擦生热。"
　　"蓝色石蕊纸置于酸性溶液中总是变成红色。"

然而，这种经验性质的概括未必发现了经验定律。它虽被以往的实验结果所确证，但也可能与今后的其他实验结果不一致。因而，经验概括可能是定律的概括，也可能是偶然的概括。如何区分定律的概括与偶然的概括，这在经验概括中是无法解决的。

可见，就整个经验概括而言，一是从现象上来概括不同对象的共性，还没有脱离认识的表面性；二是仅在现象上推断全类事物的共性。因此，经验概括所得出的一般性认识成果未必是定律。也就是说，它往往是偶然的概括，并不是定律的概括。

理论概括是指在经验概括的基础上，结合理论的演绎解释从而判定现象间的必然联系，即达到对现象间的规律性的认识。

例如，物理学中概括出的能量守恒定律、质量守恒定律、动量守恒定律、角动量守恒定律、重子数守恒定律、轻子数守恒定律、对称性守恒原理、奇异数守恒定律等都是规律概括。

诚然，理论概括和经验概括有其共同点，即它们都是不完全归纳的概括，都是认识从单称判断向全称判断的过渡和发展。现在的问题是，如何来区分偶然概括和规律概括？怎样求得科学定律的发现？这就必须进一步结合理论演绎解释才能判定，这正是理论概括不同于经验概括之处。

所谓"结合理论的演绎解释"究竟意味着什么？这是指概括出一个定律或似定律的全称命题，要与更高层次的定律、理论之间存在着逻辑演绎的关系。换句话说，一个由归纳概括而产生的全称命题 h，当并且仅当 h 被纳入一个确定的演绎系统之中，h 才具有理论概括的性质，才可以作为定律看待。即 h 不只是由已有经验证据所支持的，而且还是由某个理论系统中高层次的原理所演绎出来的。比如，"所有沾有钡的火焰都是绿色的"，这不仅是一个由归纳概括而产生的、由已有经验给予支持的命题，而且还是个由物理和化学的原子理论所演绎出来的结果。

其次，规律概括支持了虚拟的条件句。如"所有沾有钡的火焰都是绿色的"这一全称陈述，支持了"如果那个火焰是沾有钡的，那么，它就会是绿色的"。而偶然概括则不支持虚拟的条件句。如"所有这村里的居民都是姓李的"这个陈述，并不支持"如果一个人是这村里的居民，那么他就会是姓李的"。这就是说，凡规律概括的命题，是没有具体时间、空间的限制的。凡偶然概括的命题，是有时间、空间的限制的。

概括是科学发现的重要方法。因为概括是由较小范围的认识上升到较大范围的认识；是由某一领域的认识推广到另一领域的认识。赖欣巴赫曾经说过：发现的艺术就是正确概括的艺术。这句话是有一定道理的。

## 第四节　概括的类型和合理性原则

概括可依不同的标准作出多种划分，而从科学逻辑的角度来说，以下这些类型是最为主要的：

（一）外推性的概括

所谓外推性的概括，是指由某类部分的个体事物具有的属性推广到某类的全体事物都具有这种属性的概括，或者是指把某个特定领域的规律推广到其他领域中去的概括。

外推性概括存在着两种具体形式：

（1）不完全归纳概括。这是指由某类的一部分个别事物具有的特性和关系外推到同类事物的全体中去，得出一般性的结论。其模式如下：

$S_1$ 具有（或不具有）P 属性。

$S_2$ 具有（或不具有）P 属性。

⋮

⋮

$S_n$ 具有（或不具有）P 属性。

$S_1$、$S_2$……$S_n$ 是 S 类中部分对象。

所以，S 类具有（或不具有）P 属性。


铜能导电。

铁能导电。

锌能导电。

铜、铁、锌属于金属类。

所以，凡金属能导电。

（2）平行式概括。这是由一个特定领域的规律，外推到其他领域之中，从而扩大已知规律的适用范围。其模式如下：

在 A 领域中 L 普遍有效。

B 领域相似于 A 领域。

所以，在 B 领域中 L 普遍有效。

例如，物理学中多普勒效应的推广过程，就是这种外推性概括的典型。如果一个声波的波源与观察者（人或仪器）之间发生了相对运动，那么观察者接受到的声波频率和波源的频率是不同的。当声源向观察者接近时，观察者接受到的频率在升高；当声源远离观察者而去时，观察者接受到的频率在降低。具体说，路上的行人遇到迎面驶来的汽车，行人会感到汽车喇叭声的频率升高；而汽车向相反的方向离去时，行人又会感到汽车喇叭声的频率在降低。这就是多普勒效应。这种物理现象是在 19 世纪时由奥地利物理学家多普勒首先发现的，故由此而得名。由于声波运动的现象在生活中最常出现，因此，多普勒效应首先在声学领域中被发现。后来有的学者把此原理推广到电磁波领域，因为电磁波也是具有波动性的。由声波的多普勒效应，外推到其他具有波动性的领域也存在多普勒效应，这就是一种外推性概括。这种外推性概括只是原理、定律适用范围的量上的扩大，定律内容没有根本变化。

（二）上升性的概括

所谓上升性的概括，是指由对单一的某个事物的认识直接上升为一种具有普遍规律性认识的概括。这种概括又称为"典型概括法"或"直觉概括法"，即人们通常说的"解剖麻雀方法"。

在上升性概括的过程中，一方面要涉及有关的背景知识，概括者的背景知识不同，就会作出不同的概括；另一方面，在进行概括时，要注意对象属性中偶然性与必然性的区别，不能把二者混同。因而，上升性的概括通常是以实验为基础的，通过可控的实验排除偶然因素的干扰。上升性概括可用以下模式表示：

$S_x$ 具有 P 特性（实验报告）。

$S_x$ 是 S 类的分子（典型）。

所以，S 类具有 P 特性。

例如人们通过单个的典型的核武器试验的结果，就能概括出一切同类的核武器都具有强大杀伤力的作用。恩格斯说过："在热力学中，有一个令人信服的例子，可以说明归纳法如何没有权利要求成为科学发现的唯一的或占统治地位的形式：蒸汽机已经最令人信服地证明，我们可以加进热而获得机械运动。十万部蒸汽机并不比一部蒸汽机能更多地证明这一点。"[①]

---

① 恩格斯著：《自然辩证法》，北京：人民出版社，1971 年版，第 206 页。

（三）复合性的概括

所谓复合性的概括，就是把前述两种类型的概括相互结合、渗透而形成的一种概括。这种概括既是横向的外推，又是纵向的上升，最后形成了一种极为普遍的基本原理。

例如，物理学中能量守恒和转化定律的发现，就是上升性和外推性两者兼有的概括的典型。就人们对能量守恒和转化定律的发现史来看，早在远古时代，人们经历了漫长的摩擦取火的实践经验，才概括出"摩擦是热的一个源泉"[①]的个别性判断。这只是经验的归纳概括。又经过了几千年，到了 1784 年以瓦特使蒸汽机达到了近代水平为标志，人们从实践中终于实现了热能向机械能的转化。1842 年，迈尔、焦耳、柯尔丁等人从理论上将上述概括进一步扩大，提出"一切机械运动都能借摩擦转化为热"[②]的特殊性判断。这种概括就是上升性的概括。

就在 19 世纪中叶，上述三人和另外一些学者在自己的科学实践中，把热能和机械能守恒和转化的思想外推到其他领域中去，形成了外推性的概括，得出了另外一些特殊性的判断。如迈尔就认为，人的食物所含的化学能，也会像机械能转化为热能一样而转化为热能；焦耳在长期实验中研究了机械能与热量守恒和转化的同时，还研究了电能与机械能之间的守恒和转化的当量关系，从实践上检验了这种外推的正确性；英国律师格罗夫把物理学关于能量守恒和转化的思想外推到化学领域，他指出，一切所谓化学力，在一定条件下都可以相互转化，而不发生任何力的消失；赫尔姆霍茨甚至还把物理学中"力的守恒"外推到生物学领域，指出生物机体也要遵从能量守恒定律。以上的概括是一种外推性的概括。

随着科学理论和实践的发展，到了 1845 年，迈尔等人就把上述各种特殊性判断进一步再扩大和上升，概括出"在每一情况的特定条件下，任何一种运动形式都能够而且不得不直接或间接地转变为其他任何运动形式"。[③]这是一个普遍性的判断，这个判断使能量守恒和转化定律获得自己最普遍的表达。这是一种外推性和上升性复合的概括。

---

[①][②][③] 恩格斯著：《自然辩证法》，北京：人民出版社，1971 年版，第 202、203 页。

　　综上所述，自然科学中的一条基本原理——能量守恒和转化的基本原理的发现过程，是外推性概括和上升性概括相互渗透、相互促进的结果。

　　如前所述，概括的目的是获得普遍性的认识。那么，如何才能有效地作出概括？无疑，各种类型的概括都具有自己的特点。然而，以下的原则是具有普遍意义的：

### 1. 概括必须和比较相结合

　　比较是概括的基础和前提。人们要进行概括，必须认识对象的共同点，而要找出对象的共同点，就只能通过比较的方法。所以，运用比较法找出对象共同点是进行科学概括的基础和前提。

　　就概括的进一步发展来说，就是从普遍性较低的认识进一步上升到普遍性较高的认识。为此，就必须不断地进行比较，逐步求得较大范围的认识。

### 2. 概括必须和演绎相结合

　　概括的过程首先是一种归纳过程，它带有一定的或然性。如人们虽然看到某一属性在许多事物中都出现，但并不足以确认这一属性是这一类事物共有的。因此，要在经验材料的基础上，避免偶然概括，作出规律性的概括，就必须以理论演绎进行指导。例如，开普勒之所以能在第谷的大量天文观察材料中概括出三条经验定律，是因为他有哥白尼的太阳中心说作为演绎解释的前提。达尔文之所以能从多年研究的材料中概括出物种进化的学说，是因为他有地质学家赖尔的地质演化学说作为演绎解释的前提。吉布斯之所以能建立化学热力学的新体系，是因为有迈尔等人的能量守恒定律和克劳胥斯、开尔文等人的热力学第二定律作为演绎解释的前提。

　　我们应当看到，概括过程自身就包含着演绎的成分和因素。一般来说，概括只能在有限材料的基础上进行，因此，经验材料的不完备是个很难避免的困难。现代自然科学进入微观和宇观领域之后，这个困难尤为突出，概括往往只能在很有限的甚至有缺陷的经验材料的基础上进行。这时演绎就在一定程度上帮助克服这些困难和弥补这些缺陷。

# 第四章  类比与想象[*]

## 第一节  类比的概述

所谓类比是这样的一种推理，它把不同的两个（两类）对象进行比较，根据两个（两类）对象在一系列属性上的相似，而且已知其中的一个对象还具有其他的属性，由此推出另一个对象也具有相似的其他属性的结论。

类比推理的基本原理可以用下列模式来表示：

A 对象具有属性 a、b、c，另有属性 d。

B 对象具有属性 a、b、c。

所以，B 对象具有属性 d。

上述的 "A" "B" 是指不同的对象：或是指不同的个体对象，比如地球与太阳；或是指不同的两类对象，比如植物类与动物类；或是指不同的领域，比如宏观世界与微观世界。类比推理的应用场合是多种多样的，有时也可以把某类的个体对象与另一类的对象进行类比，例如，为了弄清某种新药物在人类身上的效用和反应如何，往往是用某类动物个体来做试验，然后通过类比求得答案。

类比的结论是或然的。类比的结论之所以具有或然性，主要是由于以下两方面的原因：一方面是因为对象之间不仅具有相似性，而且具有

---

\*  本章执笔者：南开大学陶文楼。

差异性。就是说，A、B 两对象尽管在一系列属性（a、b、c）上是相似的，但由于它们是不同的两个对象，总还有某些属性是不同的。如果 d 属性恰好是 A 对象异于 B 对象的特殊性，那么我们作出 B 对象也具有 d 属性的结论，便是错误的。例如，地球与火星尽管在一系列属性上是相似的（都是太阳系的行星，存在着大气层，温度适于生命存在等），但是地球上有生物，能不能说火星上也有生物呢？不能。因为火星还有不同于地球的特殊性。近年来航天科学考察表明，火星上并未发现生物。另一方面，对象中并存的许多属性，有些是对象的固有属性，有些是对象的偶有属性。比如，血液循环是人体的固有属性，而吃了鸡蛋产生过敏反应，这是个别人身上的偶有属性。如果作出类推的 d 属性是某一对象的偶有属性，那么另一对象很可能就不具有 d 属性。

类比，作为一种推理方法，是通过比较不同对象或不同领域之间的某些属性相似，从而推导出另一属性也相似。它既不同于演绎推理从一般推导到个别，也不同于归纳推理从个别推导到一般，而是从特定的对象或领域推导到另一特定的对象或领域的推理方法。

尽管类比推理可以在某类个体对象与另一类对象之间进行，但是类比推理却不能在某类与该类所属的个别对象之间进行。如果以为类比推理是归纳推理和演绎推理的压缩，那就错了。类比推理只能在两个不同对象或不同领域中进行过渡。

有人以为存在着这样一种类比推理：

S 类的某一个体具有属性 a、b、c、d。

S 类具有属性 a、b、c。

所以，S 类具有属性 d。

这种观点是错误的，因为这是凭主观想象用类比推理的模式去描述了一个实际上是归纳概括的逻辑过程。诚然，无论是归纳推理还是类比推理都是已有知识的外推和扩展，但是不能因此而混淆了两种推理方法之间的根本区别：归纳推理是从个别（特殊）外推到一般，而类比推理是从某一特定的对象或领域外推到另一个不同的特定的对象或不同的领域。

还有人认为有这样一种类比推理：

S 类对象具有属性 a、b、c、d。

S 类的某一个体对象具有属性 a、b、c。

所以，S 类的某一个体对象具有属性 d。

这种观点同样也是错误的，因为这是凭主观想象用类比推理的模式去描述了一个实际上是演绎的逻辑过程。演绎推理是从一般推出个别（特殊），而类比却是从某一特定对象或领域外推到另一个特定对象或领域。这种根本区别不能混淆。

在自然科学发展史上，无论古代、近代，还是现代，类比在科学发现中都是一种被普遍应用的方法。类比方法的应用是随着科学思维水平的提高而不断发展的。这种发展具体表现在从简单到复杂、从静态到动态、从定性到定量的发展。古代有许多科学家，为了认识某个事物所具有的性质，往往采取将这个事物与已知事物作出定性类比，即两者具有相类似的许多性质，从而推想这两个事物还具有其他类似的性质。例如，我国古代的科学家宋应星，为了认识声音的传播，在《论气·气势篇》中说："物之冲气也，如其激水然。……以石投水，水面迎石之位，一拳而止，而其文浪以次而开，至纵横寻文而犹而未歇，其荡气也亦是焉。"在这里，宋应星把击物的声音与投石击水的纹浪进行类比，既然水以波动方式传播开，那么声音也能以波动方式传播开。宋应星在这里正是应用定性类比，推想到声音在空气中是以波的形式传播的。

近代的科学发展使人们认识到，单靠某一事物与已知事物之间的简单的静态的性质类比，那是很不充分的，还需要从事物性质的量上进行研究，这就需要把定性类比和定量类比结合起来。例如，欧姆把电流的传导同傅里叶的热传导定理相类比。在热传导中，温差（$\Delta T$）、热量（$Q$）和物体的比热（$c$）有协变关系，它的数学模式为：

$$Q = cm(\Delta T)$$

欧姆把热量和温差的协变关系通过类比推移到电流传导上去，电流

（$I$）同热量（$Q$）相当；电压（$U$）同温差（$\Delta T$）相当；而电导（$1/R$）同热容量（$cm$）相当，从量上考察协变关系，电传导的数学模式为：

$$I = \frac{1}{R} U$$

这里所运用的就是定性类比和定量类比相结合的方法。

自然科学的发展愈来愈要求使用定性类比和定量类比相结合的方法。一般说来，定性类比是定量类比的前提和条件，定量类比则是定性类比的发展和提高。科学发展首先是和定性研究分不开的，一个很有成效的定性研究，往往能够为科学的进一步发展指出方向，而后又要进行定量研究，才谈得上达到了精确的规律性认识。

由于类比是不同于演绎或归纳的一种独特的推论方法，因此它可以在归纳和演绎无能为力的地方发挥其特有的效能。为什么这么说呢？这是因为归纳、演绎和类比虽然都是推论的方法，都是从已知的前提推出结论，而且结论都要在不同程度上受到前提的制约，但是，结论受前提制约的程度是不同的，其中演绎的结论受到前提的限制最大，归纳的结论受到前提的限制次之，而类比的结论受到前提的限制最小，因此类比在科学探索中发挥的作用最大。

在科学发展的前沿阵地，由于探索性强、资料奇缺，类比的应用尤其重要。例如，1963 年盖尔曼和茨威格分别独立地引入夸克作为组成基本粒子的单元。他们指出，基本粒子的运动规律可以用三种不同的夸克的简单运动和相互作用来说明。由于夸克假说能对新的观察事实作出正确的预言，并能用一个简单统一的概念体系来描述丰富多彩的基本粒子，因而夸克学说具有很强的解释力。但是，夸克却始终未被单独探测到。究竟能否观察到单独的夸克呢？对于这样一个基本问题，基本粒子物理学应该怎样研究呢？根据夸克理论模型，夸克的组合方式有两种：一种是由三个夸克和三个反夸克一起组成重子，另一种是由一个夸克和一个反夸克组成介子。如果这些重子或介子族粒中有一个在一次核碰撞中被击碎，就会形成新的粒子，但每个新粒子也仍然只能采取原有的多种夸克组成方式，即或者含有三个夸克和三个反夸克，或者含有一个夸克和一个反夸克，而不会出现一个单独的夸克或反夸克碎片。高能物理学家注意到夸克的这种性质类似于磁性物质，因为磁铁总是具有一个 N 极和一个 S 极，当我们把一个条形磁铁分为两截时，也不会出现孤立的 N 极或 S 极，而是成为各自有 N 极和 S 极的两块磁铁，这正和介子碎片分裂时的情形完全类似。这些物理学家就将夸克与磁极进行类比，把夸克理论引向了一个新的起点。因为磁体两极的不可分性的根本原因在于，磁铁的磁性是原子内部电子的圆周运动产生的，磁铁的 S、N 极并不是组成磁铁的"基本单元"，还有更深刻的"基本结构"——原子电流的外在形态。既然夸克和磁铁类似，那么是否夸克也有一个未知的"基本结构"？夸克具有内在的类似于"原子电流"的基本结构，这是通过类比得到的一个预测，就是这个预测开辟了一条建立夸克基本理论的新途径。虽然目前还不知道相应于夸克的"基本结构"是什么，但这种预测，对于以后物理学的研究是有重大作用的。

类比还常常被用于解释新的理论和定义，它具有助发现作用。当一种新理论刚提出之时，必须通过类比，用人们已熟悉的理论去说明新提出的理论和定义，这就是类比助发现作用的表现。比如，在气体运动论中，将气体分子与一大群粒子进行了类比。假定粒子服从牛顿定律并发生碰撞而没有能量损失。这种类比在关于气体行为的理论的历史发展中起了重要的作用。上例表明，新提出的理论必须与别的已知理论进行类比，它才能得以解释。在科学发现中，类比的这种助发现作用是不可忽视的。

类比与模拟实验也有密切关系。在客观条件受限制而不能直接考察被研究对象时，就可以依据类比而采用间接的模拟实验进行研究。例如，地球上的生命是怎样起源的，这一直是科学家们不解的一个谜，因为生命起源的原始状态已是时过境迁，无法直接考察了。20 世纪 50 年代初，米勒通过类比设计了一个生命起源的模拟实验。他在一个密封的容器里，加上了含有氢、氧、碳、氮等元素和甲烷、水、氢气和氨气，又模拟了风、雨、雷、电等原始大气环境。这样过了一个星期后，在容器里发现形成了甘氨酸、甲氨酸等氨基酸。以后，其他用紫外线作为能源，也得到了氨基酸。1963 年，波南佩鲁马用电子束也做了同米勒相同的实验，形成了腺嘌呤核苷，为揭开生命起源的奥秘迈进了一大步。这些研究成果的取得，充分显示了在科学发现中以类比为逻辑基础的模拟实验的重要作用。

类比在科学实验中的作用，还表现在它是设计新的实验工具的逻辑方法。比如说，威尔逊发明观察基本粒子轨迹的云室（他由于这项发明而获得 1927 年的诺贝尔物理学奖），格拉塞发明同样用途的阿尔瓦雷斯液态氢浴盆等，它们的最初设计都是来自通过类比推理而得到的某种启发。

## 第二节　类比的类型和合理性原则

类比的出发点，是对象之间的相似性，而相似对象又具有多种多样的属性，在这些属性之间又有这样和那样的关系，人们对这些关系的认识过程，是从简单到复杂的过程。随着对这些关系认识的不断深化，人们所运用的类比方法也就出现了不同的类型。英国的玛丽·赫斯博士在论类比的科学使用时曾认为：

在科学中使用类比往往就是主张在类比物与应予解释的系统之间有两类关系。第一类关系是类比物的性质与应予解释的系统的性质之间的类似性关系。第二类关系是因果关系或函数关系，这类关系既适用于类比物，也适用于应予解释的系统。例如在声音的性质和光的性质之间的类比可以表示如下：

| 因果关系 | 声音的性质 | 光的性质 |
|---|---|---|
| 反射定律　↑<br>折射定律<br>……　　　↓ | 回声<br>响度<br>音高<br>在空气中的传播<br>…… | 反射<br>亮度<br>颜色<br>在"以太"中的传播<br>…… |

类似性
←→
关系

这种类比可以用来提出双重要求。第一个要求是，在每一栏中对应的性质是类似的。第二个要求是，存在着把每一栏中各项联系起来的相同类型的因果关系。这些因果关系包括反射定律、折射定律、强度随距离而变化，等等。①

上述的分析是合乎实际的。我们认为，类比可以分为以下几种类型：

## （一）质料类比

所谓质料类比，就是根据类比物的性质与应予解释的系统的性质之间的类似性所进行的类比。在上表中，依据声音和光的横向的类似性关系进行的类比就是质料类比。又如哥白尼提出太阳中心说以后，很多人提出怀疑。后来哥白尼学说的拥护者伽利略，用望远镜看到了木星的四颗卫星围绕着木星转的现象，于是把太阳系与木卫系统加以类比，即根据类比物木卫系统的性质，与应予解释的系统太阳系的性质，两者有着类似性关系，而向人们科学地解释了哥白尼的太阳中心的假说。

质料类比是类比方法中比较简单的类型，这种类比仅以类比物与应予解释的系统两者的性质相似为依据，这种类似性还是较肤浅的，还没有确定各相似性质之间的必然性联系，因此类推所得的结论具有很大的或然性。为了深入地认识对象，科学家都希望从对象的属性之间找到必然性的联系，发现规律性的东西，这样就可以把类比的水平提高一步，使推理的结论更可靠。依据因果关系进行类比就能达到这一目的，这也就推动类比向新的类型发展。

## （二）形式类比

形式类比是依据类比物与应予解释的系统两个领域的因果关系或规律性相似而进行的类比。在上表中，声音与光的纵向关系的类比就是形式类比。在这里存在着把每一栏中各项联系起来的相同类型的因果关系，这些关系包括反射定律、折射定律、强度随距离变化等。

---

① ［美］约翰·洛西著：《科学哲学历史导论》，武汉：华中工学院出版社，1982 年版，第 146—147 页。

由于形式类比是以相似的因果关系或规律性为依据的，因此这种类比结论的可靠性程度就能大大提高。

### （三）综合类比

综合类比是在应用综合法建立数学模型的基础上，根据数学模型之间的相似性而进行的一种类比。例如仿生学中设计模拟生物器官的技术装置，都是应用综合类比的成果，它们是以数学模型的相似性为根据的。

为了使类比在科学发现中发挥有效的作用，人们进行类比推理时应当注意以下原则：

第一，类比所根据的相似属性越多，类比的应用也就越为有效。这是因为两个对象的相似属性越多，意味着它们在自然领域（属种系统）中的地位也是较为接近的。这样去推测其他的属性相似，也就有较大的可能是合乎实际的。例如 17 世纪惠更斯的波动说，是通过光与声音进行类比提出来的。当时发现声音有直线传播、反射、折射等现象，同时又有波动性；光也有直线传播、反射、折射等现象，于是推出光也有波动性。由于当时惠更斯没有注意到光的干涉现象，加之其他原因，使得光的波动说一度受到了冷落。到了 19 世纪，英国的托马斯·杨，进一步将光和声音进行类比，在类比中引进了波长概念，解释了光和声音的干涉现象，提出了横波概念，于是恢复了被人冷落 100 多年的光的波动说，使光的波动说进一步被确认。

第二，类比所根据的相似属性之间越是相关联，类比的应用也就越为有效。因为类比所根据的许多相似属性，如果是偶然的并存，那么推论所依据的就不是规律的东西，而是表面的东西，结论就不太可靠了。如果类比所依据的是现象间规律性的东西，不是偶然的表面的东西，那么结论的可靠性程度就较大。

第三，类比所根据的相似数学模型越精确，类比的应用也就越有成效。因为只有在精确的数学模型之间作出类比，才能把其中相关的元素分别准确地对应起来，才能较为有效地作出新的发现。

# 第三节　想象的概述

想象是获得科学发现经常应用的逻辑方法。爱因斯坦曾说过，想象力比知识更重要，因为知识是有限的，而想象力概括着世界上的一切，推动着进步，而且是知识进化的源泉。严格地说，想象力是科学研究中的实在因素。爱因斯坦的意思是：想象作为具有普遍意义的科学方法，比起用它取得的某一具体的科学发现更有价值，从而肯定了想象在科学研究中的重要性。

所谓科学想象，有的科学家称之为科学猜想，有的科学家称之为科学联想、设想。总而言之，科学想象是推测事物现象的原因与规律性的创造性思维活动。比如牛顿运用想象推测落体现象的原因而发现了万有引力定律：

> 据伏尔泰（Voltaire）说：牛顿在他的果园中看见苹果坠地时找到解决这个问题的线索。这个现象引起他猜度物体坠落的原因，并且使他很想知道地球的吸力能够达到多远；既然在最深的矿井中和最高的山上一样地感觉得到这种吸引力，它是否可以达到月球，成为物体不循直线飞去，而不断地向地球坠落的原因。看来，牛顿的头脑中已经有了力随着距离平方的增加而减少的想法，事实上，别人当时似乎也有这样的想法。①

科学想象是一种科学思维的活动，它的目的是提出解释性的理论，或提出工程技术的设计。

---

① ［英］W.C.丹皮尔著：《科学史及其与哲学和宗教的关系》，北京：商务印书馆，1979年版，第222页。

　　科学想象并不是主观幻想、胡乱推测与任意构思。科学的想象是以一定的背景知识为基础的。想象的多寡优劣，取决于研究者已有的经验和受过的训练。换句话说，具有丰富知识和经验的人，比起缺乏知识和经验的人，更容易产生科学猜想和独到的见解。在科学发展史上，许多著名的科学家，正因为他们具有丰富的知识和经验，并借助于想象以及其他的方法，才获得了重大发现。

　　想象是富有创造性的思维活动。它不像经验认识那样直接地观察个别的对象，它要从观察个别对象的经验认识中猜测到一般原理或普遍定律。例如古希腊杰出的学者阿基米德，得力于创造性想象，发现了浮体定律；近代英国著名的科学家牛顿，从落下的苹果等事实想象到天体的运转问题，从而发现了万有引力定律；著名的化学家道尔顿由于富有创造性的想象力而形成了原子理论；杰出的物理学家法拉第依靠想象推动着他的全部实验，并创造性地提出了电磁场理论等。

　　想象这种创造性的思维活动，必须依靠推理来实现，特别是类比推理在想象活动中发挥了巨大的作用。想象若无推理帮助就不可能作出有意义的猜测，只能是想入非非而已。由于想象是从特定的背景知识出发，通过推理来实现的，它就不是什么任意的、主观的幻想。创造性想象在科学发现的过程中具有非常卓越的探索作用。

　　许多科学家在科学研究中都注意到想象的这种探索作用。德国物理学家普朗克说："人们试图在想象的图纸上逐步建立条理，而这想象的图纸则一而再、再而三地化成泡影，这样，我们必须再从头开始。这种对最终胜利的想象和信念是不可或缺的。"① 这也就是说，想象虽然常有失误，但是并不能因此就否定它在科学探索中的作用。

　　想象在科学发现中的探索作用具体表现在它能提出科学假说以及它能对事实作出尝试性的解释。想象是以假说作为自己的认识成果。科学研究要依靠想象力，在材料还不充足的情况下，创造性地提出假说。

--------

① ［英］贝弗里奇著：《科学研究的艺术》，北京：科学出版社，1979年版，第59页。

# 第四节　想象的类型和合理性原则

想象最显著的特点在于它的创造性。想象总是在某种观念的启发下，经过反复地探索而构想出新的观念。前者我们称之为引发物，后者我们称之为创造物。依据引发物和创造物之间的不同联系方式，我们把想象区分为以下的不同类型：

**（一）仿造想象**

这是一种模仿引发物而设想出与其类似的创造物的想象。例如，我国清代建筑设计家雷发达，在设计北京故宫太和殿之前受各种各样建筑，特别是南方等地的宫殿、寺庙、道观、亭院、楼阁、宝塔等精巧建筑物的启发，经过反复构思而设计出故宫太和殿的建筑图。他的想象并非对自己过去见到的建筑物来一个依样画葫芦，而是在过去的经验材料中，选择那些用得着的东西，进行创造性的加工，从而设计出故宫太和殿的建筑图。雷发达在这里的设计，运用的就是仿造想象的方法。他是以已有的各种精美的建筑为引发物，而仿造想象出基本类似而又有所创新的更精美的建筑。

仿造想象是简单的直观性较强的想象，这种想象的创造性水平较低，因而还是初级的想象活动。仿造想象一般是以同类事物的同构性或性能的相似性为基础。仿造想象的基本方式是同类求新，即依据某事物想象出同类的新事物。在这种想象中，引发物和创造物之间的联系还是相当直接的。运用这种想象，逻辑概括的广度和深度还是很有限的。为了获得更大的创造性发现，科学还需要更高一级的想象方法。

**（二）跳跃想象**

所谓跳跃想象就是人们为了解决某种疑难问题，在引发物的诱发下，创造性地推测出一般原理或定律（假说）。它是一种构想与引发物不同类的创造物的想象方法。例如德国化学家凯库勒在解决苯分子的结构式问题中的奇妙想象，据他说：

"事情进行得不顺利，我的心想着别的事了。我把座椅转向炉边，进入半睡眠状态。原子在我眼前飞动：长长的队伍，变化多姿，靠近了，连接起来了，一个个扭动着、回转着，像蛇一样。看，那是什么？一条蛇咬住了自己的尾巴，在我眼前轻蔑地旋转。我如从电掣中惊醒。那晚我为这个假说的结果工作了整夜。"①

凯库勒在这里运用的就是跳跃想象的方法，由于他力图解答苯结构式的难题，以炉火的火焰旋转为引发物，猜想出苯环的结构，这是很有创造性的发现。

这种类型的想象比起仿造想象，创造性水平大为提高了，是更复杂、更高级的想象活动。跳跃想象是在复杂关系下进行的，也就是说，在引发物和创造物之间不存在直接的联系。如何从引发物过渡到创造物，这需要很强的猜测能力。由于引发物和创造物不是同类的对象，要建立它们之间的联系是很不容易的，既需要丰富的知识和经验，又需要高度创造性的思考能力。跳跃想象所运用的手段是不同于仿造想象的，异类创新是难度很大的想象活动。然而，跳跃想象所取得的成果比起仿造想象所取得的成果，具有更高的价值。诚然，跳跃性越大，所取得的成果就越有创造性。但是，这种富有创造性的认识未必可靠，仅仅是探索问题的答案。

（三）复合想象

复合想象是把仿造想象和跳跃想象综合起来运用的方法。它是依据引发物和创造物之间的多种联系而进行的想象活动。比如一位古生物学家，能从某种古生物化石的残片，根据已有的经验事实并引进其他理论知识，综合想象出这种古生物的形态、生活习性以及当时的气候地理环境。这位古生物学家虽没有亲眼见过这种古生物与古代世界，只见过现

---

① ［英］贝弗里奇著：《科学研究的艺术》，北京：科学出版社，1979 年版，第 60 页。

代的生物世界。然而，他仍然能够想象出古生物来。这里所运用的就是复合想象。复合想象中既有跳跃想象，又有仿造想象。从一些古生物化石的残片想象出古代的生物世界，这是从一个领域过渡到另一个领域的想象，真可谓之"跳跃"。然而在跳跃想象中又包含着仿造想象，因为古生物学家在跳跃想象中又是依据自己见过的现代生物世界去想象古代生物世界，这就具有仿造想象的性质。总之，跳跃想象的过程中渗透着仿造想象因素的就是复合想象。这是现代科学思维中普遍应用的想象方式。

想象的方式是多样的，目的在于探索问题的解答，提出解释性的理论。为了使想象在科学发现中能发挥有效的作用，必须注意以下原则：

第一，科学想象提出的理论必须是能解释事实的。

通过想象（猜想、联想、设想），人们提出了说明事实的理论，这种理论是指一般的原理或具有普遍性的定律。科学的解释就是把人们所观察到的某个事物现象归属于一般原理或普遍定律的作用。换句话说，通过猜想，必须提出一般原理或普遍定律，必须能够解释已观察到的个别事实。想象要针对所要解答的问题而进行，探索问题的答案是科学想象的最基本目的。当人们观察到已有理论无法解释的新事实时，就要求人们通过想象提出解释新事实的理论，即解答为什么出现这种新事实。所以，解答问题、解释事实，这是想象某个理论的最起码准则。具体地说，想象必须符合理论发现的以下模式（皮尔士——汉森模式）：

（1）意外的事实 C 被观察到

（2）假设 H 就能够解释 C

（3）所以，有理由想象 H

上述模式就是溯因法的推理形式，它是想象某个理论必须遵循的基本原则，特别是（2）。

如果通过想象提出的理论不能解释观察到的意外事实，那么这种"想象"就是盲目的、枉费心机的，它在科学研究中是没有任何实际意义的。

第二，想象所提出的理论必须是可检验的。

想象提出的理论既是创造性的，也是探索性的。人们通过不同的想象，对同样的事实可以作出不同的解释，即提出不同的解释性理论。因此必须对理论（假定的定律）作出检验，看它是否具有普遍性，也就是说，从它所演绎出来的关于事实的陈述是否与观察、实验相一致。凡是具有普遍性的原理和定律，就必须在其相关范围内的一切事例中都确有效应，而不只是解释想象所考察过的那些事实。具体地说，想象还必须符合以下这个扩充的模式：

（1）意外的事实 C 被观察到

（2）假设 H 就能够解释 C

（3）假设 H 就能够推测 C 以外的事实 C'

（4）C' 为可观察的事实

（5）所以，有理由想象 H

如果想象所提出的理论，虽能解释它所考察过的那些事实，但不能从它演绎出更多有关实际事实的新结论，即无法给予检验，那么这样的理论是无法判明真伪的，也就是没有实际意义的。

# 第五章　抽象与理想化*

## 第一节　抽象的概述

"抽象"一词的拉丁文为 abstractio，它的原意是排除、抽出。在自然语言中，很多人把凡是不能为人们的感官所直接把握的东西，也就是通常所说的看不见、摸不着的东西，叫作"抽象"；有的则把"抽象"作为孤立、片面、思想内容贫乏空洞的同义词。这些是"抽象"的引申和转义。

在科学研究中，我们把科学抽象理解为单纯提取某一特性加以认识的思维活动，科学抽象的直接起点是经验事实，抽象的过程大体是这样的：从解答问题出发，通过对各种经验事实的比较、分析，排除那些无关紧要的因素，提取研究对象的重要特性（普遍规律与因果关系）加以认识，从而为解答问题提供某种科学定律或一般原理。

在科学研究中，科学抽象的具体程序是千差万别的，绝没有千篇一律的模式，但是一切科学抽象过程都具有以下的环节，我们把它概括为：分离—提纯—简略。

第一，所谓分离，就是暂时不考虑我们所要研究的对象与其他各个对象之间各式各样的总体联系。这是科学抽象的第一个环节。因为任何一种科学研究，都首先需要确定自己所特有的研究对象，而任何一种研究对象就其现实原型而言，它总是处于与其他事物千丝万缕的联系之中，

---

* 本章执笔者：杭州大学张则幸、黄华新。

是复杂整体中的一部分。但是任何一项具体的科学研究课题都不可能对现象之间各种各样的关系都加以考察，所以必须进行分离，而分离就是一种抽象。比如说，要研究落体运动这一物理现象，揭示其规律，就首先必须撇开其他现象，如化学现象、生物现象以及其他形式的物理现象等，而把落体运动这一特定的物理现象从现象总体中抽取出来。

把研究对象分离出来，它的实质就是从学科的研究领域出发，从探索某一种规律性出发，撇开研究对象同客观现实的整体联系，这是进入抽象过程的第一步。

第二，所谓提纯，就是在思想中排除那些模糊基本过程、掩盖普遍规律的干扰因素，从而使我们能在纯粹的状态下对研究对象进行考察。大家知道，实际存在的具体现象总是复杂的，有多方面的因素错综交织在一起，综合地起着作用。如果不进行合理的纯化，就难以揭示事物的基本性质和运动规律。马克思说过："物理学家是在自然过程表现得最确实、最少受干扰的地方考察自然过程的，或者，如有可能，是在保证过程以其纯粹形态进行的条件下从事实验的。"[①] 这里，马克思所说的是借助于某种物质手段将自然过程加以纯化。由于物质技术条件的局限性，有时不采用物质手段去排除那些干扰因素，这时就需要借助于思想抽象做到这一点。伽利略本人对落体运动的研究就是如此。

大家知道，在地球大气层的自然状态下，自由落体运动规律的表现受着空气阻力因素的干扰。人们直观看到的现象是重物比轻物先落地。正是由于这一点，使人们长期以来认识不清落体运动的规律。古希腊伟大学者亚里士多德作出了重物体比轻物体坠落较快的错误结论。要排除空气阻力因素的干扰，也就是要创造一个真空环境，考察真空中的自由落体是遵循什么样的规律运动的。在伽利略时代，人们还无法用物质手段创设真空环境来从事落体实验。伽利略就依靠思维的抽象力，在思想上撇开空气阻力的因素，设想在纯粹形态下的落体运动，从而得出了自由落体定律，推翻了亚里士多德的错误结论。

---

① 《马克思恩格斯选集》(第 2 卷)，北京：人民出版社，1972 年版，第 206 页。

在纯粹状态下对物体的性质及其规律进行考察，这是抽象过程的关键性的一个环节。

第三，所谓简略，就是对纯态研究的结果所必须进行的一种处理，或者说是对研究结果的一种表述方式。它是抽象过程的最后一个环节。在科学研究过程中，对复杂问题作纯态的考察，这本身就是一种简化。另外，对于考察结果的表述也有一个简略的问题。不论是对于考察结果的定性表述还是定量表述，都只能简略地反映客观现实，也就是说，它必然要撇开那些非本质的因素，这样才能把握事物的基本性质和它的规律。所以，简略也是一种抽象，是抽象过程的一个必要环节。比如说，伽利略所发现的落体定律就可以简略地用一个公式来表示：

$$S = \frac{1}{2} gt^2$$

这里，"$S$"表示物体在真空中的坠落距离；"$t$"表示坠落的时间；"$g$"表示重力加速度常数，它等于 9.81 米 / 秒 $^2$。伽利略的落体定律描述的是真空中的自由落体的运动规律，但是，一般所说的落体运动是在地球大气层的自然状态下进行的，因此要把握自然状态下的落体运动的规律表现，不能不考虑空气阻力因素的影响，所以，相对于实际情况来说，伽利略的落体定律是一种抽象的、简略的认识。任何一种科学抽象莫不如此。

综上所述，分离、提纯、简略是抽象过程的基本环节，也可以说是抽象的方式与方法。

抽象作为一种科学方法，在古代、近代和现代被人们广泛应用。诚然，严格意义的经验科学在古代尚未形成，那时人们关于自然界的知识包容在浑然一体的自然哲学之中，并且带有朴素、直观的特点，但是，这决不意味着当时的自然哲学家们是不应用抽象方法的。例如，古希腊米利都的留基伯和阿布地拉的德谟克利特，他们相信宇宙间万物都是原子组成的，而原子是不可分的物质。宇宙间有无数的原子，并在一个无限的虚空中永远运动着。它们既不能被创造出来，又不能毁灭掉。应当肯定，留基伯和德谟克利特关于原子的认识，在 2 000 多年前，确是了不起的抽象成果。

在近代，科学抽象法得到更自觉的应用，同时科学家对这种方法作出理论上的考察。英国的弗朗西斯·培根是近代实验科学的始祖，也是归纳逻辑的创始人。他所论述的归纳法中就包含着科学抽象的方法。培根在《新工具》一书中说：

> 我们必须不用火而用人心，来把自然完全分解开，分离开，因为人心亦就是火的一种。在发现形式方面讲，真正归纳法底第一步是应该先排除了一些性质；因为有一些性质，往往不存在于所与性质存在的例证内，或存在于所与性质不存在的例证内；有时所与性质虽减，它们却增，所与性质虽增，它们却减。因此，在适当地排斥了，拒绝了那些性质以后，一切轻浮的意见便烟消云散，所余的只有肯定，坚固，真实，分明的形式。[1]

培根所说的"人心"，就是人的思维能力，在他看来，我们必须用人的思维能力"把自然完全分解开，分离开"，排除那些不相干的性质，从而揭示现象的因果性和规律性。培根以探索热现象为例，应用排除法，在排除了所有不相干的性质以后，发现"热是某种性质的一个特殊情况，那种性质就是所谓运动"。[2]

培根所说的排除法、归纳法中已包含着抽象的方法。但是，科学抽象法并不局限于这两种。

随着科学的发展，抽象方法的应用也越来越深入，科学抽象的层次则越来越高。如果说与直观、常识相一致的抽象为初级的科学抽象，那么与直观、常识相背离的抽象可以称之为高层次的科学抽象。日本物理学家汤川秀树根据对物理学史的考察，指出了物理学的抽象化发展这一规律性。

---

[1] ［英］培根著：《新工具》，北京：商务印书馆，1936年版，第185页。
[2] ［英］培根著：《新工具》，北京：商务印书馆，1936年版，第186—190页。

如果我们考察物理学史，我们都知道在近三四百年内曾发生过两次大革命。第一次革命当然是由伽利略发起的和由牛顿完成的 17 世纪革命。第二次革命则在将近 19 世纪末发端于这样一些伟大的事件——X 射线、放射性和电子的发现。这第二次革命有两次高潮：一次是在 20 世纪初导致了普朗克和玻尔的量子理论以及爱因斯坦的相对论，第二次是发生在本世纪 20 年代量子力学建立之时。……结果就是导致了物理学的理论概念背离直觉和常识。换言之，在从 20 世纪初开始的物理学发展过程中，一种抽象化的倾向已经变得引人注目了。当抽象的数学概念是逻辑一致的，而且它们的结论符合于实验时，即使它们与我们的直观世界图像相矛盾，物理学家们也不得不接受它们。①

在科学发现过程中，抽象方法起着什么样的作用，对于这个问题，历史上存在过两种对立的意见。一种意见认为科学发现靠的就是抽象法，科学发现的过程就是从经验事实中抽出最初的基本概念，然后一层一层地往上抽象，构成金字塔形的科学体系。这是古典归纳主义者的看法，如弗朗西斯·培根就持这种观点。他说："寻求和发现真理的道路只有两条，也只能有两条。……从感觉与特殊事物把公理引申出来，然后不断地逐渐上升，最后才达到最普遍的公理。这是真正的道路。"②

与此相反，另一种意见认为抽象法并非科学发现的方法，如爱因斯坦就持这种观点。他在论述科学体系的层次问题时指出："抽象法或者归纳法理论的信徒也许会把我们的各个层次叫作'抽象的程度'；但是我不认为这是合理的，因为它掩盖了概念对于感觉经验的逻辑独立性。"③在爱因斯坦看来，与经验层次最接近的理论命题不是从经验层次抽象得来，

---

① ［日］汤川秀树著：《科学思维中的直觉和抽象》，译文载《哲学译丛》，1982 年第 2 期，第 17—18 页。

② 《十六—十八世纪西欧各国哲学》，北京：商务印书馆，1962 年版，第 10 页。

③ ［美］爱因斯坦著：《爱因斯坦文集》（第 1 卷），北京：商务印书馆，1976 年版，第 345 页。

而是从更高层次的理论命题中推导出来的；最高层次的理论命题则是思维自由创造的产物。

科学活动的事实告诉我们，科学发现的过程是多种方法综合运用的过程。因此不能把抽象法的作用和其他方法，包括直觉的作用在内，互相对立起来。抽象法离开其他各种方法，是不可能孤立地起科学发现的作用的。

古典归纳主义者认为依靠抽象法就能从经验事实中找出事物的规律性，形成科学理论，这种观点是不符合科学发现过程的实际情况的。那么，是不是说抽象法在科学发现过程中毫无用处呢？完全抹煞抽象法的作用，也是不妥当的。

抽象法在科学发现中是一种必不可少的方法。人们之所以需要应用抽象法，其客观的依据就在于自然界现象的复杂性和事物规律的隐蔽性。假如说自然界的现象十分单纯，事物的规律是一目了然的，那倒是不必要应用抽象法；不仅抽象法不必要，就是整个科学也是多余的了。但是实际情况并非如此。科学的任务就在于透过错综复杂的现象，排除假象的迷雾，揭开大自然的奥秘，科学地解释各种事实。为此就需要撇开和排除那些偶然的因素，把普遍的联系抽取出来。这就是抽象的过程。不管是什么样的规律，什么样的因果联系，人们要发现它们，总是需要应用抽象法的。抽象法也同其他各种科学思维的方法一样，对于科学发现来说，起着一种助发现的作用。

## 第二节　抽象的类型和合理性原则

在科学研究中，抽象的具体形式是多种多样的。如果以抽象的内容是事物所表现的特征还是普遍性的定律作为标准加以区分，那么，抽象大致可分为表征性抽象和原理性抽象两大类。

（一）表征性抽象

所谓表征性抽象是以可观察的事物现象为直接起点的一种初始抽象，它是对物体所表现出来的特征的抽象。例如，物体的"形状""重量""颜色""温度""波长"等，这些关于物体的物理性质的抽象，所概括的就是物体的一些表面特征。这种抽象就属于表征性的抽象。

表征性抽象同生动直观是有区别的。生动直观所把握的是事物的个性，是特定的"这一个"，如"部分浸入水中的那根筷子，看起来是弯的"，这里的筷子就是特定的"这一个"，"看起来是弯的"是那根筷子的表面特征。而表征性抽象却不然，它概括的虽是事物的某些表面特征，但是却属于一种抽象概括的认识，因为它撇开了事物的个性，它所把握的是事物的共性。比如古代人认为，"两足直立"是人的一种特性，对这种特性的认识已经是一种抽象，因为它所反映的不是这一个人或那一个人的个性，而是作为所有人的一种共性。但是，"两足直立"对于人来说，毕竟是一种表面的特征。所以，"两足直立"作为一种抽象，可以说是一种典型的表征性抽象。

表征性抽象同生动直观又是有联系的。因为表征性抽象所反映的是事物的表面特征，所以一般来说，表征性抽象总是直接来自一种可观察的现象，是同经验事实比较接近的一种抽象。比如说"波长"，虽然我们凭感官无法直接把握它，但是借助于特定的仪器，就可以把握到波长的某种表征图像。所以，"波长"也是一种具有可感性的表征性抽象。又如"磁力线"的抽象，大家知道，磁力线本身是看不见、摸不着的，但是，如果我们把铁屑放在磁场的范围内，铁屑的分布就会呈现出磁力线的表征图像，在这个意义上说，"磁力线"也是一种可观察的表征性抽象。

（二）原理性抽象

所谓原理性抽象，是在表征性抽象基础上形成的一种深层抽象，它所把握的是事物的因果性和规律性的联系。这种抽象的成果就是定律、原理。例如杠杆原理、落体定律、牛顿的运动定律和万有引力定律、光的反射和折射定律、化学元素周期律、生物体遗传因子的分离定律、能的转化和守恒定律、爱因斯坦的相对性运动原理等，都属于这种原理性抽象。

当我们考察原理性抽象的特点时，如下两点是值得注意的：

第一，原理性抽象不同于表征性抽象，它所抽取的不是事物的外露的表面特征，而是事物内在的规律性联系。比如说，"静止""运动""直线""等距"等，可以说是表征性抽象，它们表征着物体的一种状态；而"每个物体继续保持静止或沿一直线作等速运动的状态，除非有力加于其上，迫使它改变这种状态"①，就可以说是一种原理性抽象，它抽取的是物体运动的一种规律性。正因为原理性抽象抽取的不是外露的表面特征，所以它同表征性抽象相比，更远离了经验事实，但又是更深刻的认识，它认识到自然界的内部秘密。

第二，在科学发展的常规时期，原理性抽象的实现是以已有的理论作为指导，抽象的结果——定律、原理，与已有的理论之间的关系是相容的关系，不推翻已有理论的框架；而在科学发展的革命时期，反常的原理性抽象的实现，不仅不依赖于原有理论的指导，而且与原有理论相违背。因此，反常的原理性抽象的实现必须突破已有理论的框架范围。比如说，经典力学作为一种背景知识，对于预测宏观低速运动的物体的运动状态，把握其运动规律，曾经是十分有效的。但是，一旦进入了微观领域，面对的是高速运动的微观物体，如果仍以经典力学为指导，并且在它的理论框架基础上进行抽象活动，那就不仅不能有效地揭示诸如光、电现象这种高速运动的微观客体的运动规律，反而会阻碍对这方面规律性的发现，所以必须突破旧有理论的束缚，才能实现反常的原理性抽象。爱因斯坦建立相对论是极有说服力的一个例子，如果不突破牛顿力学的绝对时空观，那就不可能建立相对论。

上面我们一般地考察了科学抽象的类型问题，那么，怎样才能合理地、有效地进行科学抽象？科学抽象应当注意以下原则：

第一，科学抽象的对象必须是具有普遍性的事物。个别的、表面的东西具有偶然性，要进行抽象，当然不能完全脱离这些个别的、表面的、偶然的事物，但是抽象的目的并不是去抽取它们，而是在于从个别的经验事实中抽出普遍性的原理，只有这样才有意义，才能进一步去认识事

---

① ［美］H.S.塞耶编：《牛顿自然哲学著作选》，上海：上海人民出版社，1974年版，第28页。

物的规律性。比如从对空气的观察和实验的一系列事实中，抽象地认识存在于体积、温度以及压力之间的普遍关系，并进行定量的描述，这样也就发现了气体定律。

第二，高层抽象必须能演绎出低层抽象。自然界事物及其规律是多层次的系统，与此相应，科学抽象也是一个多层次的系统。在科学抽象的不同层次中，有低层的抽象，也有高层的抽象。在科学发现中，描述性的经验定律可以说是低层抽象，而解释性的理论原理就可以说是高层抽象。

必须指出，我们把科学抽象区分为低层抽象和高层抽象，是相对而言的。理论抽象本身也是多层次的。比如说，牛顿的运动定律和万有引力定律相对于开普勒的行星运动三大定律来说，是高层抽象，因为我们通过牛顿三大运动定律和万有引力定律的结合，就能从理论上推导出开普勒由观测总结得到的行星运动三大定律。

如果高层抽象不能演绎出低层抽象，那就表明这种抽象并未真正发现更普遍的定律和原理。一切普遍性较高的定律和原理，都能演绎出普遍性较低的定律和原理。一切低层的定律和原理都是高层的定律和原理的特例。如果一个研究者从事更高层的抽象，其结果无法演绎出低层抽象，那就意味着他所作的高层抽象是无效的、不合理的，应予纠正。

## 第三节　理想化的概述

所谓理想化，就是并非现实的而又合乎规律的东西。它是通过高度抽象而产生的，目的在于揭示被研究对象在想象的纯化状态下的运动规律。简单地说，理想化就是一种考察纯态下的规律（或者说规律的纯态表现）的科学思维活动。例如，想象运动物体在没有任何外力作用的情况下，它将以绝对匀速运动着。这里所说的"没有任何外力作用的情况"，显然是假想的、纯化的情况，因为在现实世界中是不会出现这种情况的，所谓"以绝对匀速运动着"，就是在上述假想的、纯化的情况下物体运动的规律。

自然界的现象十分复杂，各种因素交织在一起，往往使人不容易发现规律。科学要揭示自然过程的客观规律性，就必须尽可能地排除那些模糊基本过程、掩盖内部规律的干扰因素，否则科学研究将会变得极为复杂，以致实际上无从着手。在科学研究中，选择那些关系较简单、主要特性较显露、较易于发现内部规律的典型事物作为研究对象；在较少干扰的地方去观察自然过程；在实验中人为地控制研究对象的条件等，都是借助于某种物质手段将自然过程加以简化和纯化。但是，单纯用物质手段不可能达到理想化的程度，因此有必要发挥理性思维的抽象和想象的力量，把研究对象的基本过程和主要特征，以纯粹形式呈现出来，这就有助于更好地揭示自然过程的客观规律性。

应用理想化的方法，建立理想客体，作为研究现实客体的基础和必要的中间环节，是科学研究中常用的有效的方法。具体说来，有两种基本情况：

第一种情况，应用理想化的方法抽出研究对象的主要特性，而舍去一切非主要的特性，这样的研究对象是想象中的理想客体，也就是说，以理想客体代替现实客体作为科学研究的对象。如果理想客体是现实客体的近似的代替者，那么对理想客体的研究结果就可以直接转移到现实客体。这样的处理方法可以简化繁杂的研究过程而又不出大的误差。例如，研究太阳系中行星绕太阳运行的规律时，就可以把行星看作是质量集中在一个质点上的理想天体，由于各行星的直径同它和太阳之间的距离比较起来要小得多，所以可以忽略不计。这里通过对理想天体的研究所获得的结果就可以直接应用到实际天体上去。

第二种情况，应用理想化的方法，首先把现实客体作为理想客体来处理，以此作为必要的中间环节，然后通过修正和补充，使研究结果能适用于现实客体。例如，理想气体方程虽能近似地描述常温常压下的实际气体的变化，但在非常温常压的情况下，就会出现较明显的误差，这时通过对理想气体方程的修正而建立范德瓦尔斯方程，就可以较好地描述各种情况下的实际气体的变化。

自然科学的成果是概念。科学概念的形成是在长期的科学实践的基础上，综合地应用各种逻辑方法的结果。其中理想化的方法是必不可少的逻辑方法。尤其是指称理想客体的概念，如"质点""绝对刚体""理想流体""理想气体""点电荷""绝对黑体"等，它们的形成主要是依靠理想化的方法。其他的科学概念也都在不同程度上含有理想化的成分，因为任何概念都是抽象的，凡是抽象的都是或多或少被纯化了的。它们既离开了现实，又更深刻地反映现实。

理想化的方法不仅是形成科学概念的重要方法，而且在说明科学概念时，也起着特殊的作用。科学概念是表示普遍的、规律性的事物。如果离开理想化的方法，那就不能把握、想象、理解任何普遍的、规律性的东西。比如"纯水在标准大气压下 100 ℃沸腾，0 ℃结冰"，在这里，"纯水""标准大气压"都是理想化了的。因而，离开理想化的方法，就无法说明科学概念。

## 第四节　理想化的类型和合理性原则

理想化是考察纯态下的规律，它有两种方式，表现为两种基本的类型：一是理想模型（指理论模型），二是理想实验。

### （一）理想模型

所谓理想模型，是理想化方式的一种，它通过对理想客体的研究，建立起描述理想客体的机理（结构与规律）的模型。

理想模型在自然科学研究中是广泛应用的。人们通常认为，自然科学的研究对象就是客观存在的自然现象及其规律。这个提法自然是对的，但是实际的理论研究情景要比人们通常想象的复杂得多。在科学理论思维中，直接的探讨对象在很多情况下是理想化客体。例如，在物理学中，把质量看作集中在一点的物体（质点）；在外力作用下不会发生任何形变的固体（理想刚体）；没有黏滞性的、不可压缩的流体（理想流体）；分子本身看成没有大小的质点、分子间没有相互作用力的气体（理想气体）；没有空间大小的电荷（点电荷）；能够全部吸收外来电磁辐射而无任何反射和透射的物体（绝对黑体）；在化学中，溶质与溶剂混合时，既不放热也不吸热的溶液（理想溶液）；在生物学中，没有任何组织分化特征的细胞（模式细胞）等，都是理想化的客体。基础（理论）科学的理论通常不是直接描述客体的原型，而是直接描述理想化的客体，建立理想模型。当然任何理想客体都来自现实的客体。研究理想模型所获得的信息，对于客观原型来说具有近似的性质。

在科学研究中，应用理想模型的方法，其基本步骤如下：

（1）从客体原型抽象过渡到理想化客体；

（2）对理想化客体的研究，即建立理想模型；

（3）从理想模型过渡到客观原型，即把研究理想模型所得到的结果转移到客观原型上。

由于理想模型只是客观原型在一定程度上的近似，所以，把理想模型研究的结果转移到客观原型上时必须注意适用的范围。例如，波义耳-马略特定律、盖·吕萨克定律和查理定律，都是在压强不太大、温度不太低的条件下才能成立的。其实只有理想气体才严格遵守这些实验定律。当压强很大、温度很低时，由上述气体定律得出的结果就和实际测量的结果有很大的偏离。如一定质量的氮气，当压强为 1 大气压时，体积为 1 米³；压强增大到 500 大气压时，它的体积就不是 $\frac{1}{500}$ 米³，而是 $\frac{1.36}{500}$ 米³；压强为 1 000 大气压时，体积变为 $\frac{2.068\ 5}{1\ 000}$ 米³。可见，压强越大，上述定律与实际的偏离就越大。如果温度接近绝对零度，任何气体都会液化甚至变成固体，上述气体定律也就根本不适用了。

**（二）理想实验**

所谓理想实验，实质上是一种以逻辑的演绎推断手段来想象规律的纯态表现。它与理想模型不同，不是从理想化的客体上升到描述理想客体的机理（结构与规律），而是从机理出发，逻辑地演绎出理想化客体必然表现的某种纯态。这是应用逻辑推论的手段，想象出对理想化客体的"实验"，因而就叫作理想实验。例如，可以想象惯性定律的纯态表现如下：

> 假如有人推着一辆小车在平路上行走，然后突然停止推那
> 辆小车。小车不会立刻静止，它还会继续运动一段很短的距离。
> 我们问：怎样才能增加这段距离呢？这有许多办法，例如在车
> 轮上涂油，把路修得很平滑等。车轮转动得愈容易、路愈平滑，
> 车便可以继续运动得愈远。……假想路是绝对平滑的，而车轮
> 也毫无摩擦。那么就没有什么东西阻止小车，而它就会永远运
> 动下去。这个结论是从一个理想实验中得来的。①

理想实验是假想性质的状态，不是现实的情景，而是想象中的情景，比如绝对平滑的路和毫无摩擦的车轮。有的假想状态，仅仅是相对于自然状态而言的；而有的假想状态却是在任何情况下都难以完全满足的，至多只能做到近似地满足。比如我们可以用现代的实验设备，把物体放在一个轨道上，并设法使物体和轨道之间形成气层，物体沿这种气垫轨道运动时摩擦可以减到很小，推动一下物体，可以看到物体沿气垫轨道的运动很接近匀速直线运动。但是，"摩擦很小"毕竟同"没有摩擦"是两回事。

任何一个理想实验都是推理的结果。我们可称它为理想实验推理。如果我们仔细地考察一下，就会发现它是这样一种推理，其中一个前提是假言命题，前件表示已知的科学定律，后件表示在假设的理想化条件下事物将会呈现的性质、状态（即规律的效应）。另一个前提肯定已知的科学定律与设想的条件，那么推论的最后结论则是断定纯态条件下规律的效应。

我们用 L 代表已知的科学定律，用 $C_f$ 代表假设的理想化条件，用 $E_f$ 代表理想化条件下事物将会呈现的性质、状态（即规律的效应），这样理

---

① ［美］A. 爱因斯坦、L. 英费尔德著：《物理学的进化》，上海：上海科学技术出版
　社，1962 年版，第 4—5 页。

想实验推理的形式可以表示如下：

$$如果 L，那么，C_f 则 E_f$$
$$\underline{L 并且 C_f}$$
$$所以，E_f$$

正因为理想实验实质上是一种理论的推断，所以它跟真实的科学实验是显然不同的。那么，为什么需要理想实验呢？要回答这个问题，我们必须分析一下实验的构成。

一般说来，实验的构成有三项，即主体、客体，以及主客体之间的中介（如实验用的仪器设备等），用图式表示就是：

实验的过程就是主体借助于特定的仪器、设备等物质手段施作用于客体，从而获得在自然状态下难以获得或无法获得的关于客体的信息。

在理想实验的过程中，同样具有上图所示的结构模式，所不同的是：在真正的科学实验中，作为研究对象的客体和作为中介的仪器、设备等物质手段都是客观存在的实体；而在理想实验那里，作为研究对象的是假想的"客体"，作为中介的仪器、设备等也是想象性的东西。理想实验的过程也就是主体借助于这种假想性的"仪器、设备"，作用于假想性的"客体"，设想必然出现的结果，从而得出结论。正是因为理想实验具有一般实验的结构模式而又具有假想的性质，所以当人们无法实现以物质手段来进行某种实验时，便代之以理想实验。正因为这个缘故，通常把理想实验专门用于指称只能设想而无法实现的"实验"，以别于一般的真实实验。

如上所述，理想实验与科学实验的一个显著区别就在于前者具有假想性，而后者则具有现实性。但是，应当指出，不少的理想实验后来转化成了现实实验。那种把理想实验的假想性绝对化，认为理想实验是永远也无法转化为现实的说法，并不符合科学史上的事实。

大家知道，牛顿曾研究过地球的卫星——月球为什么不掉落到地球表面的问题，他认为这是因为月球以一定的速度围绕地球运动，地球的引力就是维持它做圆周运动的向心力。在此基础上，牛顿设想：从高山上用不同的水平速度抛出的物体，速度越大，落地点离山脚越远；当速度足够大时，物体将环绕地球运转，成为人造卫星。牛顿的上述设想在当时是无法实现的，只能在想象中进行，就是说它是一个理想实验。但是，到了 20 世纪 50 年代，由于物质技术条件的进步，理想实验竟变成了现实实验。

爱因斯坦和英费尔德在他们合著的《物理学的进化》中曾设想了一个单电子衍射的实验，他们认为："不用说，这是一个理想实验，事实上不可能实现，不过很容易想象而已。"在成书的 1938 年，根据当时的物质技术条件，单电子衍射的实验，确实是"事实上不可能实现"的。但是，过了 11 年，理想就变成了现实。所以，1960 年英费尔德在《物理学的进化》的新版序中作了修正，他指出："在 1949 年，一位苏联的物理学家 V. 法布里康教授和他的同事们已完成了一个实验，在这个实验里观察到单电子的衍射。"

由此可见，所谓理想实验是"事实上不可能实现"的，这仅仅是相对于一定的物质技术条件而言的。当然总有一些理想实验所要求的条件确实是永远也无法完全具备的。

如上所述，理想化方法是科学研究中一种普遍应用的基本方法。如何有效地掌握和应用这种方法，是一个值得探索的问题。总结科学史上的实例材料，我们觉得有如下值得注意的原则：

第一，理想化必须是客观原型的纯化和简化。

我们之所以要建立理想模型或进行理想实验，其原因就在于复杂的现象只有经过理想化方法的处理，才能使之尽可能地纯化和简化，从而更深刻地揭示研究对象的基本过程及其规律。例如，在求解弹性力学的问题时，为了从弹性力学问题中的已知量求出未知量，必须建立这些已知量与未知量之间的关系，以及各个未知量之间的关系，从而导出一套求解的方程。在导出方程时，可以从三方面来进行分析。一方面是静力学方面，由此建立应力、体力、面力之间的关系。另一方面是几何学方面，由此建立形变、位移和边界位移之间的关系。再一个方面是物理学方面，由此建立形变与应力之间的关系。在导出方程时，如果同时考虑所有各方面的因素，则导出的方程非常复杂，实际上不可能求解。因此，通常必须按照所研究的物体的性质，以及求解问题的范围，作出若干基本假定（假定物体是连续的，是完全弹性的，是均匀的，是各向同性的），从而略去一些暂不考虑的因素，使问题尽可能地纯化和简化，这样就能使方程的求解成为可能。这种处理方法就是理想化的方法。符合那些假定的物体是理想弹性体，实际上一切物体都是不符合那些假定的，但是在一定的范围之内，作这种理想化的处理，对于我们把握弹性体由于受外力作用或温度改变等原因而发生的应力、形变和位移的规律，既方便而又不会引起显著的误差。但是，如果理想化的处理不是使问题纯化和简化，而是把原来的复杂问题想象成为更复杂的问题，那就不仅无助于问题的求解，相反倒是使问题更难于解决了。自然，这样的理想化处理就是不合理的。

第二，理想化必须能够提供客观原型的信息。

在科学研究中，应用理想化方法建立的理想客体是客观原型的代替者，它反映了客观原型的最基本的性质，因此，通过对理想客体的研究所获得的结果也就可以表征客观原型的基本情况，在某些领域里甚至可以达到相当精确的程度。比如说，研究天体运行的规律，就普遍地应用着理想化方法，把天体当作质点来看待。当然实际上的天体绝不会是没有形状和大小，而质量全部集中在一个几何点上，但是，由于物体间的引力只跟物体的质量和相互间的距离有关，所以，当物体的直径同物体间的距离比较起来极为微小时，可以把物体的大小和形状略去不计。比如地球的直径只有 13 000 公里，而地球和太阳之间的距离约为 150 000 000 公里，所以，当我们研究地球的公转时，可以把地球和太阳当作质点来处理。由于理想客体是客观原型的代替者，所以，理想化研究的结果可以转移到客观原型上去，也就是说，能够提供客观原型的某种信息。这正是理想化不同于科学幻想的区别所在。如果理想化不能提供客观原型的信息，那也就失去了理想化作为科学认识方法的意义。

　　但是，应当指出，理想毕竟不全是现实，所以理想化所提供的客观原型的信息，一般来说都只具有近似的性质。比如说，理想气体的状态方程，它所描述的是理想气体的体积、压强和温度同时发生变化时相互间的关系，而理想气体实际上是不存在的，实际气体只是在一定程度上近似于理想气体，所以理想气体的状态方程只能近似地提供实际气体的信息。这里值得注意的是，当我们将从理想气体中得出的理想定律应用于实际时，必须注意其适用的限度。比如当我们把理想气体的状态方程外推到压强很大、温度很低的实际气体时，就会出现较大的误差；压强越大、温度越低，则误差越大。所以，把理想化的研究结果进行无限制的外推，那就是忽视了理想化毕竟不是客体原型，理想化能够而且只能够近似地、有条件地提供客体原型的信息。

　　到此为止，我们分别地考察了科学发现过程最常用、最基本的几种方法。这里有两点需要指出：

　　第一，科学发现过程是富有创造性的能动过程，方法的应用具有随机组合的性质。在一种情况下，可能应用的主要方法是这一种，同时伴之以其他的方法；在另一种情况下，又可能主要应用的是哪一种方法，这是不奇怪的。因为方法是达到科学目标、求解面临的问题的一种途径和手段，目标和问题不同，方法的组合也就各异。

　　第二，科学发现的过程是各种方法综合地起作用的过程。我们不可能设想只要孤立地应用某一种方法，就会导致科学发现。本书所介绍的这些方法对于科学发现来说都是必要的。它们彼此联结在一起组成一个方法群体，在群体内部，各种方法之间的关系是网络状的相互作用、相互补充的关系。因此，不可能确定一个普遍有效的机械性的方法程序，本书各章叙述方法的顺序，并不意味着这是科学发现过程的方法程序。俗话说："牵一发而动全身"，对于网络结构的方法群体来说正是如此。任何一种方法的应用，都必然伴随着其他的方法，离不开其他方法的参与、补充。因此，人们总是综合地应用各种方法，充分发挥各种方法的认识功能，以达到科学发现的目的。

# 第六章　假说的形成与检验[*]

## 第一节　假说的概述

人们在生活的实际经验中，会观察到无数的事实。比如，有雨天也有晴天，有月蚀也有日蚀，候鸟春北往秋南归，瀑布溅白雾映彩虹等。人们认识周围的事实，不只是描述它们，还要理解它们，即用科学理论来解释事实。

每当人们发现原有的理论无法给予解释的事实时，特别是发现与原有理论相违的反常事实时，也就是面临了疑难的问题。这时人们必须提出新的理论观点给予回答。但是，人们对于同样的事实可以提出不同的理论观点，而谁是谁非，一时还难以判明。因此，任何新理论的最初提出都具有假定性，它们的真理性如何还有待于进一步检验。

科学假说就是关于事物现象的因果性或规律性的假定性解释。它是用来回答由事实提出的问题，并且是可以经由事实进一步检验的。比如说：

> 孟德尔用食用豌豆的高株品种同矮株品种杂交。子代杂种都是高株。再使子代自花受精，孙代分高株和矮株，两类的株数成 3 与 1 之比。如果高株品种的生殖细胞含有促成高株的某种东西，而矮株品种的生殖细胞含有促成矮株的某种东西，那

---

[*]　本章执笔者：华中师范大学刘文君。

么，杂种便应该具备这两种东西。现在，杂种既然是高株，由此可知两种东西会合时高者是显性，而矮者是隐性。孟德尔指出，用一个很简单的假说便可以解释第二代中 3 比 1 的现象。当卵子和花粉粒成熟时，如果促成高株的某种东西，同促成矮株的某种东西（两者在杂种内同时存在），彼此分离，那么，就会有半数的卵子含高要素，半数的卵子含矮要素。花粉粒也是如此。两种卵子同两种花粉粒都以同等的机会受精，平均会得到三高株和一矮株的比例，这是因为要素高同高会合，会产生高株；高同矮会合，产生高株；矮同高会合，产生高株；而矮同矮会合，则产生矮株。①

科学假说是对自然奥秘的有根据的猜测，它是人类洞察自然的能力和智慧的高度表现。科学假说与宗教迷信等蒙昧无知之类的胡说是根本不同的。任何假说的提出都以一定的相关事实作为支持它的经验证据，也以一定的相关原理作为论证它的理论前提。假说作为一种猜想，它是在科学知识的土壤里生长的。

科学假说通常具有比较复杂的内容结构。首先，一个假说必须说明它所要解答的问题。假说的提出不是无缘无故的，它是用来回答特定的问题、解释一定的事实的。所以，一个假说必须论述存在着什么样的问题有待于人们解答。例如，在 19 世纪 60 年代，奥地利神父孟德尔用豌豆做杂交试验。豌豆中有高植株品种和矮植株品种，高植株与矮植株是一对"相对性状"。拿这两个品种的植株做"亲代"杂交（用高植株作父本，矮植株作母本，或用矮植株作父本，高植株作母本），所得种子和它长成的植株（称为"子一代"）全部都是高植株。然后，拿子一代植株自花授粉，所得种子和它长成的植株（称为"子二代"，即孙代），其中有 $\frac{3}{4}$ 是高植株，$\frac{1}{4}$ 是矮植株，两者之比为 3:1。于是就提出了这样的问题：为什么杂交后的子一代全部都是高植株，而杂交后的子二代中高植株与

① ［美］T.H. 摩尔根著：《基因论》，北京：科学出版社，1959 年版，第 1—2 页。

矮植株之比总是 3:1 ？孟德尔对豌豆的其他相对性状（红花与白花，黄种子与绿种子），也进行了类似的杂交试验，并仔细地作了统计记录，其结果与上述情形类同，存在着同类的问题。

其次，一个假说必须论述设想了什么样的理论来解答问题，这是假说的核心部分①。比如，孟德尔设想了以下理论来解答从豌豆杂交试验中所提出的问题：肉眼可以看到的生物体外表的性状是由肉眼看不到的生物体内部的遗传因子（后来被称为"基因"）控制着。例如，一种遗传因子使植株成为高的，另一种遗传因子使植株成为矮的，这样高株与矮株这对"相对性状"是由两种不同的相对遗传因子控制着；每一个植株的每个外表性状都是由一对遗传因子来控制，其中一个传自父本，另一个传自母本。所以，这两个遗传因子可以是相同的（称为"同质接合"），也可以是不同的（称为"异质接合"）。每一植株又把这对遗传因子中的一个传给一个种细胞，每个种细胞（配子）只得到这对遗传因子中的一个。当父本种细胞与母本种细胞授粉结合以后，后代植株又有了控制某个外表性状的一对遗传因子。如果传自父本和母本的这对相对遗传因子是不同的，那么，其中有一个遗传因子会压制另一个遗传因子的作用，前者为"显性因子"，后者为"隐性因子"。例如，高植株的因子会压制矮植株的因子的作用，而使这株豌豆表现成为高植株。由于高植株与矮植株杂交后的子一代，全部都带有一个高植株因子和一个矮植株因子，而且显性的高植株因子压制了隐性的矮植株因子的作用，所以子一代也就全部表现为高植株。但是隐性因子在子一代中仍然存在，只是它的作用受压制。所以，带有混合因子的子一代相互授粉后，就有四种可能的组合：一是从父本传来的高株因子与从母本传来的高株因子结合；二是从父本传来的高株因子与从母本传来的矮株因子结合；三是从父本传来的矮株因子与从母本传来的高株因子结合；四是从父本传来的矮株因子与从母本传来的矮株因子结合。上述四种可能的组合中，只有第四种结

---

① 人们常常狭义地使用"假说"一词，它仅仅是指被设想的理论陈述。有时人们则把被设想的理论陈述称为"假说的基本观点"。这意味着假说的内容包括理论陈述及其对事实的解释和预测，即对问题的系统完整的解答。

合才使植株成为矮的。所以，子二代中高植株与矮植株之比为3:1。总之，孟德尔设想了遗传因子及其"分离定律"来解答问题。遗传因子的分离定律称为孟德尔第一定律，它是遗传学上最基本的定律，可以表述如下：一对遗传因子在异质结合（即一个显性因子与一个隐性因子的结合）状态下并不相互影响，相互沾染，而在配子形成时完全按原样分离到不同的配子中去。

再次，一个假说必须广泛地解释其他的相关事实和预测未知的事实。对广泛的事实作出解释，这既是表现被设想的理论具有多大的解决问题能力，同时也是表明被设想的理论得到了大量事实的支持。例如，孟德尔的遗传因子分离定律可以解释人眼虹彩颜色的遗传现象，并得到这个事实的支持。

> 碧眼人同碧眼人婚配，得碧眼子代。褐眼人同褐眼人婚配，如果两者的祖先都是褐眼，也只能产生褐眼子代。如果碧眼人同纯种褐眼人婚配，子女也都是褐眼。这一类褐眼的男女如果彼此婚配，其子女会是褐眼和碧眼，成3与1之比。[1]

不仅如此，一个假说还必须尽可能地预测未知的新事实。这既是表现被设想的理论具有多大的启发力，同时也是表明被设想的理论可以给予严格的检验。例如：

> 孟德尔采用一个简单的方法来测验他的假说：让杂种回交[2]隐性型，杂种的生殖细胞如果分高矮两型，那么，子代植物也应分高矮两型，各占半数。实验结果，恰如所料。[3]

---

[1] ［美］T.H.摩尔根著：《基因论》，北京：科学出版社，1959年版，第2—3页。

[2] 回交或返交就是把表面上显性的个体回头来同其隐性亲型个体交配的过程，目的在于揭露前者究竟是纯显性或者只是杂种。

[3] ［美］T.H.摩尔根著：《基因论》，北京：科学出版社，1959年版，第2页。

假说的内容通常是非常复杂的。它包含有理论的陈述，又包含有事实的陈述。而且，它既有真实性尚未判定的内容，又有比较确实的内容。例如，16世纪波兰天文学家哥白尼提出的太阳系假说——"哥白尼体系"，它是以当时所掌握的天文观测资料为依据的，如关于行星的"顺行"和"逆行"等，其中有不少观测事实的记述是较为可靠的。而哥白尼体系设想的基本理论观点中有合乎实际的内容，如地球是转动的，地球和其他行星是绕太阳运行的等；也有不切合实际的内容，如太阳是宇宙的中心，行星的轨道是正圆形的等。应当看到：

> 哥白尼的功绩主要是首先给予宇宙的地心论以一种明晰的和系统的批判，而且摧毁了那种牢不可破的见解和目视的幻觉。这是他所作的最大的革命，别的方面他和他的前人一样，仍然坚持一切唯美的和哲学的偏见；他也像古人一样相信有一个球形的小宇宙、圆周轨道和等速运动；可是这些假设不能说明观测，他于是不得不再引入他已经从托勒密体系抛弃了的偏心圆和本轮等来作解释；他甚至还主张亚里士多德的物质天球论；在他看来中央的太阳仅仅是具有光照的作用，而重力不过是仅足以维持各个天体内部的结合力罢了。换句话说，哥白尼对于科学的伟大贡献只是把天文学从地球静止的观念解放出来，因而促进了以后的发展，至于他对天体运行的解释，并不比托勒密高明许多，因而在当时并不算有什么进步；特别是他的理论里还混淆有许多不正确的、非科学的见解。假使在他死后150年间没有出现一系列的天才，将他的工作完成，取得他所没有得到的决定性的证据，天文学便不会发生伟大的进展，而他的体系也不会流传到今天。①

假说是人类的认识接近客观真理的方式。"只要自然科学在思维着，

---

① ［法］伏古勒尔著：《天文学简史》，上海：上海科学技术出版社，1959年版，第25页。

它的发展形式就是假说。一个新的事实被观察到了，它使得过去用来说明和它同类的事实的方式不中用了。从这一瞬间起，就需要新的说明方式了——它最初仅仅以有限数量的事实和观察为基础。进一步的观察材料会使这些假说纯化，取消一些，修正一些，直到最后纯粹地构成定律。如果要等待构成定律的材料纯粹化起来，那么这就是在此以前要把运用思维的研究停下来，而定律也就永远不会出现。"①

　　科学研究活动的一般进程如下：当人们在科学实际活动中发现了一定的反常事实或前所未见的异类事实时，就说明原有的理论及过去的说明方式不中用了，因此也就存在着有待于用新理论和新说明方式才能解决的问题；然后，人们通过猜想提出新的解释性理论，以新的方式来说明相关的事实，并以新的理论去预测某些未知的事实。这就是建立假说以解答问题。此后，在验证这个假说的过程中，将积累更多的新事实材料。一般的情形是，仅仅确证这个假说的一部分内容而否定它的另一部分内容，因而必须对这个假说的原有内容进行部分的修改，并等待新的检验。如此往复，将逐步导致确立起定律与原理的系统，以及形成一种研究传统。然而，人们的认识并不就此停步或僵化，或早或迟总会出现新的理论系统以及出现新的研究传统。如亚里士多德力学被牛顿力学所更替，而牛顿力学又被爱因斯坦的相对论力学所更替，一次又一次地更替下去，人们的认识就愈来愈接近于客观现实。总之，科学发展的过程就是假说的形成、假说的检验以及假说的更替。所以，科学的发展形式不是别的，只能是假说。

## 第二节　假说的形成

　　假说的形成方式既有共性又有个性。不同性质的假说，其形成的具体途径差别很大，但按其共同点来看，就一般情景而论，假说的形成大

———————————
① 《马克思恩格斯选集》（第 3 卷），北京：人民出版社，1972 年版，第 561 页。

致经历着两个阶段：初始阶段和完成阶段。

在假说形成的初始阶段里，研究者为了回答特定性质的问题，根据为数不多的事实材料和已有的理论原理，通过创造性的想象（主要是逻辑推理的程序）而作出初步的假定。

在科学认识的过程中，存在着不同性质的问题，因而就形成了不同性质的假说。一类是由可观察事实的系统化而提出来的问题。比如，人们历次观察到老鸦是黑色的，由此就产生这样的问题："莫非老鸦都是黑色的？"人们以往反复观察到天鹅是白色的，由此就产生了这样的问题："莫非天鹅都是白色的？"诸如此类的问题还有"在通常大气压力下，任何纯水降温到 0 ℃就结成冰吗？""任何固体金属块，只要相互摩擦就发热吗？"等。我们可以把这类性质的问题称为"乌鸦型的问题"，即经验定律型的问题。因为对这类问题的肯定回答，就是提出了一个经验定律的假说。经验定律的假说在科学知识的系统中是处于低层次的地位，它们只能发现现象之间某种联系的普遍性，并不能理解这种普遍性，可以说是"知其然而不知其所以然"。但是，经验定律可用于解释在个别的事实中发生的效应。

那么，关于经验定律的最初假定是如何提出的？经验定律的假说总是在一定理论的指导之下，依据大量的观察事实材料，交互地应用比较、分析、综合和概括等方法而建立起来的。就一般情形来说，它的最初假定主要是受概括外推法的启发而作出的。

众所周知，当火车朝我们开来时，它的笛声就越来越尖，即声音的频率升高。而当火车离我们而去时，它的笛声就越来越低，即声音的频率降低。同样的，一个运动着的光源，光波的频率也像声波的频率一样会发生变化。如果光源朝着我们运动，它的光谱线就会向光谱的高频端偏移，即紫移。如果光源退离我们而去，它的光谱线就会向低频端偏移，即红移。这种现象叫作"多普勒—斐索效应"。

后来，天文学家就应用多普勒—斐索效应去测定恒星的视向速度，通过测定一个恒星的光谱线向红端或紫端偏移的大小，来计算这个恒星退离我们或朝向我们的运动速度，即视向速度。如果一个恒星的光谱线红移量愈大，那么它退离我们的速度也就愈大。如果一个恒星的光谱线紫移量愈大，那么它朝向我们的速度也就愈大。应用这种方法进行天文观测的结果发现，除了少数几个最近的星系（本星系群）以外，所有的星系都是背离我们而去的。离我们越远的星系，其红移量越大，即退行的速度愈大。1929年美国天文学家哈勃根据宇宙中局部的已被我们观测到的事实，通过比较、分析、综合以及概括外推（见下图），提出了这样的经验定律：星系的退行速度同星系离我们的距离成正比。如果某个星系离我们的距离比另一个星系远一倍，那么这个星系的退行速度也比另一个星系大一倍。上述的经验定律被称为"哈勃定理"。

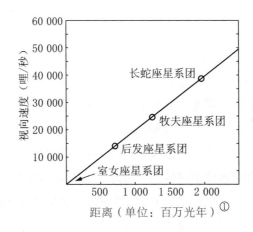

这里特别应当注意的是，作为哈勃定理的根据之一，即对星系光谱线红移的解释，这个解释本身也是个假说，它是从多普勒—斐索效应推导出来的。因而，事情并不像古典归纳主义和逻辑经验主义所说的那样，可以把科学知识的结构简单地化归为经验与理论二层模型。任何经验定律都不可能直接观察出来，它们都是理论思维包括应用类比、想象、抽象和理想化等方法的成果。只不过是其他方法在这里的作用，不像概括外推法那么直接、那么明显罢了。所以，应当把经验定律看作低层的理

---

① 图见［美］S.J.英格利斯著：《行星恒星星系》，北京：科学出版社，1979年版，第451页。

论。我们是在科学知识网络结构模型的背景上描述经验定律的，它是作为回答"乌鸦型的问题"而用概括外推法推导出来的。而且，经验定律作为较低层的理论，也是有不同层次的。如前所述，哈勃定理是依赖于对星系光谱线红移现象的解释，而对星系光谱线红移现象的解释又是依赖于多普勒—斐索效应这一经验定律的。

现在，我们再来考察在科学认识的过程中提出的另一类型的问题。比如说，哈勃定理后来不断地被新的观测事实所确认。那么，由此就必然带来如何理解这一经验定律的问题，即为什么星系的退行速度同星系离我们的距离成正比？为了解释哈勃定理，人们就提出了宇宙膨胀的假说。现在天文学家们普遍认为宇宙是在膨胀着的，这种理解与爱因斯坦广义相对论是相吻合的。[①] 又比如，为什么相对性状不同的亲代进行杂交后的子二代，显性表现与隐性表现总是保持3:1这种规律性？对此人们提出了"基因论"的假说给予解答。不难看出，上述这种类型的问题不是关于现象之间的某种可观察到的联系有无普遍性，而是关于为何形成了这样的联系。为了回答这种原理（本因）型的问题，人们就必须作出理论定律和原理的假说。而理论定律和原理的假说，它们是以抽象的理论"框架"和理想化的"模型"来解释被研究对象的"结构—功能"，从而使相关的各个经验定律都成为可理解的，而且常常是进一步"校准"了经验定律。无疑，理论定律和原理的假说，在科学知识的系统中是相应地处于比经验定律更高层次的地位。而最高层的理论通常被人们称为"基本定律"或"基本原理"。

那么，关于理论定律和原理的最初假定，又是如何提出的？理论定律和原理的假说是说明如何形成事物现象之间的各种联系（结构与功能），它的建立不仅应用了比较、分析、综合和概括的方法，而且更突出地应用了类比、想象、抽象和理想化的方法。一般说来，它的最初假定

---

① 当然问题并不就到此为止。如果宇宙是在膨胀着的，那么由此又引出了如下的问题：为什么宇宙会膨胀？这又必须提出更高层次的理论予以回答。目前已形成了一种较流行的学说即"宇宙大爆炸"的假说。它与另一种学说"宇宙恒态"的假说进行竞争。

主要是受类比法的启发而作出的。因为研究者总是以已知的图景去设想另一种新的图景。比如，荷兰物理学家惠更斯提出光的波动说，这是与声波、水波类比的结果。他说：

> 我们知道，声音是借助看不见摸不着的空气向声源周围的整个空间传播的，这是一个空气粒子向下一个空气粒子逐步推进的一种运动。而因为这一运动的传播在各个方向是以相同的速度进行的，所以必定形成了球面波，它们向外越传越远，最后到达我们的耳朵。现在，光无疑也是从发光体通过某种传给媒介物质的运动而到达我们的，因为我们已经看到从发光体到达我们的光不可能是靠物体的传递来的。正如我们即将研究的，如果光在其路径上传播需要时间，那么传给物质的这种运动就一定是逐渐的，像声音一样，它也一定是以球面或波的形式来传播的；我们把它们称为波，是因为它们类似于我们把石头扔入水中时所看到的水波，我们能看到水波好像在一圈圈逐渐向外传播出去，虽然水波的形成是由于其他原因，并且只在平面上形成……①

又如，人们稍微仔细地观看一下世界地图，就不难发现非洲西部的海岸线和南美洲东部的海岸线彼此正好相吻合，它们可以拼接起来成为一块，就像儿童玩拼板玩具一样地拼合。为什么会这么巧合呢？从 17 世纪开始，就有人设想过这两块大陆早先是合在一起的，后来才漂移开来。人们还进一步发现，不仅南美洲和非洲可以拼合，而且北美洲与欧洲也可以拼合。印度、澳大利亚、南极洲也可以拼合。也就是说，可以设想如今的几块大陆都是原始古陆破裂后漂移而成的。近代"大陆漂移说"的开创者、奥地利学者魏格纳，联想到冰山漂移的情景，并由此受到启发而设想出较轻的刚性的大陆块是漂浮在地壳内较重的黏性流体岩浆之

---

① ［美］乔治·伽莫夫著：《物理学发展史》，北京：商务印书馆，1981 年版，第 81 页。

上的，这样，"它们就像漂浮的冰山一样逐步远离开来"。[①] 由此可见，类比法在形成初步的假定时是非常富有启发力的。

无疑，在形成假说的初始阶段里，人们可以从不同角度去联想，进行不同的类比，因而，作出的初步假定往往不是唯一的，而是设想了好几个可供选择的假定。如果我们以"E"表示提出初步假定时所考察并引用的事实陈述，而以"H"表示被猜想出来的、可以说明 E 的初步假定，而且暂且不考虑参与说明过程的必要背景知识，那么提出初步假定的尝试性与多元性可以简单化地用下式表示：

$$E$$
$$如果 H_1，那么 E$$
$$如果 H_2，那么 E$$
$$如果 H_3，那么 E$$
$$……$$
$$\overline{\qquad\qquad\qquad\qquad\qquad\qquad}$$
$$所以，H_1 或 H_2 或 H_3（……）$$

比如说，脉冲星为什么能够那么有规则地发出脉冲？关于脉冲星的辐射机制问题，天文工作者曾设想了各种能够辐射脉冲的情景。这些被设想到的可能情景有：脉动、双星作轨道运动以及自转。所谓脉动是设想整个星体，时而膨胀时而收缩，好像人的心脏的跳动那样。人们已经知道，有的恒星由于脉动而造成了光度的变化，这样的恒星称为脉动变星。所以，自然会想到射电脉冲也可能是由脉动作用而引起的。所谓双星作轨道运动是设想两颗恒星在互相绕转的运行过程中，由于发生相互遮掩的交食现象，这样我们就会观测到周期性的脉冲。所谓自转是设想像灯塔上的光束那样旋转。灯塔光束扫描海面时，每扫描一周就照射到海轮上一次，于是在船上的人看来，就是每隔一定周期亮一下（光脉冲）。这样的辐射机制可以形象地称它为"灯塔"辐射机制。

既然初步假定是尝试性的、多元的，那么研究者必然经过反复的考

---

① ［奥］A.L. 魏格纳著：《海陆的起源》，北京：商务印书馆，1964 年版，第 5 页。

察，才能决定弃取。就以前面的例子来说，天文工作者经过一番考察才确认：如果是脉动作用的话，那就不可能维持脉冲周期的极端稳定性；如果是双星作轨道运动的话，那也不可能维持脉冲周期的极端稳定性；可是，脉冲星最明显的特征是脉冲周期的高度稳定，所以，选用"灯塔"辐射机制是最合理的。大致说来，对几个设想进行抉择，是采取以下的方式（暂且不考虑参与推断过程必要的背景知识）：

$H_1$ 或 $H_2$ 或 $H_3$……

如果 $H_1$ 则 $e_1$，并非 $e_1$（或 $e_1$ 的可能性极小）

因此，$H_1$ 不能成立

如果 $H_2$ 则 $e_2$，并非 $e_2$（或 $e_2$ 的可能性极小）

因此，$H_2$ 不能成立

所以，$H_3$

这样，研究者就可以从几个尝试性的设想中，选出一个在他看来是能够成立的或者说最可能成立的初步假定。以上我们分析了假说形成的初始阶段。

那么，假说形成的完成阶段是怎样的？这时，研究者以已经确立的初步假定为中心，应用科学理论进行论证和寻求经验证据的支持，从而使它充实和扩展成为一个结构稳定的系统。这就是假说形成过程的完成阶段。

在假说形成的完成阶段里，演绎推理的作用是非常突出的。初步假定所涉及的相关论点必须应用科学理论进行论证。比如，仅有大陆漂移这个简单的设想，那还不算是个严整的学说，必须进一步论证大陆漂移的原动力、方向、速度以及其他相关的伴随因素。显然，这些方面的认识都是综合地应用多学科知识的成果。最初的假定性观点都不过是猜想的、想象的，它们只有根植在科学知识的土壤里才能发育成长。

在假说形成的完成阶段里，研究者不仅通过科学原理的论证以理解一个假说的内容，而且还寻求经验事实的支持以充实一个假说的内容。这就是从已确立的观点出发，通过演绎的程序，广泛地解释已知的经验事实。如果被解释的事实越多，那么支持假说理论观点的经验证据也就越多。例如，从大陆漂移的观点出发，它能够解释以下各组事实：

（1）各个大陆块可以像拼板玩具那样拼合起来，大陆块边缘之间的吻合程度是非常高的。这是大陆漂移的几何（形状）拼合证据。

（2）大西洋两岸的古生物种（植物化石和动物化石）几乎是完全相同的。还有大量的古生物种属（化石）是各大陆都相同的。这是大陆漂移的古生物证据。

（3）留在岩层中的痕迹表明，在3亿5千万年前到2亿5千万年前之间，今天的北极地区曾经一度是气候很热的沙漠，而今天的赤道地区曾经为冰川所覆盖，这些陆块古时所处的气候带与今日所处的气候带恰好相反。这是大陆漂移的古气候证据。

60多年前，魏格纳提出大陆漂移的设想时，曾系统地解释了以上各组事实。有趣的是魏格纳对他的"大陆漂移说"提出了自己的评估方法。他宣称：

> 大西洋两岸的对应，即开普山脉与布宜诺斯艾利斯山地的对应，巴西与非洲大片麻岩高原上喷出岩沉积岩与走向线的对应，阿摩利坎、加里东与元古代褶皱的对应以及第四纪冰川终碛的对应等，虽然在某些个别问题上还未能得出肯定的结论，但总的说来，对我们所主张的大西洋是一个扩大了的裂隙这一见解，则提供了不可动摇的证据。虽然陆块的接合还要根据其他现象特别是它们的轮廓等来证实，但在接合之际，一方的构造处和另一方相对应的构造确切衔接这一点，是具有决定性的重要意义的。就像我们把一张撕碎的报纸按其参差不齐的断边拼凑拢来，如果看到其间印刷文字行列恰好齐合，就不能不承认这两片碎纸原来是连接在一起的。假如其间只有一列印刷文字是连接的，我们已经可以推测有合并的可能性，今却有 $n$ 行连接，则其可能性将增至 $n$ 次乘方。弄清楚这里面的含义，决不是浪费时间。仅仅根据我们的第一行，即开普山脉与布宜诺

斯艾利斯山地的褶皱，大陆漂移说的正确性的机会为 1:10；既
然现在至少有六个不同的行列可资检验，那末大陆漂移说的正
确性当然为 $10^6$:1，即 1，000，000:1。这个数字可能是夸大了
些，但我们在判断时应当记住：独立的检验项数增多，该是具
有多大的意义。[1]

看来，魏格纳颇有雄辩之才。他所作的评估数字就像大陆漂移说的
内容一样地惊人。他虽是说了"这个数字可能是夸大了些"这句话，但
却未必认识到以下两者的区别：成功地解释已知的事实与成功地预见未
知的事实是大不相同的。评估一个假说具有头等重要意义的是后者而不
是前者。

为了表明一个假说的理论观点是可验证的，同时也为了这个假说的
理论观点以后能够得到严格验证，在假说形成的完成阶段里，研究者还
应当根据假说的理论观点，预言未知的事实。魏格纳当时也是这么做了，
他按照大陆漂移的观点，预言大西洋两岸的距离正在逐渐增大。格陵兰
由于继续向西漂移，它与格林威治之间的经度距离也正在增大。

在假说形成的完成阶段里，研究者最后还要整理假说的全部内容，
使它严谨和系统化。它的层次结构的功能，犹如下述的模型：作为假说
的核心部分的是为了解答问题而猜想出来的基本理论观点，这是一个假
说的纲领性内容，是不可改动的；而以设想的基本理论观点去解释已知
的事实或预测未知的事实，这是一个假说的外层部分，它是为设想的基
本理论作辩护的，所以这部分内容应作为处于内核地位的基本理论的
"保护带"，是允许改动的。这样，假说就具有"韧性"，当它遭到"反
例"的袭击时，也只"损伤"保护带，而其内核依然保存下来，可使保
护带继续增生和重新修复。

以上我们考察了假说形成过程的基本程序和手段。那么，指导假说
形成活动的准则是什么？无疑，假说的形成活动具有高度的创造性，不

---

[1]　[奥] A.L. 魏格纳著：《海陆的起源》，北京：商务印书馆，1964 年版，第 50 页。

存在普遍适用的固定机械的模式（形式规则），但是却有启发性的指导准则，其中主要有以下这些[1]：

**（一）应当以科学原理为指导，但不受传统观点的束缚**

科学假说的形成是人们已有认识过程的扩大和深化，它应当遵循和应用已有的科学理论，而不能与科学中已高度确证的定律或原理相矛盾。

然而，原有的定律和原理并不是完美无缺的，特别是当它与新事实发生一系列矛盾时，也就暴露出原有理论的缺陷。问题在于传统观念是一种习惯势力，根深蒂固的"常识"是最难突破的。这就需要有非常大胆的革新勇气，敢于向"经典理论"挑战，提出新的革命性假说。不懂得这个道理，那就不会有自然科学上伟大的理论变革。以 20 世纪初提出的"大陆漂移说"为例：

> 据说，魏格纳是在发现各大陆边缘拼接恰好吻合以后，才提出大陆漂移这个设想的。若仔细观察大西洋两岸的形状，可能任何人都会这样设想的。但由于一般人脑中存在着大地是不动的这个概念，所以当时有人把这个单纯的设想看作是非常"反传统的"，并没有什么了不起。[2]

可是，魏格纳却大胆地向"正统派"的固定论地球观挑战，由此才在地质学上引起一场革命，使这门原来是比较保守的科学也得到迅速的发展。又如 20 世纪初爱因斯坦提出相对论时，人们听了都瞠目结舌：怎么长度会缩短，时间会变慢？这是何等的离奇，多么不合常识！然而，相对论这个假说恰恰是应用已有科学理论而又不受传统观点束缚的产物。德国卓越的理论物理学家普朗克说过：

> 广义相对论和狭义相对论所包含的相对概念刚向物理学家

---

[1]　在前几章里已论述过的有关发现方法不同方面的准则，这里不再复述。

[2]　[日]上田诚也著：《新地球观》，北京：科学出版社，1973 年版，第 5 页。

提出时诚然是十分新奇而富于革命性的。但有一个事实始终没有变，即它所提出的论断和批驳都不是为了反对显著的、公认的和业经证实的物理学定律，而只是反对某些观点。这些观点虽然是根深蒂固的，但除开习惯以外并没有得到更有凭据的承认。①

**（二）应当以经验事实为依据，但不受原有事实材料的限制**

任何科学的假说，都有其或多或少的经验依据。它既不同于某种"想当然"的主观信念，也不同于富有浪漫气质的科学幻想，而是对某个问题有根有据的解答。

然而，人们不可等待事实材料全面系统地累积之后，才建立假说。因为那势必造成停止理论思维的研究活动，这样科学也就很难发展了。不仅如此，研究者也不必为存在着个别"反例"或"异例"，而就不敢提出假说。因为事实材料也可能有谬误。比如，19世纪60年代门捷列夫提出元素周期律的假说时，已知的元素只有63种。可是，他并不是等待化学元素全部被发现之后再探讨周期律，也不被某些元素原子量的测定误差所困扰，而是先建立起假说，并应用周期律去预测未知的元素及其性质。

> 门捷列夫之所以成为伟大的发现者，全在于他有大勇大智，他认为某几种元素的原子量之所以不能适应他的周期系，其原因在于测定有了误差，而且周期表中各空白的地方，将来也一定会有新发现的元素补入，把空白填满。他又预测了一些未知元素的特性；其中有三个，他当时称作 eka silicon（类硅）、eka boron（类硼）和 eka aluminum（类铝），这三个新的元素当他在世时已经发现了，那就是我们今天所称的锗、钪和镓。所以1889年他可以在纪念法拉第的讲演中说："周期律使我们初次能

---

① [德] 马克斯·普朗克著：《从近代物理学来看宇宙》，北京：商务印书馆，1959年版，第40—41页。

够以前所未有的化学远见察知各种未曾发现的元素；并且，远在新元素发现以前，我们就能清楚地看到它们所具有的种种特性。"门捷列夫的周期表比以前任何人的都更完备，并且也更有实验上的根据。①

由此可见，门捷列夫的元素周期律假说正是既以经验事实为依据，又不受原有事实材料的限制的产物。一个假说应当尽可能地对相关的事实作出圆满的解释，为假说的基本理论观点作出强有力的辩护。但这并不是说，所有的相关事实都能得到圆满的解释。更不是说，如果有某些相关事实未能得到解释，那就必须放弃自己的设想。

（三）应当具有可检验性，但不局限于当代的技术水平

如前所述，假说可以提出当时看来多么异乎寻常的结论，但它必须包含有可在实践中检验的结论，特别是关于未知事实的推断。否则就不是科学的假说，而是神话式的空谈。比如，"大陆漂移说"有关古地质史的猜想，虽是描述在人类史前已发生过的事，但它包含了可在实践中检验的结论，它曾推断出未知矿床的所在地。如从西非发现金刚石的矿床，可以推想到在南美洲的东南部，即在被设想为原先与西非拼合在一起的那个地区，也能找到同样的金刚石矿床，这是可在实践中检验的结论。事实确是如此。现在，"大陆漂移说"对于探矿工作来说是非常有意义的。又如达尔文的进化论认为，人类是由类人猿进化而来的，这也是描述人类史前已发生的事，而且是不再重演的事。但进化论曾推断出地层里存在着类人猿的遗骸，这是可以在实践中检验的。到了1881年，荷兰医生杜步亚果然在爪哇岛的地层中，发现了类人猿的一副头盖骨、大腿骨和几枚牙齿的化石，证实了达尔文关于类人猿遗骸的推断。

自然，由于实践活动的历史局限性，有些理论虽是可检验的，但当时却难于实现。它们的检验将在历史的过程中完成。所以，应当把是否

--------

① ［美］M.E.韦克思著：《化学元素的发现》，北京：商务印书馆，1965年版，第309—310页。

可检验的问题与检验条件是否具备的问题区别开。这也就是说，如果提出一个假说不是可检验的，那就是不合理的；如果提出一个假说是可检验的但暂时还不具备检验的条件，那还是合理的。

（四）应当使假说内容的结构简明而严谨，但不求立即构成公理演绎系统

假说内容的复杂程度及其构成的方式，首先取决于研究对象的客观性质，同时也与研究者的理论系统化工作紧密相关。因为形成假说时，从初始阶段到完成阶段是个不断扩充内容的过程，往往夹杂着许多无关紧要的或者是过多重复的内容，还可能出现各个局部之间以及它们的不同侧面之间不甚协调的情形。因此既要注意筛选和精练假说的内容，使之具有简明性。又要注意整体与部分之间、各个局部之间、各个侧面之间的协调，使之具有严谨性。

使假说的理论观点简明而严谨的最好方式是建立公理演绎系统，即选择少数几个最基本的理论命题作为公设或公理，它们是最高层的、最普遍的理论命题，而其他的普遍性较低的命题是从它们往下逐层地演绎出来的。但是公理演绎系统并不是认识的起点，而是研究者系统地总结以往丰富的理论知识的结果。它只有在认识达到一定的丰度的基础上才能建立起来。因而，建立公理的演绎系统是有条件的。

# 第三节　假说的检验

人们通过假说这种形式，往往提出了彼此观点相反的解释性理论。究竟哪一个理论是真理呢？这不依赖于个人的信仰或团体的公认，也不依赖于它能否作为某种方便的手段或工具，而在于它是否符合于客观的实际。这就是说，假说形成之后，还必须把主观认识见之于客观实际，通过人类的社会实践给予检验。

那么，假说的检验是如何进行的？它的基本途径如下：

首先，从假说的基本理论观点引申出关于事实的结论（单称的观察

陈述）。这是个假说检验的演绎过程。

在这里应当明白，如果只是以假说的基本理论观点作为前提，那是不足以演绎出关于事实的陈述的。比如说，只以

"所有伤寒病患者都长期发高烧"

为前提，并不能演绎出：

"张三将长期发高烧"，

还必须有陈述先行条件的前提：

"张三是个伤寒病患者"。

而且，为了诊断"张三是个伤寒病患者"，还必须应用其他的病理学知识。由此可见，假说检验的演绎过程必须结合背景知识，在前提中引进先行条件的陈述以及其他的定律与原理。

从假说的基本理论观点和其他知识一起引申出来的关于事实的结论，它也许是个关于已知事实的陈述，也许是个关于未知事实的陈述。如果假说检验所演绎出来的是个关于已知事实的陈述，那么这就是对已知事实的解释。如果假说检验所演绎出来的是个关于未知事实的陈述，那么这就是对未知事实的预见。必须明确，解释已知的事实不过是对假说理论观点的"一般检验"，而预测未知的事实则是对假说理论观点的"严格检验"。后者比前者更为重要。

为了应用假说的基本理论观点去解释较复杂的已知事实或预测未知的事实，通常是需要作出一个辅助性假说来完成的。例如，1834 年德国的天文学家培塞尔通过精密测量恒星的位置和整理前人的观测资料，发现天狼星的位置具有同期性的偏差度，忽左忽右地摆动。为什么会这样呢？培塞尔应用万有引力定律和有关天狼星的观测资料，在 1844 年推测天狼星有个当时人们尚未知道的光度较弱而质量很大的伴星，它们两者围绕着共同的引力中心运行，由于这个伴星的引力而使天狼星的位置具有周期性的摆动现象。上述这个应用万有引力定律去解释天狼星位置的周期性摆动现象和预测天狼星有个伴星的假说，就是一个可以检验万有引力定律的辅助性假说。又如 1844—1845 年间，英国的亚当斯和法国的勒威耶应用万有引力定律，从天王星轨道的摄动去预测未知的海王星，

这也是一个可以检验万有引力定律的辅助性假说。

当假说检验的演绎过程完成之后，接着人们就通过实践检查从假说的基本理论观点引申出来的事实结论。这是个事实的验证过程。

事实的验证过程，既可以采用经验的直接证实方式，也可以采用经验的间接证实方式。例如，根据人类居住的大地是球形的假说，必然引申出以下的结论：人们从某一地点出发，保持同一方向往前旅行，总会回到当初出发的地点。要检查这个结论是否确实，人们只要进行一次世界旅行，就可以从经验中直接查明。人类历史上第一次完成这项活动的是麦哲伦及其同伴。

然而，并非任何事实的验证过程，都可以采取经验的直接证实方式，有时人们不得不采取经验的间接证实方式。比如，从"大陆漂移说"发展而来的"海底扩张说"，认为地壳下面的对流物质（岩浆）不断地从海岭（海洋中央的海底山脉）涌出产生新的海底，新的海底形成后又逐渐从海岭两侧向外扩张（位移）。这样，海底就像传送带一样从中央海岭向着海沟（海洋与大陆块交界处的海洋最深部）移动，在它到达海沟后又向下俯冲，降回到地壳内部的深处去。依照这种设想则引申出以下的结论：离中央海岭越近的海底越年轻，离中央海岭越远的海底越年老。由于海底的移动速度为每年大约数厘米，因此，海底物质从中央海岭涌出，然后一直移动到海沟又降回地壳内部，全部过程约2亿至3亿年时间。要检查这些有关海底年龄的陈述，就不可能用经验的直接证实方式。因为人类迄今的历史，只不过是地球演化史中的瞬间。可是，人们可以用岩层中所含的微量放射性元素的自然衰变现象，依据放射性元素的衰变期和数量，计算出岩层的年龄。如天然铀会裂变为铅，测定岩层中铀和铅的数量，就可以计算出岩层的年龄。用这种方法对海洋中各个岛屿的岩龄进行测定，结果表明，离中央海岭越近的确实越年轻，离中央海岭越远的确实越年老。因而，"海底扩张说"关于海底新老分布的预测得到了经验的间接证实。

以上是对假说检验的途径和手段所作的一般概括。现在对检验假说的实际过程再作些考察。总的来说，对假说理论观点的一般检验是早在假说的形成过程中就开始了，而对假说理论观点的严格检验则后于假说的形成过程。

为什么说在假说的形成过程中，人们就开始对假说的理论观点作出一般检验呢？首先，在假说形成的初始阶段，研究者的初始假定是尝试性的、多元的。人们经过反复的考察，从中择优选定一个能对较多事实作出较为完满解释的猜想。这就是说，最初假定的选择过程就伴随着一般的检验。其次，在假说形成的完成阶段，研究者必须为被选定的理论观点作出广泛的辩护，系统而综合地解释已知的相关事实，寻求经验证据的支持。这就是进一步对假说的理论观点给予一般的检验。

此前已说过，解释已知事实的"丰度"如何，这不过是对假说理论观点的一般检验，它不具有最重要的意义。只有通过预测未知的事实，才能使假说的理论观点受到严格的检验。

那么，究竟什么样的事实才能为假说的理论观点作辩护？究竟它们能给予理论观点多大的支持？在这里首先应当注意：与假说相关的已知事实可区分为两类：一类已知事实是形成某个初步假定时就被考察和引用过的。它们是研究者预先选择和安排的，研究者本来就是为了说明这些事实而特意构想出某种理论观点。所以，这类事实对理论观点只能给予"虚假支持"，并不能给予真正支持。另一类已知事实是作出初步假定时未曾考察和引用过的。它们之所以被看作是与某种理论观点相关的事实，那是在形成某种理论观点之后，由于通过推论而认识到的。这类事实对理论观点能够给予一般强度的支持。其次，有些相关事实是在理论观点形成之后被人们新发现的，但它们并不是依据这种理论的预测而被发现的，而是由于另一些研究工作而被发现的。只是在它们被发现之后，人们通过推论而认识到它们与这种理论观点是相关的。这类事实则更明显地给予理论观点一般强度的支持。比如说：

> 美国贝尔电话实验室的两位天文学家彭齐亚斯和威尔逊检测了他们那台射电望远镜里的干扰背景噪音，想探索一下究竟是什么。由于射电讯号均匀来自天空的各个方向，这就证明了

不是来自地面源。通过研究探知，原来是一种黑体辐射，其源的温度才 3 °K 左右。与此项研究进展的同时，普林斯顿大学的狄克及其同事（仅距贝尔电话实验室 30 英里）正独立地从理论上研究引起宇宙膨胀的原始火球（即大爆炸）的能量是如何发生的。他们得出的结论是，虽然爆炸的初始温度可能为 $10^{10}$ °K，而且辐射的波长也非常短，但由于膨胀，温度会冷却下来。他们按照其理论，预言冷却后的温度为 5 °K 左右，接近于彭齐亚斯与威尔逊在贝尔电话实验室所发现的引起宇宙噪音辐射的温度。经更深入的研究发现，观测到的这种辐射或许确系宇宙的起始爆炸所遗留下的。这种辐射已经在宇宙中持续了很久，不断地丧失了能量，到今天它的温度不再是 $10^{10}$ °K，而是 3 °K了。这种性质的辐射非常有利于大爆炸理论，因为它在稳恒态理论中是丝毫不起作用的。①

理论观点形成之后新发现的有关事实，除了这类由其他研究工作发现而可以用这种理论观点给予解释的之外，另一类则是应用这种理论观点作出预测才发现的。后面这类事实能给理论很高强度的支持。比如，根据爱因斯坦的广义相对论，光线在引力场中必定是弯曲的。他预测星光在太阳表面附近通过时将偏折。由于太阳附近的星光只能在日全食期间看到，所以这个结论首次于 1919 年被英国考察队在非洲观察日全食时所检验。1919 年日全食的观察以及以后别的观察都证实了太阳引力场中光线偏折的预言。虽然在定性的验证上爱因斯坦的预测是成功的，但在定量的验证上并不是很理想，观测值比预言值要大些。美国普林斯顿大学的狄克又提出了标量—张量理论给予解释。我们可以说 1919 年日全食观察到星光偏折这个事实，它既是爱因斯坦广义相对论所预测的，也是后来狄克的标量—张量理论能解释的。可是，它对于爱因斯坦的广义相

① ［美］S.J. 英格利斯著：《行星恒星星系》，北京：科学出版社，1979 年版，第 473—474 页。

对论的支持将超过对狄克标量—张量理论的支持。

如前所述，对假说的理论观点作出严格的检验，是通过实践考察它的预测来进行的。如果它的预测在实践的验证中是成功的，那它就得到了一定程度的确证。虽然预测的成功并不能完全证实理论，因为从肯定后件（预测）到肯定前件（理论），这样的推理是不具有必然性的。但预测的成功却对理论提供了高强度的支持。它是人们对不同理论作出评估与选择的一个主要标准。

与此相反，如果理论的预测在实践的验证中是失败的，那也并不意味着理论已被证伪。尽管从否定后件到否定前件，这样的推理是具有必然性的，但是理论的预测并不是简单地从假说的基本理论观点直接引申出来的，而通常是应用假说的基本理论观点，结合背景知识建立辅助性假说得出的。因而，预测的失败可以通过变更辅助性假说来解决，关键是看由新的辅助性假说引出的预测能否被证实。

研究者为了解答一系列相继出现的疑难问题，将应用假说的基本理论观点与背景知识不断地作出新的辅助性假说，这样不仅对未知事实不断地作出新的预测，同时，也修改和发展了原有假说的内容。如果新的预测越来越多地被证实，就表明假说内容的修改和发展越来越接近于客观实际，它的逼真性程度越来越高。因而，它与对立假说的竞争能力则在不断增长。反之，如果新的预测不能被证实，或越来越少地被证实，那么它与对立假说的竞争能力则在不断衰退，它被淘汰的可能性也就越来越大。

综上所述，假说检验的最后结果就是构成一幅对立假说的竞争与历史地更替的图景。

现在，我们进一步论述指导检验假说的一般准则。大致来说，人们检验假说时应当注意以下几点：

（一）应当力求作出严格的检验，但不可忽视一般检验的意义

圆满地解释已知事实与成功地预测未知事实是大不相同的，后者给予理论的支持强度远远超过前者。所以，在检验假说的理论观点时，研究者首先应当集中精力去预测未知的事实，而且越是大胆新颖的预测就越代表着对理论的严峻考验。如果这种大胆新颖的预测在实践的验证中

成功，那将给予理论极高强度的支持。

　　然而，研究者也不可以忽视对已知事实的解释。凡是在构造假说的理论观点时未曾引用过的相关已知事实，无论是在理论观点形成之后发现的，还是在理论观点形成之前发现的，只要能够给予它们比较圆满的解释，它们都将作为支持理论的经验证据，都能发挥为理论辩护的作用。比如，量子论的开创者普朗克在评估牛顿力学时曾说过：

　　　　牛顿运动定律进一步应用后所获得的成功，证明它不但是某些自然现象的新描述方式，而且也代表着对实际事物的理解上一个真正的进步，它比克普勒[①]的公式更准确。例如，它可以计算出地球绕太阳的椭圆形轨道由于木星周期地接近而受到的干涉，在这一点上公式和测量的结果正好符合；不仅如此，它另外还把彗星、双子座等天体的运动都包括在内了，这些完全超出了克普勒定律的范围。然而牛顿理论最直接而完满的成功，还是由于它应用到地球上面所发生的运动时才得到的。在这种情形下，它所得到关于地心引力、摆的往复运动等的数字规律和伽利略事先从量度上发现的定律完全一致；同时，许多在其他方式下没法解释的现象，如潮汐、摆平面的转动、旋转轴的旋进等，它都能解释。[②]

　　可见，圆满地解释已知事实作为对理论的一般检验，是具有极广泛的实际意义的。

　　（二）应当改进辅助性假说为理论辩解，但不可作出特设性假说

　　在假说检验的过程中，预测的失败即出现了"反常"。但这并不意味着假说的基本理论观点已被证伪。研究者可以通过改进辅助性假说继续

---

[①]　克普勒，德国天文学家、物理学家、数学家，现在一般通译为"开普勒"，本书按"开普勒"统一。

[②]　［德］马克斯·普朗克著：《从近代物理学来看宇宙》，北京：商务印书馆，1959年版，第29页。

为理论作出辩解。但这种辩解本身也必须是可检验的。例如，应用万有引力定律和天文观测资料，预计某彗星通过近日点的日期为某年某月某日。如果到时，某个彗星虽是回到太阳附近，但并不处在近日点上，那么这个"反常"并不能证伪万有引力定律，人们可以用一个辅助性假说来辩解。比如说，这个彗星由于受太阳系边缘某处的一个未知行星的引力而推迟了到达近日点的日期。这是可以通过天文观测给予检验的。所以，建立这样一个辅助性假说来辩解是允许的。但是，如果把上述预测彗星近日点日期的失败，说成是由于"远方宇宙来客"使用人类未曾掌握的某种技术手段"捉弄"造成的，那么这就无法检验了。我们把这种为了保护某种理论观点而特意建立的又无法检验的假说叫作特设性假说。提出特设性假说是不合理的，应当避免。

（三）应当把假说的个别检验活动看作是相对的，但不否定它作为假说相对逼真性的指标

对假说理论来说，个别的检验活动无论是出现了成功的有利结果，还是出现失败的不利结果，都不能绝对地判定理论观点的真理性。这意味着不存在什么"判决性实验"[1]。科学史上所说的"判决性实验"，并不具有"终审"判决的意义。

任何一次检验活动都不是绝对精确和严格的，而且可以作出不同的理解。例如：17 世纪的化学家波义耳，曾以这样的实验去"证实"燃素说。他把容器里的金属加热，经过测定，金属加热后的重量增大了。似乎这就表明金属加热时，有"燃素"穿过容器到金属里面去了，因而金属的重量增大了。波义耳当时没有估计到瓶里的一部分气体和炽热的金属化合，而在打开瓶塞时外界的空气又补充进去了。一直到了 18 世纪，

---

[1] 所谓"判决性实验"是指：从两个相互竞争的假说 $H_1$ 和 $H_2$ 分别引申出关于事实的矛盾命题，即："如果 $H_1$，那么 $e$"；"如果 $H_2$，那么非 $e$"。然后，安排一次实验用于检查事实 $e$，有人认为这样就可以驳倒其中的一个假说而支持另一个假说。如果实验的结果为肯定 $e$，那么就可以确证 $H_1$ 而驳倒 $H_2$；如果实验的结果为否定 $e$，那么就可以驳倒 $H_1$ 而确证 $H_2$。通过这样一次实验，就可以在两个假说之中作出抉择，判决舍取，所以被称为"判决性实验"。

拉瓦锡、罗蒙诺索夫等化学家又校验了波义耳的这个实验，他们把放入金属的容器密封，经加热后不打开瓶塞就加以称量。结果发现重量没有变化，并没有什么"燃素"钻进瓶中和金属结合。

个别检验活动的相对性，还由于人类的具体实践总是不完备的，带有历史的局限性。科学史上常有这种情形，一个假说的理论内容虽包含有部分的真理，可是由于那个时代的技术水平的局限性，这个理论所包含的部分真理未能给予确证，相反，还曾经一度被人们判定为谬误。例如：关于一种化学元素可以转变为另一种化学元素的观点，先前的化学家鉴于中世纪炼金术士长期的失败经验，就认为这是个既谬误又可笑的想法。然而，当代的核物理实验却高度地确证了一种化学元素可以转变为另一种化学元素的观点。

由此可见，个别的检验活动不具有绝对判定的意义。但是，这并不是说个别的检验活动是没有意义的。认识是一个发展的过程，科学理论只是对客观现实的近似描述，只具有一定程度的逼真性。评估一个理论的逼真度，不可能采用以它所包含的真实内容减去它所包含的虚假内容这样的抽象公式来实现。对一个理论的逼真度作出绝对的评估是办不到的。人们只能评估一个理论的相对逼真度，而它的指标就是由迄今为止个别检验活动的记录综合构成的。

总之，假说的检验活动是历史发展的。任何个别的单独的检验活动都不足以判定理论的真理性，它们只能作为评估理论相对逼真度指标的参考。

（四）应当拒斥与之竞争的假说，但不忽视合理地评价彼此竞争的假说

人们既然可以提出不同的理论观点来解答相同的问题，这样也就形成了不同假说的竞争。研究者不仅需要为自己的理论作出辩护，而且还需要驳斥与它竞争的理论。驳斥与它竞争的理论，也就是间接地为自己的理论作辩护。如果没有能力向竞争的理论挑战，或者没有能力应战来自竞争理论的攻击，那就是研究者自己的理论已丧失竞争的能力而面临着严重的危机，它将被淘汰或暂时被淘汰。一个具有竞争能力的成长着的理论，它既能够不断地"消化"自己的"反例"，而且能够不断地提供与它竞争的理论的"反例"，以拒斥与它竞争的假说。

拒斥与它竞争的假说，并不是片面地固执己见。研究者必须对彼此竞争的假说作出合理的评价，切忌主观性与盲目性。在这里需要明确，对竞争假说的检验结果，如果要作出假说 $H_2$ 优于假说 $H_1$ 的评价，那就必须满足下列条件：

（1）在解释的成果方面，凡是 $H_1$ 能解释的，$H_2$ 都能给予解释；而 $H_2$ 能解释的，其中有些是 $H_1$ 不能解释的。更具体地说，或者是 $H_2$ 比 $H_1$ 能解释更多的事实，即解释的范围更广泛；或者是对同样的事实，$H_2$ 比 $H_1$ 解释得更详尽、更圆满，即解释的内容更丰富。

（2）在预测的成果方面，凡是 $H_1$ 所成功地预测到的，都能从 $H_2$ 推断出来，而 $H_2$ 所成功地预测到的，其中有些是从 $H_1$ 无法推断出来的。更具体地说，或者是 $H_2$ 成功地预测到从 $H_1$ 无法推断出来的新颖事实，即 $H_2$ 经受了比 $H_1$ 更严峻的考验；或者是 $H_2$ 作出的预测比 $H_1$ 作出的推断更为准确并得到了证实，即 $H_2$ 比 $H_1$ 更成功地预测到相似的事实。

诚然，彼此竞争的假说的检验结果也可能出现下述的情景：无论在解释方面，还是在预测方面，$H_1$ 与 $H_2$ 既有共同的成果，又有各自独特的不同的成果。即有些事实是 $H_1$ 能说明而 $H_2$ 不能说明的，又有些事实是 $H_2$ 能说明而 $H_1$ 不能说明的。在这种竞争能力不相上下的情形下，我们可以合理地预料，将会创立一种非常新颖的假说 $H_3$，它能在满足前述条件的意义上优于 $H_1$ 和 $H_2$。这可用创立光的"量子说"优于"粒子说"和"波动说"作为例证。所以，理论选择的合理性依然存在，科学理论的演变也依然保持着进步的趋势。

由于假说检验的完成是个历史的过程，无论在哪个时期对竞争假说作出评估，都必然带有相对的时间性指标。"我们只能在我们时代的条件下进行认识，而且这些条件达到什么程度，我们便认识到什么程度。"① 对竞争假说的评价来说也是如此。一方面，肯定彼此竞争的假说经过一定的检验后，能够作出合理的评价；另一方面，肯定这种合理评价是历史的、相对的，它将随着实践检验活动的进一步发展而日益完备起来。

---

① 《马克思恩格斯选集》（第 3 卷），北京：人民出版社，1972 年版，第 562 页。

# 第七章　观察与实验*

## 第一节　观察的概述

观察是人们有目的、有计划地利用感官去认识自然界中各种现象的活动，它是人们获得经验知识的方法。

观察的第一个特点，在于它是一种感性的认识活动。感觉使人们保持和外部世界的直接联系，使人们获得了关于外部世界的经验认识。观察就是通过人的感官而进行的直接认识外界的活动。它记录和报道事实，为自然科学的研究提供经验事实材料。观察具有感性认识活动的长处和短处。

观察的第二个特点，在于它的目的性和计划性。观察并不是一种凭借人的感官而在自然界中进行盲目搜索的活动。观察作为自然科学研究所运用的一种基本方法，它总是要被自然科学研究中要解决的任务所制约。人们正是根据所要解决的科学研究任务，确定了观察的对象、观察的角度、观察的步骤等。这一特点，使观察区别于一般的感性认识活动。

在人们刚开始从事观察活动时，人们是凭借自身的感觉器官直接进行的。人的感觉器官直接作用于观察对象，获取关于观察对象的各种信息。在观察者和观察对象之间，不存在任何中介物，它们保持着直接的联系。但是，人的感官的感知能力使观察受到生理上的局限。这种局限

---

＊　本章执笔者：北京师范大学汪馥郁。

性主要表现在如下几方面：

首先，人的感官使观察的范围受到局限。人的感官是有一定的阈值的，超出这个限度，对象所具有的某些属性就成为感官不能直接观察的东西。例如，人的耳朵只能听到 20—20 000 赫兹频率范围内具有一定音响强度的声波。在此频率范围之外，或虽在此频率范围之内，但音响强度不够的声波，人的耳朵就不能感知到。人的眼睛只能接受到 390—750 纳米这样狭窄波长范围内的电磁波。在这范围之外的红外线、紫外线、X 射线、γ 射线、射电波等，就成为眼睛所不能直接观察的东西。

其次，人的感官也使观察的精确性受到局限。依靠人的感官只能对观察对象作出大概的估计，而不能作出精确的定量测定。例如，在炎夏之时，人们凭感官可以感觉到天气很热。但到底热到什么程度？气温达到多少度？这些都不是单凭感官所能观察出来的。

此外，人的感觉还使观察的速度受到局限。观察对象都是处在不断地运动变化的过程中，有的观察对象运动变化较快，有的观察对象运动变化较慢。人们通过感官对这些对象进行观察时，就需要感官也要有一定的观察速度。但是，感官的观察速度是有限的。例如，对于高速掠过眼前的物体的形状，人眼是分辨不清的。对于运动变化极其缓慢的物体，人的感官也是观察不出其运动变化的。

于是，人们为了克服由于感官而使观察受到的局限，就必须在观察者和观察对象之间引进一个中介物。这个中介物就是仪器。仪器作为人的感官的延长，使人们的观察向自然界的广度和深度延伸。仪器把人的感官不能直接观察的对象转化为可以观察的对象。距我们约有 100 亿光年遥远距离的星体，肉眼无论如何是直接观察不到的。然而借助于仪器，人们就可以对其进行观测了。基本粒子的寿命极短，有的只有约 $10^{-23}$ 秒。对于人的感官来说，它们是不能直接观察的对象。但有了仪器，它们也就在人们的观察范围之中了。所以，从凭借感官直接进行观察发展，到通过仪器作为中介而进行观察，这是观察方法的一次具有根本意义的变革。20 世纪 50 年代以后，宇宙火箭的发射，载人宇宙飞船试验的成功，以及遥感技术等的发展，使人们克服了不能离开地面的限制，进入从空间进行观察的时代。这是观察方法具有革命性的飞跃。从此，人们就在一定程度上克服了感官的生理局限，为无限地扩展可观察的范围提供了可能。

当然对于每一个具体的历史时代、每一个具体的人来说，所能观察到的对象与现象则为一定的历史条件所决定。人们只能使用在当时的生产技术条件下所产生的仪器。因此，当我们说由于仪器的使用，使人们可观察的对象的范围无限扩大时，我们只是就其发展的总趋势来说的。从发展的总趋势看，人们的观察活动既不受感官的局限，也不受某一具体时代提供的仪器的局限。每一个后续的时代，都能比前一时代提供更先进的仪器，从而也就可以比前一时代观察到更多的东西。

当仪器介入人们的观察活动中以后，就使原来的观察者和观察对象之间的两项关系，变成了观察者、观察仪器、观察对象之间的三项关系。观察者是作为认识主体而存在的，观察对象是作为认识客体而存在的，观察仪器是认识主体达到认识客体的中介物（手段）。

观察包括自然观察和实验观察两大类。

自然观察是指人们对自然界的现象不作任何变革而进行的一种观察。自然观察的特点在于它是在自然发生的条件下考察对象。人们进行自然观察活动时，对观察的对象不加以人工的变革，而只是对它们在自然状态下所呈现的情况进行观察。这一特点，使自然观察区别于科学实验。

在自然观察的范围内使用仪器，受到自然观察的特点的限制。这就是，无论采用何种仪器，观察者都不能改变观察对象的自然状态。这样，客体的许多属性就无法显示在这些仪器上，因而也就不能为人们所认识。这说明，自然观察，包括使用仪器的自然观察，已不能适应人们日益深刻的认识活动的需要。人们要求采用一些能够人工地变革和控制观察对象的仪器和工具，使仪器工具和观察对象之间的相互作用更强烈、更明显。这样，观察对象就有更多的属性可以显示在仪器和工具上。人们就可以通过这些仪器和工具而获得关于观察对象更多的认识。但是，这样一来，自然观察就越出了自己的界限，而转化为另一种形式的观察——科学实验。自然观察的对象也就转化为实验的对象。

　　所谓科学实验，就是人们根据科学研究的任务，利用专门的仪器对被研究对象进行积极的干预，人工地变革和控制被研究对象，以便在最有利的条件下对它们进行观察。科学实验和自然观察的显著区别就在于，在科学实验中，人们要变革和控制被研究对象，而在自然观察中则不是这样。因而，科学实验是比自然观察更强有力的认识手段。科学实验可以把各种偶然的、次要的因素加以排除，使被观察对象的本来面目暴露得更加清楚；科学实验可以重复进行，多次再现被研究的对象，以便对其反复进行观察；科学实验可以有各种变换和组合，以便于分别考察被研究对象各方面的特性。在科学实验中，人们的主观能动性得到了更加充分的发挥。

　　解决观察的合理性问题，首先，就是要解决可观察和不可观察的问题。比如，电子通过威尔逊云室，显示出一条白色的痕迹。这条显示出来的白色痕迹，显然是可观察的。然而，这能否说电子可被观察？这里存在两种截然相反的回答。一种回答是，人们只能观察到作用于感官并被直接感知到的某一对象所显示出来的性质，但永远观察不到某一对象自身的真实性质。罗素实际上就持这种看法。他在《哲学问题》中有如下一段论述：

　　　　虽然我相信这张桌子"实在地"是清一色的，但是，反光的部分看起来却比其余部分明亮得多，而且由于反光的缘故，某些部分看来是白色的。我知道，假如我挪动身子的话，那么反光的部分便会不同，于是桌子外表颜色的分布也会有所改变。

　　　　根据我们以上的发现，显然并没有一种颜色是突出地表现为桌子的颜色，或桌子任何一特殊部分的颜色——从不同的观点上去看，它便显出不同的颜色，而且也没有理由认为其中的某几种颜色比起别样颜色更实在是桌子的颜色。并且我们也知道即使都从某一点来看的话，由于人工照明的缘故，或者由于看的人色盲或者戴蓝色眼镜，颜色也还似乎是不同的，而在黑暗中，便全然没有颜色，尽管摸起来、敲起来，桌子并没有改变。所以，颜色便不是某种本来为桌子所固有的东西。……所以为了避免偏好，我们就不得不否认桌子本身具有任何独特的颜色了。①

按罗素的观点，人们始终只能观察到某一对象在不同关系下所显示出来的性质，因为这是人们能直接感知到的。至于对象自身的实际性质，不仅是不可观察的，而且根本就是不存在的。可见，罗素是用某一对象在不同关系下显示出不同的性质，去否定某一对象自身的实际具有的性质。

与此不同的另一种回答是，某一对象在不同关系下显示出来的性质和对象自身具有的实际性质确实有区别。对象显示出来的性质是在一定关系中才出现的，而对象自身的实际性质则不是由于与别的对象发生一定关系才产生的。但是，观察对象自身的实际性质，却又是需要通过对象显示出来的性质来实现的。因此，对象显示出来的性质和对象自身实际性质的区分，不能成为我们区分可观察和不可观察的界限。

既然我们承认对象自身的实际性质是可观察的，然而直接呈现在人们感官面前的却只能是对象在一定关系下显示出来的性质，那么由此就必然地导致了一个极其尖锐的问题：我们如何才能判定，我们观察到的正是对象自身的实际性质而不仅仅是对象在特定条件下显示出来的性质呢？或者说，我们如何区别对象在不同条件下显示出来的性质的变化与对象自身的实际性质的变化？这个问题如不能解决，那么我们断定对象自身的实际性质是可以观察的，就不过是一句空话。我们认为，解决这一问题的途径，在于确立一种标准条件，并以同一标准条件下的观察结果为依据。譬如，当我们分别在红光、蓝光、绿光等不同照明条件下观察同一件衣服时，我们所看到的是这件衣服在不同颜色光照作用下显示出来的不同颜色。当这件衣服在不同关系下显示出不同颜色时，我们确实没有根据说这件衣服的实际颜色起了变化。我们也没有理由只把某种光照下显示出来的颜色，当作这件衣服的实际颜色，而否认在其他光照

---

① ［英］罗素著：《哲学问题》，北京：商务印书馆，1960年版，第3—4页。

下显示出来的颜色。其实，它们的地位是相等的，都是衣服的实际颜色在某种条件下的显示。为了判定我们观察到的颜色变化是衣服在不同条件下显示颜色的变化，还是衣服实际颜色的变化，我们通常是确定一种标准条件，例如日光的照明。我们把衣服放到这个标准条件下观察。如果我们发现，同一件衣服在同一标准条件下，其颜色发生了变化，那么我们就可以断定那是衣服实际颜色的变化。也就是说，不仅对象的显示性质是可观察的，而且对象的实际性质也是可观察的。这样，我们只要相对于某种特定的条件，也就在一定程度上解决了观察的合理性问题。

观察（包括实验）对于检验理论具有无比重要的作用。科学理论的检验是通过将理论推演出来的关于事实的结论和观察相对照的形式而进行的。一般地说，如果科学理论推演出来的事实结论与观察相符合，那么科学理论就得到确证。如果科学理论推演出来的事实结论与观察不符合，那么科学理论就面临疑难。

人们往往还谈到观察的发现作用。那么，观察的发现作用究竟是指什么？观察只能发现新的事实，并不能发现新的科学理论。从观察所发现的新事实，到新的科学理论的发现，这中间还要经历复杂的步骤。所以，当我们谈到观察的发现作用时，仅仅是指它发现新的事实。而这种新事实将检验已有的理论，也许是支持已有的理论，也许是要求建立新的理论给予解释。

## 第二节　观察渗透理论

观察究竟具有何种性质？它与理论的关系如何？弗朗西斯·培根向我们提供了一种看法。他在《新工具》中曾认为，人们通过观察实验去搜集事实材料，并把这些事实材料放在理智面前。理智就可以根据一种正当的上升阶梯，从特殊的事例上升到普遍的原理。在弗朗西斯·培根那里，通过观察实验搜集事实材料是一件基础性的工作，只有搜集事实材料的工作适当完成之后形成理论的阶段才能开始。理论依赖于观察，而观察却独立于理论，不受理论的制约。

在现代西方科学哲学中，逻辑经验主义者的观点是，科学知识的结构包含着观察层次和理论层次。观察层次处于科学理论结构的底层，理论层次处于科学理论结构的上层。理论层次寄生在观察层次上，观察层次则不依赖于理论层次而保持独立性。理论层次要受到观察层次的验证，观察层次从下面支撑着理论层次。对于观察层次所作的这种理解，人们称之为"中立性观察"的理论。所谓中立性观察，就是不受任何理论的影响而对理论保持不偏不倚态度的观察。诚然，这种见解是越来越站不住脚了。那种不受理论影响的，对理论保持绝对独立的所谓中立性观察，实际上是不存在的。

无论是凭借人的感觉器官直接观察某个对象，还是凭借仪器对某个对象进行观测，或者是在实验过程中对某个经过人工变革和控制的对象进行观察，从观察的形成来看，首先是被观察物对人感官的刺激而产生感觉图像。比如说，我们要观察某个对象的形状、色彩，那么，我们就要在实践中使某个对象刺激我们的视觉器官。只有当我们的视觉器官受到这个刺激后产生了某种视觉图像，我们才能观察到它的形状、色彩。观察过程和感官产生感觉图像的过程密不可分。没有感官的一定感觉图像的产生，也就没有对被观察物的观察。而且不同的人，只要他们的感官是正常的，接受同样的刺激会产生相同的感觉图像。但是，我们能否由此而作出一个结论：观察过程也就只是感官在一定刺激下产生感觉图像的过程？如果这个结论可以成立的话，那么观察就确实可以保持对理论的独立性，观察就确实和一个人的知识背景及科学训练无关。如果这个结论不能成立，那么我们就必须承认，观察要受理论的影响，观察渗透着理论。

让我们从一些观察实例着手考察：

假定现在有一张肺结核病患者的肺部 X 光照片。让一位有长期实践经验的医生和一位根本不懂医学知识的人同时观察这张 X 光照片，他们观察到的东西能一样吗？如果仅从视觉器官产生视网膜图像来说，他们的情况是一样的。在他们的视网膜上接受这张 X 光照片刺激并产生相同的图像。但是，他们的回答表明，他们并没有观察到同样的东西。那位根本不懂医学知识的人，只能从这张 X 光照片上观察到有些地方黑一些，有些地方白一些。而那位医生，则能从这张 X 光照片上观察到某人患有肺结核病，而且还可能观察到更多的东西。

为什么会产生这种区别？原因就在于观察虽离不开感官的感觉图像，但又不等于感官的感觉图像。观察是属于认识范畴中的概念，并不是生理范畴中的概念，这就是问题的实质所在。人的认识当然要有一定的生理基础，但要使人的认识产生，还必须对感官输送来的感觉图像加以组织或联系。这个组织或联系的过程，就是按一定的样式把感觉图像组成某种有序状态。上述不同人对同一 X 光照片作出了不同的观察，原因就在于人们在大脑中对感官输送来的感觉图像以不同的样式去组织和联系。对于具有正常的感觉器官的人来说，他们在观察同一对象时所产生的感觉图像是相同的。但感觉图像并不能表明被观察对象是什么。然而观察却要求人们提供出一种观察报告（观察事实），即要求人们断定自己观察到的对象是什么。这就不是单靠感觉图像所能解决的问题，而是需要用已有知识（概念）对感觉图像的各部分进行组织和联系。所以，观察包含两个不可缺少的因素。其一是感官在实践中接受对象的刺激产生感觉图像；其二是这些感觉图像在大脑中按一定样式加以组织或联系。上述两个因素结合在一起，才能断定被观察物是什么。

为了更进一步说明观察是属于认识的范畴，说明观察不仅是感官接受某种刺激产生感觉图像，更重要的是要对感觉图像加以组织或联系，可以观察图 1 和图 2：

图 1

图 2

那么，从图 1 和图 2 观察到了什么？甲可能会说："我观察到图 1 画的是一只羚羊。图 2 画的是两个侧面人像。"乙则可能会说："我观察到图 1 画的是一只鸟。图 2 画的是一只高脚酒杯。"那么是什么原因造成了他们在观察上的区别呢？是被观察物吗？不是。是甲、乙两人产生了不同的视网膜图像吗？也不是。如果让甲、乙两人把自己看过的图形再描绘出来，那么我们就可以发现，甲、乙两人描绘的图形基本上是相同的，这说明甲、乙两人在视觉器官上所产生的视网膜图像是相同的。因此，造成甲、乙两人作出不同观察报告的原因，只能归结于甲、乙两人对视网膜图像进行了不同的组织。

这可以通过下面的实验来证明。我们请甲描述一下他为什么会观察到图 1 画的是羚羊，图 2 画的是两个侧面人像，那么甲将会说："你看！图 1 中向上张开的两个尖尖的部分，画的是羚羊的两只角，椭圆的部分画的是羚羊的嘴，中间的小圆圈画的是羚羊的眼睛。图 2 中左边黑色的部分是一个侧面人像，上面是额部，中间是鼻子和嘴部，下面是颈部。右面黑色的部分也是一个同样的侧面人像。"假定乙听到甲的描述并按甲的样式去组织视网膜图像，那么乙一定会说："对！我也观察到图 1 画的是一只羚羊，图 2 画的是两个侧面人像。"反过来，甲如果按乙在最初观察时的样式去组织视网膜图像，那么甲也会像乙一样，观察到图 1 画的是一只鸟，图 2 画的是一只高脚酒杯。在此，被观察物没有变化，被观察物对视觉器官的刺激所引起的视网膜图像也没有变化，唯一的变化是对视网膜图像的组织方式。这种由于组织方式的改变而带来的观察上的变化，我们都是能体验而且是体验过的。

现在我们需要把问题再引申一步。假定一个人从未看见过羚羊，在理论上也不知羚羊为何物，那么他还能把图 1 看作是羚羊吗？不能！为什么甲会观察到图 1 画的是羚羊呢？因为甲根据以往经验和理论知识，知道具有这种特点的就是羚羊。这就使他对视网膜图像进行组织时有了一个模式。为什么乙在听了甲的描述后，也能随之而观察到图 1 画的是一只羚羊呢？就是因为乙也有这方面的经验和理论知识，从而也有这样的组织方式。这就充分说明，人们以何种样式去组织感觉图像，完全取决于人们以往的经验和理论知识。经验和理论知识不同，则观察也就不同。经验和理论知识愈丰富，人们观察到的东西愈多。由此，我们进一步看到，前述对 X 光照片的不同观察，原因出于人的经验和理论知识不同，因而组织感觉图像的样式也就不同，从而观察到的东西也就不同。

有人可能会认为，上面所说的观察中的第二方面因素，即对感觉图像加以组织，不过是把一种解释加到通过感官所作的观察上。作为一种解释，它是观察以外的因素，是观察后的事情。因此就仍然可以说观察是独立于理论的。

会不会把不同的解释加到观察上呢？这种情况显然是存在的。但这种解释的因素和观察中对感觉图像加以组织的因素是有区别的。

拿医生通过体温表对病人的体温进行观察为例。病人的体温显示在体温表上。体温表上的刻度刺激医生的视觉器官。医生立即产生一定的图像并对视网膜感觉图像加以组织，从而判定病人体温为多少度。这就是医生通过体温表观察病人的体温。到此为止，医生并没有把某种解释加到观察中去。医生的解释是在这个观察过程之后出现的。例如，这时医生就可以把这次测得的体温和以往测得的体温比较，指出病人体温升高或降低了，并进一步说明病人的病情。观察是根据感官接受到的刺激而直接认识被观察物是什么，而解释则是对观察结果作出一种理论上的说明。不同的人对同一对象可以作出不同的观察。即使作出相同的观察，也可以作出不同的解释。甚至同一个人对同一对象作出的同一观察，所作的解释也是会变化的。以科学史上费米用中子轰击铀元素的实验为例，1934 年，费米在实验中观察到铀元素在经受中子照射后发生裂变，产生了半衰期分别为 10 秒、40 秒、13 分和 90 分的四种放射性物质。据此，费米解释说，这是新发现的超铀元素。当时的著名科学家哈恩、约里奥·居里等人重复了这个实验，也观察到了同样的结果。于是他们解释说，费米的发现被证实了。四年之后，又正是哈恩、约里奥·居里等人更正说，费米及他们各自所观察到的结果，并不是什么新的超铀元素，而是铀元素的放射性同位素。这里观察的结果并没有变化，但解释却显然不同了。所以，把对观察结果的解释和观察过程中对感觉图像加以组织的因素等同起来，这在理论上和事实上都是不能成立的。

总之，观察包含着被观察物对感官的刺激所产生的感觉图像，但不能将观察仅归结为这一因素。对观察来说，更重要的因素是按一定样式对感觉图像进行组织。观察是感觉图像和一定组织方式的结合。而组织方式则和观察者原有的经验与理论有关。这也就是说，观察属于认识的范畴这一特性，决定了观察渗透着理论。

语言在观察中的作用，也是不可忽视的。一个观察结果，就是对被观察物是什么所作的描述。观察陈述就是关于被观察物具有或不具有某种属性的语言表达形式。一个观察陈述报道着被观察对象是否具有某种属性这个事实。因而，观察是离不开语言的陈述的。

我们还可以从另一个角度来说明语言在观察过程中的作用。试观察下图：

有些人在观察了若干时间后，可能还只是看到一堆杂乱的线条，而看不出这张图上画的是什么。也就是说，对这些人来说，视网膜上虽已产生了这些线条的视觉图像，但这些线条的视觉图像还只是混沌一片，处于无序状态。所以这些人不能判定画的内容。现在，我们给予语言的提示。我们说："这张图上画的是一个小孩和一只狗在奔跑。"经过这种语言的提示后，这些原先还处于混乱状态的视觉线条的图像，很快就被组织起来了。一个小孩和一只狗在奔跑的有序状态就在眼前出现了，每一根线条在这个有序状态中都有了自己相应的位置。这不仅再次证明，观察绝不等于感官上形成的感觉图像，单纯的感觉图像没有认识上的意

义。而且还证明了，语言提示可以帮助人们把感觉图像恰当地组织起来，从而获得一个观察结果。

语言具有双重的特征。作为思想的物质外壳，它的一定声波、一定字形都是客观实在的。作为思想内容的代表，它有一定的语义。对语言符号的研究具有本质意义的，不应是它的某种物理的音响的物质外壳特征这一面，而是它的语义特征这一面。这种语义恰恰是社会集体所赋予的。所以，某种语言的运用，就涉及这种语言的语义。要确定某种语言的语义，就必须考虑赋予这种语义的背景理论。

以"速度"这个语词为例。在亚里士多德时代，"速度"这个语词的意义是以那时的背景理论为前提的，即一个物体的运动速度是由外力作用的结果；力和速度直接联系。可是到了近代，伽利略则指出了这个背景理论是错误的。他使"速度"这个语词受另一种理论的支配。这就是：速度是物体自身的一种状态，它并不是由外力引起的。这样"速度"的语义也就随之而改变。

既然观察不能不运用语言，而语言则受一定背景理论的影响，因此，理论的因素也就随着语言在观察中的作用而渗透到观察中去。总而言之，任何观察都是受到理论的影响，所谓不受理论影响的、绝对独立的中立性观察是根本不存在的。总之，就观察是对被观察对象的反映而言，观察无疑具有客观性，观察报告是客观对象的映象。但就观察对任何理论都不偏不倚而保持中立这一意义而言，这样的所谓客观性，观察是不具有的。

## 第三节　科学实验

科学实验是观察的一种形式。由于科学实验在经验自然科学研究中具有特殊重要的地位，因此，需要对科学实验单独加以论述。

当人们不满足在自然条件下去观察对象，要求对被研究对象进行积极的干预时，就会导致科学实验的产生。

在古代社会，科学实验就已在人们探索自然界奥秘的过程中逐步酝酿产生。但是那时的实验还只是以原始朴素的形式出现，它还没有成为一种独立的社会实践活动形式。严格意义上的科学实验是从近代开始的。实验方法的运用成为近代自然科学的主要特点。这种情况之所以在近代出现，根本原因在于工业生产在这时得到了长足的发展。恩格斯说过："从十字军远征以来，工业有了巨大的发展，并产生了很多力学上的（纺织、钟表制造、磨坊）、化学上的（染色、冶金、酿酒），以及物理学上的（眼镜）新事实，这些事实不但提供了大量可供观察的材料，而且自身也提供了和以往完全不同的实验手段，并使新的工具的制造成为可能。可以说，真正有系统的实验科学，这时候才第一次成为可能。"[①] 从近代到现代，科学实验经历了很大发展，科学实验的社会性也逐步提高。到了 20 世纪 40 年代以后，科学实验的规模愈来愈大。科学实验再也不是科学家个人的事业，而成为整个社会事业的一个有机部分。

科学实验之所以受到人们的重视，之所以能比自然观察优越，这是和科学实验本身的特点密切相关的。

科学实验的第一个特点，在于它具有纯化观察对象的条件的作用。

自然界的对象和现象处在错综复杂的普遍联系中，其内部又包含着各种各样的因素。因此，任何一个具体的对象，都是多样性的统一。这种情况带来了认识上的困难，因为对象的某些特性，或者是被掩盖了起来，或者受到其他因素的干扰，以致对象的某些特性，或者是人们不容易认识清楚，或者是通常情况下根本就不能察觉到。而在科学实验中，人们可以利用各种实验手段，对研究对象进行人工变革和控制，使其摆脱各种偶然因素的干扰，这样，被研究对象的特性就能以纯粹的本来面目暴露出来，人们就能获得被研究对象在自然状态下难以被观察到的特性。例如，肉汤腐败这个常见的现象究竟是什么原因引起的呢？法国微生物学家、化学家巴斯德认为煮沸的肉汤后来又变质，这是由于空气中的微生物进入肉汤造成的结果。但是，在自然的条件下，肉汤总要接触

---

① 《马克思恩格斯选集》（第 3 卷），北京：人民出版社，1972 年版，第 523—524 页。

空气，而空气中又必然会有无数尘埃，尘埃上则携带着微生物。所以，在自然条件下，要使空气中的微生物不进入肉汤里是不可能的。于是，巴斯德就求助于实验的纯化作用。他设计了一种曲颈瓶，把肉汤注入瓶内并加热杀菌。由于瓶子是曲颈的，它使外界空气中的尘埃很难进入瓶内。结果肉汤长时间不腐败。这就是通过一定的实验手段，排除了空气中的微生物对肉汤的作用，观察到了肉汤在比较纯粹的状态下是不会腐败的。

科学实验的第二个特点，在于它具有强化观察对象的条件的作用。

在科学实验中，人们可以利用各种实验手段，创造出在地球表面的自然状态下无法出现的或几乎无法出现的特殊条件，如超高温、超高压、超低温、超真空等。在这种强化了的特殊条件下，人们遇到了许多前所未知的、在自然状态中不能或不易遇到的新现象，使人们发现了许多具有重大意义的新事实。例如，人们能通过一定的实验手段，造成接近绝对零度的超低温，从而使我们能把几乎所有的气体液化。在这种超低温下，人们也能发现某些材料具有特殊优良的导电性能，即具有无电阻、抗磁等超导态特性。

科学实验的第三个特点，在于它具有可重复的性质。

在自然条件下发生的现象，往往是一去不复返的，因此无法对其反复地观察。在科学实验中，人们可以通过一定的实验手段，使被观察对象重复出现，这样，既有利于人们长期进行观察研究，又有利于人们进行反复比较观察，对以往的实验结果加以核对。例如，英国化学家普利斯特列在1774年用聚光镜加热汞的氧化物而分解出一种气体，这种气体比空气的助燃性要强好多倍。普利斯特列把这种气体称为失燃素空气。当普利斯特列把这个消息告诉法国科学家拉瓦锡后，拉瓦锡马上动手重复了这个实验，他终于发现加热氧化汞而分解出来的能助燃的气体不是别的，而是氧气。

正是由于科学实验具有这些特点，因此科学实验越来越广泛地被应用，并且在现代科学中占有越来越重要的地位。

在现代科学中，人们需要解决的研究课题日益复杂、多样，使得科学实验的形式也不断丰富。目前，人们对科学实验类型的分类，还缺少较系统的研究。我们也只是粗略地介绍以下两种分类：

按照实验目的不同，可以把科学实验分为定性实验、定量实验和结构分析实验。定性实验是用以判定某种因素、性质是否存在的实验。定量实验是用以测定某种数值或数量间关系的实验。结构分析实验是用以了解被研究对象内部各种成分之间空间结构的实验。

根据实验手段（仪器、设备工具等）是否直接作用于被研究对象，实验可分为直接实验和模型实验。直接实验就是实验手段直接作用于被研究对象的实验。模型实验就是根据相似原理，用模型来代替被研究对象，即代替原型，实验手段直接作用于模型而不是原型的一种实验。在现代自然科学中，模型已不限于与原型具有同样物理性质的物理模型，而是发展出数学模型、控制论模型等。数学模型是建立在模型和原型的数学形式相似的基础上。控制论模型是建立在控制功能的相似性基础上。因此，人们就可以在具有不同运动形式的对象之间进行模拟实验。

无论何种类型的科学实验，它们都是由三个部分构成的。

第一，实验者。这是组织、设计和进行科学实验的人。实验目的的确定、实验方案的设计、实验步骤的制定、实验过程的操作、实验结果的处理解释等，没有一个环节可以脱离实验者。实验者是实验活动的主体。实验者从事科学实验是为了取得对自然界特定对象的认识。因此，从认识论来看，实验者又是认识的主体。没有实验者这个认识主体，科学实验就不会发生。不过在此需要指出的是，不能把实验者理解为孤立的个人。在任何情况下，实验者都不是作为孤立的个人在活动，而是作为社会的人在活动。实验者继承着前辈们已经建立起来的积极成果，也借鉴着同时代人的成功经验与失败教训，同时还依赖着人们之间进行的各方面的协作劳动。因此，实验者所取得的任何一点有益成果，都将融汇到社会精神财富的总体中去。这样说，并不是要否认实验者个人的创造能力，而是说这种创造能力只有不脱离社会这个基础时才能得到发挥。

第二，实验对象。这是实验者所要认识的对象。实验对象可以是自然界的物体及其现象，例如太阳光；也可以是人们生产出来的物体及其现象，例如机床、布匹。但是，不管何种实验对象，它既是实验者进行变革和控制的对象，又是实验者的认识对象。因此，从认识论来看，实验对象是处于认识客体的地位。

第三，实验手段。实验手段是由实验的仪器、工具、设备等客观物质条件组成，实验仪器是其中的主要部分。实验手段的作用主要表现在两个方面：一方面，实验者通过实验手段把变革和控制实验对象的意图传递给实验对象，使实验者的意图得到物化。另一方面，实验手段又显示实验对象的特性，而把实验对象在经受变革与控制后呈现的状态传递给实验者，使实验者能够获得关于实验对象的有关认识。所以，实验手段是实验者和实验对象之间的中介环节。没有适当的实验手段，实验对象的某些特性就不能暴露出来，人们就不能获得对这些特性的认识。在这个意义上，实验手段的状况，决定着科学实验所能达到的认识水平。实验手段的每一步改进，都意味着人们对实验对象的可观察量的增加，意味着科学实验水平的提高。从科学史可以看出，新的实验手段的采用，往往会带来科学理论上的重大突破和发展。因此，有意识地改进实验手段是一项具有战略意义的措施。但是，一个时代的实验手段又是那个时代生产力水平的具体表现，为当时的生产力发展状况所制约。因此，实验手段的改进，新的实验手段的装备，只有伴随着整个社会生产力水平的提高才能实现。

模型实验产生以后，人们用模型来代替原型进行实验。那么模型在科学实验的结构中属于哪一部分？在科学实验中，模型具有双重的性质。就模型是实验者运用实验手段而对之进行实际的变革和控制的对象来说，模型是实验对象。实验者是对模型进行各种实验，从而取得关于模型的各种认识。而就模型只是原型的替代物，实验者的真正目的是要获取关于原型的认识这一点来说，实验的真正认识对象是原型，模型则仍然是实验者所运用的手段。这是一种扩展了的实验手段。也许正是由于模型的这种双重性质，使它在科学实验中占有特殊重要的地位。

那么，如何从事科学实验？科学实验的程序是怎么样的？

科学实验过程的第一个阶段，可以叫作实验的准备阶段。

一项科学实验的价值，它的成功或失败，很大程度上取决于科学实验的准备阶段。在这一阶段，人们需要进行四项工作。其中的每项工作，都不能离开理论的运用，不能离开逻辑思维活动。

### 1. 确立实验目的

这是为了明确我们为什么而进行实验。例如，迈克尔逊和莫雷关于光的干涉实验，其目的就在于检验当时流行的以太理论是否正确。这个目的的实现，对于推动物理学的发展有着十分重要的作用。确定实验目的是一个理论的逻辑演绎的过程。

### 2. 明确指导实验设计的理论

在确立实验目的之后，并不能马上着手设计实验，而是要先明确以什么理论来指导实验的设计。这种指导性理论，就是启发实验者应采用什么方法，并从什么方向上去实现已确立的目的。没有这一步骤，就不能从实验目的过渡到具体的实验设计上去。例如，恩格斯早就提出生命是通过化学进化的途径产生的。在恩格斯之后，很多科学家都想用实验来检验恩格斯的论断。但在很长一段时间里，人们始终不能进入具体的实验设计。其原因就在于实验设计所依据的指导性理论还不具备，人们还不知从何处着手去设计这种实验。也就是说，在实验目的和具体实验设计之间还缺少一个把两者联系起来的中间环节。进入 20 世纪后，人们才提出了一个理论：在原始的不同于今天的大气条件下，在漫长的岁月里，非生命物质可以转化为生命。以后，海登又提出了原始大气和原始汤的概念。这些理论相继提出之后，实验设计就有了依据、有了方向。人们就可以根据这些理论进一步作出逻辑推理：假定我们模拟了原始地球的大气成分，并创造相应的条件，那么就可以进行模拟原始地球时期使无机物转化为生命所必需的有机物的实验。1953 年米勒的实验就是依据这种指导性理论而进行设计并取得成功的。指导性理论不仅关系到一个实验目的应从何处着手实现的问题，而且还直接影响到实验设计的成效。

### 3. 着手实验设计

马克思说过："蜜蜂建筑蜂房的本领使人间的许多建筑师感到惭愧。

但是，最蹩脚的建筑师从一开始就比最灵巧的蜜蜂高明的地方，是他在用蜂蜡建筑蜂房以前，已经在自己的头脑中把它建成了。劳动过程结束时得到的结果，在这个过程开始时就已经在劳动者的表象中存在着，即已经观念地存在着。"① 这就是说，人们在实际行动之前，要先考虑到自己在未来应如何行动，采取哪些步骤；每步行动可能带来什么结果；假如某些条件突然改变了，将发生什么影响等问题。科学实验是人们为了认识自然界而进行的一种变革自然界对象的社会实践活动。人们当然更需要在采取具体实验行动之前，先在思维中以观念形态大致完成这个变革的行动过程。哪些干扰因素应设法排除，哪些次要因素要暂时撇开，这一切都应在实验设计中给予考虑。实验设计的任务，就是为了在实施实验之前，先把这个实验在自己的观念中完成。

实验设计是运用一定的理论进行逻辑推论的过程。实验设计的优劣很大程度上取决于设计过程中的逻辑思维是否严密。比如，在实验设计中，要细致思考到在实验的实施中可能会有哪些偶然性因素发生，这些偶然性因素会对实验效应带来什么影响。拿某种药物效应的实验来说，在实验设计时就要考虑到，如果病人知道了是在做药物效应的实验，那么他的心理反应就可能影响到生理上，从而使实验发生偏差；如果某医生知道了哪些病人属实验组，哪些病人属对照组，那么他的心理反应也可能会影响到诊断上，从而使实验发生偏差。因此，在实验设计中就要采取相应的严格措施，以消除这种偶然因素对实验效应的影响。这些思考过程，都是运用一定的理论而进行的逻辑分析和逻辑推理的过程。

当然，在实验设计中还有许多具体的工艺和技术方面的问题。但是贯穿实验设计的一根主线，则是运用一定的理论而进行的逻辑推论。相应的工艺和技术问题也只有在一定的逻辑思维基础上，才能联结为一个完整的设计。

**4. 实验仪器、设备、材料的准备**

人们往往把实验仪器、设备、材料的准备，当作是一种纯物质的活

---

① 《马克思恩格斯全集》(第23卷)，北京：人民出版社，1972年版，第202页。

动。其实，每一种仪器都是以某种或某些理论为依据而进行设计和制造的。例如伽利略、托里拆利等人使用的温度计，就是根据液体或气体以受热程度按比例膨胀的假定而制作的。1878 年国际度量衡委员会关于标准温度计的决议则作如下规定："温度应当用化学上纯的氢在定容情况下的压力来测量，它在冰的熔解点时的压力为 1 000 毫米水银柱高"。所以，每采取一种仪器，实际上就意味着引进了一些理论。材料的选用也是根据一定的理论进行的。例如，孟德尔选择豌豆作为实验材料，就是因为豌豆有严格的自花授粉、易于栽培、生长期短、有明显的可区分性状等特点。离开了一定的理论和逻辑思维，实验仪器、设备、材料的准备工作就无法进行。

科学实验的第二个阶段，可以叫作实验的实施阶段。

这个阶段就是实验者操作一定的仪器设备，使其作用于实验对象，以取得某种实验效应和数据。仪器设备与实验对象的相互作用是不依人的意志为转移的合乎规律的表现。因此，这个阶段的活动是一种客观的物质活动。作为客观的感性物质活动的实验实施过程正是对人们已有认识的检验，也提供了给人们认识的新事实。

科学实验的第三个阶段，可以叫作实验结果的处理阶段。

在这一阶段，人们对实验结果进行分析。因为尽管人们在实验设计中作了周密考虑，但在实验的实施过程，仍会有一些事前没有估计到的主客观因素影响到实验结果。所谓客观因素，主要是指实验仪器设备的偶然变化，实验初始条件、环境条件的偶然变化，实验材料在品种规格上的某些差异等。所谓主观因素，主要是指在实验设计时遗漏了对一些可能产生的系统误差的考虑，在读取数据时，感官上造成的偏差等。这些因素造成的影响是混合在一起的。因此，人们就必须对实验最初所呈现出来的结果作出分析，以区分什么是应该消除的误差，什么是实验应有的结果。

在科学实验中，人们变革着客观的物质对象，这就使它和人们的生产活动有相同的方面。因为生产活动作为人们能动地改造客观世界的活动，也是一种变革物质对象的活动。正是由于这一点，科学实验也和生产活动一样，属于改造客观世界的实践活动的范畴，成为实践的一种基本形式。但是科学实验和生产活动又有区别。首先，它们的直接目的不同。科学实验的直接目的在于解决一定的科学研究任务。生产活动的直接目的在于提供人们生活和再生产所需要的物质财富。其次，它们产生的结果不同。科学实验产生的结果是人们获得了对事实的认识，是检验一定的理论。而生产活动产生的结果，则是人们获得了所需要的产品。当然，这种区别不是绝对的。尤其是在现代，科学实验和生产活动已经明显地互相渗透。生产的发展为科学实验提供了前提和条件，科学实验则为发展生产指明方向、开辟道路。不仅如此，很多科学实验直接解决生产中的问题，成为生产活动的一部分；而很多生产活动又带有科学实验的性质，它在生产物质产品的同时，也解答了某些科学研究的课题。关于科学实验与生产活动的相互关系，这是科学社会学研究的一个重要课题，这里不再进行更为详细的论述。

# 第八章 归纳与确证[*]

归纳法作为一种科学方法，它既是科学发现的方法，也是科学论证的方法。因此，它既是科学发现逻辑所探讨的，也是科学检验逻辑所探讨的。本章的重点是讨论归纳法在科学检验中的作用，即探讨归纳确证法。同时为了正确地认识归纳法在科学研究中的作用，对归纳法在科学发现中的作用也给予适当的评估。

## 第一节 作为科学推理的归纳法

我们知道，科学认识活动有一个发展的过程，它总是从认识个别的事实开始，进而认识事物的普遍规律，形成理论。之后还要对科学理论作出检验。并且科学研究活动本身也是依照一定的模式、程序、途径和手段来进行的。总之，要有一定的科学方法，才能从事科学的认识活动。归纳法就是一种很重要的科学方法。

所谓归纳法，就是从个别的单称陈述推导出一般的全称陈述的方法。换句话说，它以观察事实的陈述为前提，而以理论的陈述为结论。归纳法是以下述的归纳原理为根据的，其基本内容是：如果在各种各样的条件下观察过大量的 S 类对象，所有这些被观察到的 S 都毫无例外地具有性质 P，那么就可以断定所有 S 类对象都具有性质 P。

---

[*] 本章执笔者：吉林大学刘猷桓。

在古典归纳主义者看来，归纳法好比一部机器，只要把事实材料（观察陈述）放进这部归纳法的机器中，就会创造出科学的理论来。对归纳法的这种看法是由他们的科学观所决定的。

传统经验论的归纳主义科学观认为，科学是绝对没有谬误的已经证明的知识。具体说来，古典归纳主义者的科学观如下：

第一，科学始于观察，观察陈述是建立理论陈述的基础。观察本身要有客观性。观察者应当忠实地记录下所看到的东西，不能先入为主，不要带主观偏见。这样，观察陈述就是观察者运用感官可以直接证明其正确性的关于事实的陈述。例如：

> "1980 年 1 月 2 日半夜 11 点钟，海王星出现于天空中某个位置上。"
> "这一张石蕊试纸浸在这种碱性液体中变成蓝色。"
> "那一瓶乙醇加热到一定温度时变成气体。"

这些事实的陈述都属于单称陈述，它们涉及特定的地点、特定的时间和特定的条件。古典归纳主义者认为，观察事实的陈述都是可以直接运用感官来确定或检验它们的正确性的。它们是建立科学定律和原理的基础。

第二，归纳法是建立科学理论的方法。古典归纳主义者认为，如果满足了归纳原理的条件，那么从有限的单称观察陈述中概括出普遍性定律就是合理的。例如，可以从一系列石蕊试纸浸在碱液中变成蓝色的观察陈述中，概括出普遍性定律"一切石蕊试纸浸入碱液中都会变成蓝色"，也可以从一系列金属导电的观察陈述中概括出普遍性定律"所有金属都导电"。总之，科学理论（定律和原理）是应用归纳法从观察陈述中推导出来的。

第三，科学理论的发展和进步是真实知识的积累和递增。古典归纳主义者认为，既然经验事实是不会错的，而且归纳法又是合理的，所以，建立在经验基础上的通过归纳法所得出的科学知识也是不会有错误的。因此，科学的发展就是正确知识的递增和积累。科学只有进化，没有革命；只有量变，没有质变和飞跃。科学的发展是"归纳上升"，概括出新的和更高层次的定律和原理。

综上所述，古典归纳主义者认为一个科学理论的提出，首先是在观察和实验的基础上得到一定数量的单称陈述，然后，运用归纳法推导出理论的全称陈述。由于观察陈述是正确的，归纳法也是有效的、合理的，所以通过归纳法所建立起来的科学理论自然也是绝对真实无误的。因而，归纳法既是科学理论的发现方法，又是科学理论的证明方法。

然而，对于归纳法的合理性问题，休谟首先提出了疑难，即所谓归纳问题。正如人们常常看见一个现象之后有另一个现象出现，一个现象总是随着另一个现象发生。风吹草就会动，阳光照射石头就会热，由此得出，风吹是草动的原因，阳光照射是石头变热的原因。休谟认为，被我们称为原因的现象与被我们称为结果的现象只是恒常地汇合在一起而已。所谓因果联系，这不过是人们的经验所引起的一种心理习惯。有什么根据说风吹草就一定动，太阳晒了石头就一定会变热，或者吃面包就一定会有营养，会不会有一天吃了面包就中毒呢？

由此可见，休谟提出了归纳法的合理性问题，要求对归纳原理进行证明。也就是说，如果实验给我们提供了一组可靠的观察陈述，为什么由此应用归纳推理就能导致可靠的知识呢？归纳主义者试图通过逻辑来证明这个原理，或者通过经验来证明这个原理。然而，这两种论证都没能解决问题。

第一，归纳原理不能在逻辑上得到证明。对于演绎论证来说，如果论证的前提是真的，那么结论一定是真的。而归纳推理则不然，即使归纳推理的前提是真的，其结论也未必是真的。倒是很可能，归纳论证的前提是真的，而其结论却是假的。也就是说，从个别的单称陈述推出一般的全称陈述并无逻辑必然性。无论如何不能保证从某些 S 是 P 必然地推出所有 S 是 P 的结论。例如，人们常说："天下乌鸦一般黑"，这是应用归纳法得出的结论。过去欧洲人曾长期以为所有的天鹅都是白的，他们也是应用归纳法得出的结论。这种"乌鸦型"的推论如下：

在时间 $t_1$ 观察到的天鹅 $x_1$ 是白的，

> 在时间 $t_2$ 观察到的天鹅 $x_2$ 是白的，
>
> 在时间 $t_3$ 观察到的天鹅 $x_3$ 是白的，
>
> ……
>
> 在时间 $t_n$ 观察到天鹅 $x_n$ 是白的，
>
> ───────────────
> 所以，一切天鹅都是白的。

但是，并没有什么可以保证下一次观察到的天鹅 $X_{n+1}$ 或 $X_{n+2}$ 等不会是别的颜色的。如果真的观察到一只非白的天鹅，那么"一切天鹅都是白的"这个结论就是假的。果然后来在澳大利亚发现了黑天鹅。这就是说，尽管原来的推理前提都是真的，但却推导出一个错误的结论。为什么会是这样的？原来"一切天鹅都是白的"这个结论并不包含在前提里，它涉及尚未观察到的天鹅，它是以过去的经验推论未来。休谟认为归纳推理没有逻辑必然性，事实确是如此。"假结论与真前提相结合的可能性证明归纳推理并不具有逻辑必然性。归纳法的非分析性质是休谟的第一个论题。"[1]

第二，归纳原理也不能从经验上证明。既然逻辑上不能证明归纳原理，那么能否从经验上来证明归纳原理？科学的发展历史表明：在许多场合里多次运用归纳原理都是有效的。例如，从实验的结果中归纳出来的气体压力和体积的定律已经用于热机汽缸设计，并且获得了令人满意的效果。从行星位置变化等的观察中导出的行星运动定律，已被成功地用来预测许多天文现象的发生。既然这些通过归纳引出的科学定律和理论是正确的，似乎也就证明了归纳原理的正确。但是，"我们用来想证明归纳法的正确性的推论本身就是一个归纳推论：我们相信归纳法，就因为归纳法迄今是具有成效的——那是一个乌鸦型的推论，于是我们就在循环往返中运转了。如果我们假定归纳法是可靠的，它就能被证明为可靠的；这是循环推理，这种论证是不能立足的。休谟的第二个论题就是：归纳法是不能用经验来证明为正确的"。[2]事实上，这种论证的方式如下：

───────────────

① ［德］H. 赖欣巴哈著：《科学哲学的兴起》，北京：商务印书馆，1983 年版，第 72 页。

② ［德］H. 赖欣巴哈著：《科学哲学的兴起》，北京：商务印书馆，1983 年版，第 73 页。

在 $x_1$ 场合运用归纳原理是有效的，

在 $x_2$ 场合运用归纳原理是有效的，

在 $x_3$ 场合运用归纳原理是有效的，

……

在 $x_n$ 场合运用归纳原理是有效的，
_____

所以，在任何场合运用归纳原理总是有效的。

在这里，断言归纳原理有效性的全称陈述是从一些陈述它在过去运用成功的特例中推论出来的。这本身就是一个归纳论证。因而，上述这种用归纳法来证明归纳法的循环论证，并不能解决归纳法的合理性问题。

事实上，归纳原理无论在逻辑上或经验上都不能被证明。由此可见，休谟对归纳法合理性的质疑，充分暴露出归纳法在科学认识活动中的局限性。但是，绝不能因此就否认归纳法在科学研究活动中的作用。

现代归纳主义者把科学理论发现的前后关系和证明的前后关系区别开来。他们认为，理论发现的前后关系既没有什么逻辑关系，也无逻辑规律可循。正如科学哲学家亨普尔所说："科学假说和理论不是从观察事实引申出来，而是为了说明观察事实而发明出来的。它们是对正在研究的现象之间可获得的各种联系的猜测，是对可能是这些现象出现基础的一致性和模式的猜测。这类'巧妙的猜测'需要巨大的创造性，特别是如果他们与科学思维的通常程式偏离很远的话，例如像相对论和量子论那样。完全精通这个领域的现行知识对于科学研究中所需要的发明将是有益的。一个完全的生手很难作出重要的科学发现，因为他可能想到的想法很容易去重复以前已经试验过的，或者同他不知道的已得到充分确认的事实或结论发生冲突。"① 所以，按照现代归纳主义者的观点，科学理论经常先于那些检验它们所必需的观察而被猜想出来。这种创造性的活动既没有什么逻辑规则可循，也不能进行什么逻辑分析。因此，科学理论的发现和来源问题被排除在科学逻辑之外，从而也就否定了归纳法

_____

① ［美］C.G. 亨普尔著：《归纳在科学研究中的作用》，转引自《自然科学哲学问题》，1981 年第 2 期。

在科学发现中的意义。因而，在他们看来，一个理论的发现过程是一个心理学问题，它应由科学心理学和科学社会学去研究。

我们认为，归纳法在科学发现中的作用是不容否认的。作为科学理论构成中的低层次的经验定律，在一般场合下，大都是受归纳法的启发而总结出来的。例如，行星至太阳间距离的波德定律；气体压强、体积和温度间关系的波义耳定律、盖·吕萨克定律和查理定律；元素化合的定比定律，等等，它们的发现都离不开归纳法的运用。

归纳法不仅在经验定律的发现中起着直接作用，而且在理论定律和原理的最初提出时也常常起了助发现的作用。特别是在从较低层次的理论定律上升到较高层次的理论原理时，它在概括外推中所起的助发现作用是不可忽视的。

古典归纳主义者认为基于经验事实基础上的科学发现方法和科学证明方法都是归纳法。而且归纳法作为科学的证明方法时，能够完全证实一个理论的真实性。现代归纳主义不同于古典归纳主义，由于归纳法的结论不具有逻辑必然性，所以现代归纳主义就大大退却一步，认为归纳法不能完全证实一个理论，只能给予某种程度的证实。这种一定程度上的证实就是"弱证实"，或称为"确证"。

现代归纳主义者在提出对理论的确证观点时，就肯定了归纳法对于理论的辩护作用。反过来说，当他们把归纳法作为理论的辩护方法时，也正是以弱证实的观点为前提的。

归纳法怎样成为辩护的方法？用归纳法作为辩护方法时，就是把一系列基于观察的关于事实的单称陈述，"$S_1$是P""$S_2$是P""$S_3$是P"……"$S_n$是P"等作为论据，并用归纳推论来论证"所有S都是P"这个理论陈述。其逻辑形式如下：

$S_1$是P，

$S_2$是P，

$S_3$是P，

……

$$\frac{S_n \text{是} P,}{\text{所以，所有 S 都是 P。}}$$

诚然，上述的逻辑过程，在前提为真的情况下，结论仍然可能是假的。所以，这种归纳论证只能作为对理论的辩护，它不能完全证实一个理论命题。这种用单称事实陈述对全称理论陈述所进行的辩护和支持，也就是对一个理论的弱证实。

综上所述，归纳法作为科学的推理方法，无论在科学理论的发现中还是在科学理论的检验中都有着重要意义，特别在科学理论的检验中，其作用更为突出。

## 第二节 确证的复杂性

我们已经知道，为了检验一个理论，首先必须应用假说演绎法。在运用假说演绎法去验证一个理论时，确证为逆绎过程，无逻辑必然性。这就是说，如果一个理论 H 加上先行条件 C 引申出一个关于事实 E 的结论，并且这个关于事实的结论 E 通过观察和实验的检验是真的话，并不能证明这个理论 H 就是真的。其逻辑形式为：

$$\frac{\text{如果 H 而且 C，那么 E}}{\text{E（即"E"真）}}$$
$$\text{所以，H（即"H"真）}$$

这并非是一个普遍有效的推理形式，所以，确证作为一个逆绎过程，没有逻辑的必然性。

例如，我们可以从关于光的本性理论中，加上光从一种媒质传到另外一种媒质的先行条件，引申出光一定会发生反射现象和折射现象的结论。而且通过实验又观察到：光从这种媒质传到另外那种媒质时，部分光反射回原来的媒质，部分光折射入另一媒质。但是，这既不能说光的反射和折射证明了光的微粒说，也不能说光的反射和折射证明了光的波动说。因为，光的微粒说可以解释光的反射和折射的事实，光的波动说也可以解释光的反射和折射的事实。就对光的折射解释来说，在牛顿看来：

> 折射是以这样的假定解释的，即飞行的粒子当它非常靠近折射面时就开始被引向折射面，以致它沿着法线方向的分速度增加了。当粒子从较密的介质进入较稀的介质时，这个速度分量减少了，而垂直于法线方向的分速度在这两种情况下都保持不变。这样一来，光线的屈折就被解释了。其结果是，粒子通过较密的介质时速度较大。事实上，在透明物质中要以发射说解释折射和反射二者都存在是很困难的。在一个面上怎么会此时是折射一个入射粒子而彼时又是反射一个入射粒子呢？为了要说明这一点，牛顿提出了既容易反射又容易折射的"痉挛"理论，这种痉挛是由无所不在的以太传递给粒子的。飞行粒子列使近表面处的以太进入一种相继压缩和稀疏的扰动之中。一个飞行粒子在压缩的时刻达到表面上时就被抛回；如果这个粒子是在以太稀疏的时刻到达，那么它的路径便较少障碍，它就通过这个表面。这就是牛顿的解释：一个玻璃面或水面如何部分地反射而又部分地折射由飞行粒子组成的光线。①

而在惠更斯看来：

> 对光的折射的解释，如图所示。假定一平面波前从左上方落到空气与玻璃（或任何别的两种介质）的界面上。当这列波的波前是在 *aa'* 的位置时，它与界面在 a 点相遇，从该点便发出一球面子波传入玻璃中。随着波前在空气中继续前进，从 b 点、

---

① ［美］弗·卡约里著：《物理学史》，呼和浩特：内蒙古人民出版社，1981年版，第94页。

$c$ 点等将依次发出其他子波。图中相当于前进着的波前到达 $dd'$ 位置的情况，这时从 $d$ 点刚刚正发出玻璃中的子波。为了找到玻璃中波前的位置，我们要作出所有子波的包络线，在此情形下，它将是一条直线。

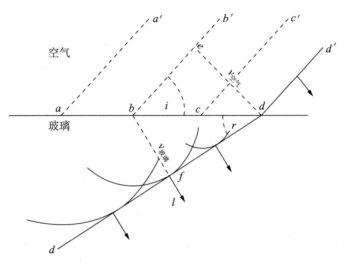

**惠更斯对光折射的解释**

如果像图中所假定的那样，认为光在玻璃中的速度小于在空气中的速度（就是玻璃中球面子波的半径小于空气中相邻波前之间的距离），那么玻璃中的波前就会向下倾斜，折射光就比入射光更接近垂直线了；这正是光从空气进入玻璃时实际发生的情形。要是玻璃中的光速比空气中大，就会发生相反的情况。为了求出入射角 $i$ 与折射角 $r$ 之间的关系[1]，可考虑两个有公共斜边的直角三角形 $bde$ 和 $bdf$。根据正弦函数的定义：

$$\sin i = \frac{ed}{bd} \; ; \; \sin r = \frac{bf}{bd}$$

第一式除以第二式，便得 $\dfrac{\sin i}{\sin r} = \dfrac{ed}{bf} = \dfrac{v_{空气}}{v_{玻璃}}$

---

① 这两个角可以定义为光线方向与两介质界面的垂线之间的夹角，也可以定义为波前与这界面之间的夹角。（原书注）

式中 $v_{空气}$ 和 $v_{玻璃}$ 是光在这两种介质中的速度。这正好是修正后的斯奈尔定律，即这两个正弦函数之比（称为折射率）等于两种介质中的光速之比。因此，稠密介质（如玻璃）中的光速小于稀疏介质（如空气）中的光的速度。[①]

由此可见，即使从一个理论推出的关于事实的命题被检验为真，那也并不意味着这个理论就被证实。因为对于一个事实或现象，可以有不同的解释，从而，也就有不同的理论。

如果从全称理论命题 H 引申出一系列关于事实的单称命题 $e_1$, $e_2$, $e_3$……$e_n$，并且通过观察或实验表明 $e_1$, $e_2$, $e_3$……$e_n$ 全是真的，那么根据归纳论证，也不能判定 H 就是真的，这正说明确证的归纳过程无逻辑必然性。例如：

各种各样钠盐的每一个特定样品迄今已经用本生灯火焰试验变为黄色的火焰，归纳推理从这些前提中推导到这样的普遍的结论：所有的钠盐，当放到本生煤气灯的火焰中时，变为黄色的火焰。但是，在这种情况下，前提的真显然不能保证结论的真；因为甚至迄今已经过检查的所有的钠盐样品，都把本生灯火焰转变成为黄色的火焰全是事实，仍然十分可能发现一些新种类的钠盐与这个普遍性结论不符。确实，甚至有些种类的钠盐经过试验已获得阴性结果，而在它们尚未在其中试验的特殊条件下（如磁场很强等条件下），与这个普遍性结论不符。由于这个理由，人们常说归纳推理的前提暗含的只是概率或多或少的结论。[②]

---

① ［美］乔治·伽莫夫著：《物理学发展史》，北京：商务印书馆，1981 年版，第 82—83 页。

② ［美］C.G. 亨普尔著：《归纳在科学研究中的作用》，转引自《自然科学哲学问题》，1981 年第 2 期。

可见，从被检验的理论中引申出来的若干关于事实的命题尽管是真的，也不能由此而简单地判定被检验的理论是真的。在归纳论证中，即使前提全部都是真的，结论也未必就是真的，前提在论证的过程中所起的作用，也只是给予理论一定程度的支持或确证。于是，人们为了更深入地研究这种支持或确证的程度而提出了"逻辑概率"这个概念。从而，就可以通过概率来表示这种支持或确证的程度。

至于归纳论证为什么和概率发生联系，进而产生归纳论证的概率？这是因为概率本身就具有双重含义，一是概率作为数理统计术语或数学用语而出现，这里涉及随机过程中重复事件的相对频率的定量演算，即是关于偶然事件发生的"可能性程度"的数学计算；二是作为哲学和逻辑术语出现，概率等同于或然性（probability），作为必然性的反义词，适用于哲学和逻辑的模态分析。同样地，概率逻辑也具有双重含义，一是概率论的逻辑（它为概率论的公理化处理奠定了基础）；二是逻辑的概率理论（即逻辑的归纳确证理论，或者说就是归纳逻辑的现代形式）。要注意，数学上的事件概率（或称客观概率）与逻辑上的逻辑概率有别。事件概率陈述事实的性质（客观性质）；归纳的或逻辑的概率仅仅表示前提与结论之间的逻辑关系，是用概率来说明单称命题对全称命题、前提对结论的非必然的支持强度或确证程度，并不表明结论自身的真实性程度。

在归纳逻辑中，由于引进了逻辑概率的概念，从而就把归纳逻辑量化了，产生出一种定量的归纳逻辑。量化的确证度公式为：

$$c（h，e_1，e_2\cdots\cdots e_n）= r$$

这一公式表示，归纳前提 $e_1$，$e_2$，$e_3\cdots\cdots e_n$ 联合起来将逻辑概率 $r$ 给予归纳结论 h，也就是说确证度以逻辑概率 $r$ 表示。它依赖于归纳前提 $e_1$，$e_2\cdots\cdots e_n$ 和归纳结论 h，是归纳证据和归纳结论的多元函数。所以，确证度是归纳前提对归纳结论支持程度大小的一种指标。

当形成归纳基础的观察陈述 $e_1$，$e_2\cdots\cdots e_n$ 的数目愈大，并且进行观察的条件又是多种多样，这样对理论 h 的确证度即逻辑概率 $r$ 也就愈大。这种用逻辑概率来刻画经验事实对普遍命题的支持程度，显然具有量的精确性的优点。例如，当逻辑概率 $r$ 为 1 时，即确证度为 1，表明理论 h 完全真的；当逻辑概率为 0 时，即确证度为 0，表明理论 h 是完全假的；当逻辑概率 $r$ 在 0 与 1 之间时，就有不同的等级，表明对理论 h 有着不同程度的支持和辩护。

在概率逻辑中，原来的归纳原理就变成概率形式的归纳原理：如果大量 S 在各种各样的条件下被观察到，又如果所有这些被观察到的 S 无一例外地具有性质 P，那么，可能所有 S 具有性质 P。

但是，这种重新表述的原理并没有克服归纳问题，它仍然是一个全称陈述。就是说，在有限数量观察陈述的基础上，运用这个原理将导致一个可能是真的一般结论。并且，"'前提'只能对'结论'提供部分的支持，因此真实性就不能自动地由前者传到后者。这样，即使前提全部属于先前已经给定或已经具有的陈述的类，结论也不能加入这个类；所能做的只是用一数字来修饰结论，这个数字代表结论相关于前提的概率"。①

综上所述，对归纳论证的研究结果表明，观察事实的陈述只能使一个理论具有确证度，而不能使一个理论完全被证实。在归纳论证中用逻辑概率的方式来解决理论的确证问题，就可以更有效地对理论进行选择。特别是从一组观察事实的陈述中往往可以推导出几种理论来，那自然要选取概率最大的理论。就是说，"科学理论也是从对观察到的材料所得出的若干可能的解释中进行选取的。这种选取是通过对于全部知识的使用而完成的，因为在全部知识的面前就会有某些解释显得比其余的解释更为可能。因此，最后的概率是若干概率结合的产物。概率计算提供了一个这种合适的公式，即贝耶斯规则，这个公式可用于统计问题，也可用于侦探的推论，或确证推论"。② 因此，运用概率逻辑可以克服理论确证过程中的某些简单化，使归纳确证在标准化和形式化方面取得某种进展。但是，如何定量地给出各种理论的逻辑概率，这个关键问题还有待于解

---

① 洪谦主编：《逻辑经验主义》(上卷)，北京：商务印书馆，1982 年版，第 303 页。
② ［德］H. 赖欣巴哈著：《科学哲学的兴起》，北京：商务印书馆，1983 年版，第 18 页。

决。而且，人们仍无法决定某一普遍命题由证据所提供的确证程度究竟多大才是合理的。

由于概率逻辑对确证事例只从量上考察，而忽视了质的方面的考察，因而它的局限性也是很明显的：

第一，概率逻辑是把检验证据等量齐观，只注重数量的多少，忽视质的区别。现代归纳主义对概率的理解是以频率解释为基础的。概率是指重复事件的相对频率，是作为一个百分数来计算的。它既是从过去观察到的事件频率中推导出来的结果，又包括以同样频率在未来近似地发生。这样，实际上是把归纳论证归结为列举式归纳，把每个检验证据对理论的支持程度看作是相同的，而确证度的大小将取决于确证事例数量的多少。前提中的确证事例愈多，给予结论的逻辑概率也就愈大，反之，前提中的确证事例愈少，给予结论的逻辑概率也就愈小。事实上，每个检验证据对理论的支持强度是不一样的。比如，1846 年首次发现根据牛顿万有引力定律所预言的海王星，这与以后人们再观察到海王星的意义能一样吗？第一次发现海王星支持了牛顿万有引力定律，而以后人们每次再观察到海王星也在确证着牛顿万有引力定律。在逻辑上，虽然这些观察陈述是相同的，并且其中每一个事实陈述都为理论提供了支持。尽管如此，还是不能否认，首次发现海王星对万有引力定律的确证具有更重要的意义，而后来人们再观察到海王星对万有引力定律的确证意义却不太大。这种区别是决不能忽视的。

第二，检验证据的单称命题对科学理论的全称命题的支持程度，其逻辑概率等于零。依据概率逻辑，当支持普遍的定律的单称陈述的数量增加时，它的逻辑概率也就增加。但是，任何观察性的检验证据都是由有限数目的单称陈述构成的，而理论的全称陈述却是对无限数目的可能事实的断定。所以，其概率就等于以无限数除有限数，这样不管构成证据的单称观察陈述的数量增加了多少，其概率仍然是零（即有限数 / 无限数 = 0）。为此，现代归纳主义者正在制订详尽的研究纲领，以便既用概率来表示科学理论的确证度，又能使得普遍性的概括有不等于零的概率。不过，这方面的研究仍有很大的困难。

　　科学发展的历史已充分表明，一方面，每个确证事例给予理论的支持程度是不完全一样的；另一方面，对理论的确证往往也并不需要太多的确证事例。正如要想检验原子弹的巨大威力，只要有一两颗原子弹爆炸就足够了。所以，不能仅从量上去考察确证一个理论，而更重要的是从质上去考察确证一个理论。也就是说，对一个理论确证度的评估，不只是取决于确证事例的数量，也要取决于确证事例的严格性和严峻性。

　　可控实验是一种精密而严格的实验方法。它是根据理论确证的要求，运用科学实验的手段，人工控制研究对象，排除自然过程中各种偶然和次要的因素干扰，使我们需要认识的某些事实以纯粹的形态表现出来，从而获得精确的观察以达到检验理论的目的。古典归纳主义者早就认识到应用这种方法了。穆勒所提出的判明因果关系的五种方法，其中求异法就与科学实验有着密切联系。求异法是直接通过正反两种场合的对照实验来进行的。在两种场合中只有唯一的一种情况不同，而其他情况都相同。它能使确证事例具有更高的可靠性。因此，培根等人的排除归纳法与列举式归纳法不同，它是通过实验排除不相干的事项，对因果联系的检验过程更为精密和可靠。可见，从实验的检验来说，对于一个理论的确证不能只取决于实验次数的多少，也要看实验的精密性和严格性。例如，关于热的运动说就是通过可控实验给予验证的。英籍物理学家伦福德说：

　　　　最近我应约去慕尼黑兵工厂领导钻制大炮的工作，我发现铜炮在钻了很短的一段时间以后，就会发生大量的热；而被钻头从炮上钻出来的铜屑更热（像我用实验所证实的，发现它们比沸水还要热）。

　　　　在上述的机械动作中真实地产生出来的热是从哪里来的呢？

　　　　它是由钻头在坚实的金属块中钻出来的金属屑所供给的吗？

　　　　如果真是这样，那么根据潜热和热物体的现代学说，它们的热容量不仅要变，而且要变得足够的大才能解释所产生的全部的"热"。

但是这样的变化不会发生。因为我发现到：把这种金属屑和用细齿锯从同一块金属上锯下来的金属薄片使两者的重量取成相同，并把它们在相同的温度（沸水的温度）下各自放进盛有冷水的容器里去，冷水的量和温度也取得相同（例如在华氏59.5°）；放金属屑的水看起来并不比放金属片的水热些或冷些。

最后，伦福德的结论为：

在推敲这个问题的时候，我们一定不要忘记考虑那个最显著的情况，就是在这些实验中由摩擦所生的热的来源似乎是无穷无尽的。

不待说，任何与外界隔绝的一个物体或一系列物体所能无限地连续供给的任何东西决不能是具体的物质；并且，如果不是十分不可能的话，凡是能够和这些实验中的热一样地激发和传播的东西，除了只能把它认为是"运动"以外，我似乎很难构成把它看作为其他东西的任何明确的观念。①

但是，可控实验亦有局限性。在具体的实验过程中，由于实验设备的精密程度不高、纯化程度不强和各种干扰排除得不彻底，就直接影响到实验结果的可靠性，使所得到的确证事例对理论的支持程度受到局限。例如，当伦福德关于热的运动说及其实验受到攻击时，就有必要对热的运动说检验的实验进一步严格化。因而，戴维又做了精确的实验：

伦福德关于热的性质的结论受到了热质说者的强烈攻击，然而在 1799 年戴维爵士却完全地证实了它。他用钟表装置使

---

① ［美］爱因斯坦，［美］英费尔德著：《物理学的进化》，上海：上海科学技术出版社，1962 年版，第 32—33 页。

放在空气泵真空中的两种金属（轮子和盘之间）之间产生摩擦。虽然容器的温度是维持在冰点以下，但盘上的蜡却已熔化了。他还用摩擦使放在露天的，周围温度为冰点以下的冰熔解了。他从这里作出结论，摩擦引起了物体微粒的振动，而这种振动就是热。但是，他没有像伦福德那样深信这种观点的正确性，直到1812年他才感到有把握主张"热现象的直接原因是运动，它的交换定律恰如运动交换定律一样"。通过对伦福德实验的验证，杨（即托马斯·杨）于1807年在他的《自然哲学》一书中提出了对热质说的驳斥。①

从质上考察理论确证的事例，还要看到严峻检验的事例。所谓严峻检验就是对一个理论所推导出来的大胆新颖预见的检验。这就是说，对一个理论的确证，不仅要通过可控实验从严格性方面来区别各个确证事例对理论的支持强度，而且还要通过严峻检验，从严峻性方面作出相同的考察。我们说，一个预见是大胆新颖的，这是与当时的背景知识相比而言的，它是超越背景知识的，甚至是违反背景知识的。越是背景知识所推不出的预言，就越是面临严峻的检验。例如，牛顿的万有引力定律预言了海王星的存在，这是严峻的检验，因为当时的背景知识中并没有这样一颗行星。又如，爱因斯坦的广义相对论预见光线经过太阳附近将偏转，而这是同当时背景知识中，认为光线沿直线传播直接抵触的，因而这是更严峻的检验。

通过严峻检验所获得的观察陈述就比从一般检验所获得的观察陈述具有更大的科学价值和意义，而且，这些由严峻检验得出的确证事实能给一个理论提供很高强度的支持，它们远远超过一般确证事例对一个理论的支持程度和辩护作用。比如，爱因斯坦从广义相对论推出关于光线偏转和光谱线的引力红移这样大胆新颖的预见，而通过这种严峻检验所

---

① ［美］弗·卡约里著：《物理学史》，呼和浩特：内蒙古人民出版社，1981年版，第196页。

取得的确证事例，就能给予广义相对论异乎寻常的辩护力量。

但是，尽管严峻检验对理论的确证起着重要的作用，那也仅是提高了对理论的支持程度，而始终不能通过对几个预言的证实就完全证明一个理论。相反，也不能因为一个或几个预言一时得不到验证就否定一个理论。例如，爱因斯坦的广义相对论曾预言引力波的存在，由于引力波效应非常微弱，所以到 1974 年前也没有得到直接的观察验证。然而并没有因此就否认广义相对论。

综上所述，理论的确证是一个极其复杂的问题，这不仅因为理论的确证过程无逻辑必然性，而且还因为各个确证事例对于理论的支持强度大不相同，难以评估。既不能只从确证事例的数量，即从概率逻辑方面考察理论确证的合理性标准，也不能只从确证事例的质量，即从可控实验和严峻检验方面考察理论确证的合理性标准。单纯地从某方面去进行考察都有其片面性和局限性。为了克服这种片面性和局限性，必须把确证事例的定量分析与定性分析结合起来，从历史发展中去探讨理论确证的合理性问题。

## 第三节　对确证的历史发展观点

人们在实践活动的基础上对自然界的认识是个历史发展的过程。任何时候，科学理论都只是对客观现实的近似反映。科学理论的逼真度是历史地演变的。同样，人们在实践活动的基础上对科学理论真理性的检验和判定也是个历史发展的过程。任何时候，一个理论的确证度只是对理论逼真度的近似判定 [①]。理论的确证度也和理论的逼真度一样，是历史地演变的。

如前所述，一个理论的确证是依赖于一定数量与一定质量的确证事

---

[①] 理论的逼真度指的是理论本身的真实性程度，而理论的确证度指的是对理论真实性的一种评估。

例。而确证事例作为实践检验的结果，不是由某个人某一次实践活动就能完成的，而是社会的历史实践的结果。

在理论确证的过程中，任何一次个别实践活动都不足以作为判定理论真理性的完备根据。在个别的实践活动中，无论是理论的预测得到成功的有利的结果，还是理论的预测得到失败的不利的结果，都不能达到对理论真理性的绝对判定。

况且，任何一次实践活动所提供的证据都不可能是绝对的和严格的，这就必然影响对理论确证度评估的精确性和一致性。例如，热能和机械能之间的转换遵循着一定的当量关系（即热功当量），这在科学史上并不是通过个别的实验就能搞清楚的：

> 焦耳以约 40 年的时间，进行关于热的机械当量的实验。在 1843 年他从磁—电流得到的这个值为：一个大法国卡相当于 460 千克重米；他从水在管中的摩擦测得的当量值为 424.9；1845 年以压缩空气测得的当量值为 443.8；他在 1845 年从水的摩擦测得当量值为 488.3；1847 年得到的当量值为 428.9；1850 年得到的当量值为 423.9；1878 年得到的当量值为 423.9。[①]

可见，任何一次实验活动都不可能做到完全精确和严格无误。

社会历史的具体实践活动的局限性，还表现在它并不能对当时的任何理论预测都给予检验，因为每个时期的实验手段都是有限的。例如，爱因斯坦的广义相对论曾预见引力波的存在。但引力波的效应并非十分显著，由于受实验技术水平的局限，所以通过实验观察来验证就十分困难。物理学家韦伯从 1957 年就设计安装可以接受引力波讯号的天线去进行观测实验。经过 12 年的长期工作，到 1969 年，韦伯宣称他的天线在 1968 年 12 月 30 日到 1969 年 3 月 21 日的 81 天观察中，收到了来自银

---

① ［美］弗·卡约里著：《物理学史》，呼和浩特：内蒙古人民出版社，1981 年版，第 212 页。

河系中心的两次引力波讯号。然而，韦伯的结果却引起了很多疑难：如果韦伯收到的是来自银河系中心的引力波，那么银河系中心必定有十分激烈的事件。可是，当时的天文观测资料，却没有看到任何异常的记录。如果引力波到达地球的能量像韦伯宣布的那样达到 $10^{10}$ 尔格/厘米$^2$·秒，那么银河系中心每次就要消耗 $10^4$ 个太阳质量，才能产生如此强的引力波。但这样一来，银河系的寿命只能有 $10^7$ 年。然而天文观测表明，银河系已经有 $10^{10}$ 年的历史了。更重要的是这毕竟是韦伯一个人的实验观察结果，其他各国的实验小组都没能从韦伯这种实验中得到任何引力波的信息。这表明目前实验室中用于观测引力波的仪器，灵敏度还太低，还不足以观测到宇宙间的引力波信息。

由此可见，对于一些多少有点复杂的科学理论来说，只靠一次或几次实践活动的考察是不行的，必须随着实践技术的提高，把各种不同的科学实验活动联系起来考察，才可能从各方面相互联系的总和中，全面地、严格地判定一种理论的逼真性，进一步提高理论的确证度。例如，对于光的本质认识的理论，在科学史上就曾有过"微粒说"和"波动说"两种对立的学说。牛顿根据光的折射、反射和色散等实验事实，提出了微粒说，认为光是由发光体发出的沿直线运动的粒子流。而惠更斯从光和声这两类现象的类比中，提出了波动说，认为光是一种弹性振动，是以发光体为中心向四面传播的光波。这两种学说都有各自的事实根据，它们各自解释了光的某一方面的本性，却不能根据各自的实验事实完全证实或完全证伪其中的任何一种学说。

科学理论是一个具有复杂结构的系统，它是关于认识对象的近似而逼真的描述，既不完全绝对为真，也不完全绝对为假。而且，随着实验技术的发展，每个科学理论在其应用和修改中也不断地发展着。所以，人们对科学理论的逼真性的确证，也必然是个历史发展的过程。例如，按照哥白尼的太阳中心说，当时的六大行星，地球、水星、金星、火星、木星和土星等皆围绕太阳旋转。并且，这个学说通过火星、木星相对于地球运动在天空中所产生的有的顺行、有的逆行、有时好像停着不动的新的观察事实获得进一步的确证。然而，并不能说这个学说就完全符合客观实际。在以后的天文观察事实中确证：太阳只是一颗普通的恒星，除此之外还有很多恒星，宇宙无中心，从而否定了哥白尼关于太阳是宇宙中心的论断。开普勒又借助于第谷所提供的对行星的长期观察测量的资料，确证了太阳系中行星围绕太阳运行的轨道是椭圆形的，而太阳位于椭圆的一个焦点上，因而就否定了哥白尼关于行星围绕太阳旋转的轨道是圆形的论断。由此可见，对太阳系的认识以及对太阳中心说的真理性的判定都是一个不断发展的历史过程。

总之，人们的实践活动是历史发展的，科学理论也是历史发展的，因而人们对理论的确证也是个历史发展的过程。其中任何个别的实践活动，由于它们的历史局限性，都不具有绝对的判定的意义，都不能对一个理论的逼真度作绝对的评估。只有把迄今所有的对某个理论的个别实践检验活动综合起来，才能评估理论的相对确证度。

每个理论的确证都是一个复杂过程并带有自身的特点。然而，就现代科学理论的确证而言，其发展趋势往往是理论最初提出时，比较注重寻求经验证据的广泛支持；在理论的竞争与进一步修改和发展的过程中，又比较注重严格性检验证据与严峻性检验证据。所以，大致说来，从以量为主的评估走向以质为主的评估，这是科学研究中的一般趋势。

在量的方面，实际上是把归纳确证化归为列举归纳，把每个确证事例给予理论的支持程度看作是等价的。因而确证度的强弱取决于确证事例的数量。也就是说，前提中陈述的确证事例愈多，那么给予结论的支持强度也就愈高；反之，如果前提中陈述的确证事例愈少，那么给予结论的支持强度也就愈低。这种评估确证度的方法在一个理论的最初确立时期是十分必要的。因为科学定律是普遍有效的，在一切相关的事实中都可以观察到定律的效应，所以存在着大量的确证事例。

例如，牛顿的经典力学最初就是通过解释大量的力学相关事实而被确证的。没有大量的确证事例为牛顿的经典力学作出辩护，它就不可能被人们所接受。这正表明从确证事例的数量上评估确证度在理论的最初确立时起着重要的作用。

但是，我们知道这种从量上评估理论的确证度，有其局限性。它的局限性根源于概率逻辑，也就是说，它对概率证据等量齐观，只考虑数量的多少，没有区别其中每个证据对理论支持程度的强弱不同，并且还不可避免地导出理论的确证度为零，即归纳论据所陈述事实的有限数除以归纳全称结论所断定事实的无限数。因此，人们实践活动的发展、背景知识的积累，以及可控实验水平的相应提高，为克服只从确证事例的量上评估确证度的局限性创造了条件，这就必然导致从确证事例的质上去评估确证度的阶段，即开始注意通过可控实验和严峻检验来判定理论的真理性。这样可以大大减少检验证据的数量，竭力提高检验证据对理论的支持强度，甚至迷恋于设计所谓"判决性实验"。因此，以确证事例的量为主对确证度进行评估，必然走向以确证事例的质为主对确证度进行评估。这对一个理论最后能否在科学知识的大厦中取得稳定地位具有十分重大的意义。例如，在20世纪前，牛顿的经典力学之所以能在物理学中占统治地位，正是由于其经受了许多严峻的检验。比如，对于哈雷彗星的预言，对于海王星的预言等，都取得了震惊世界的、具有历史意义的证实。最后，万有引力效应又在严格实验中被直接观测到。总之，关于哈雷彗星和海王星预言的证实，以及严格实验直接观测引力效应的证实，都是对牛顿万有引力理论的很高强度的支持，这是从确证事例的质上评估牛顿理论的确证度。

可是，从质上评估确证度并不等于只做一次或几次可控实验即可，而是要有一定的次数。因为常常由于实验的精确性和纯化程度不高，仅一次或几次实验并不能得到准确数据。就是这些实验成功了，也要别人能够重复这种实验、作进一步查核才行。况且一个理论的内容是相当复杂的，不能只靠个别的或少数的预言被证实作为评估理论确证度的标准。所以，只从确证事例的质上评估确证度，也有其局限性。

由此可见，对一个理论真理性的检验，既要从确证事例的量上考虑，也要从确证事例的质上考虑；既要有大量的观察证据，又要有高度纯化的严格精密的实验证据。具体说来：

首先，如果我们得到大量的观察陈述证据，就要考虑这些观察证据本身质的问题。如果不考虑实验的精确性和纯化程度，那么得到的观察陈述就不准确，这样，再多的观察陈述也不能提高对一个理论的支持强度。这就是必须在量中考虑质的问题。

其次，如果只重视质而忽视量，也要出问题。因为每一种实验对于理论内容的检验广度是有限的，而且我们无法达到绝对精确和纯化的程度，因而检验的深度也是有限的。任何实验总是受时代的背景知识、实验手段（仪器和设备等）和操作技术上的局限，所以，用一次或几次实验的成功来检验整个理论系统，这在实际上不是那么容易做到的。就拿吴健雄验证弱相互作用下宇称不守恒的著名实验来说，就其质的标志来说，这是一种成功的实验，但是当吴健雄公开实验结果时，实际所做的实验并不只是一次。同时，哥伦比亚大学用回旋加速器进行的另一种实验也验证了弱相互作用下的宇称不守恒。

可见，评估理论确证度的标准必须是质与量的统一。一方面必须是量中求质，量多而质低不行。也就是说，对理论的确证不能只是单凭大量的观察陈述，而不考虑可控实验的精确严格程度和严峻检验。另一方面，必须是质中求量，质高而量少不行。也就是说，对理论的确证不能只考虑可控实验的精确严格和严峻检验，应当重视理论在生产实践中广泛应用的检验意义。

综上所述，理论的确证是个历史发展过程。这不仅是因为科学理论的内容是复杂的又是发展的，是对被研究对象越来越逼真的描述，而且还因为检验理论的实践活动本身也是不断发展的。这样，人们在每个时期对科学理论真理性的判定，都是相对的，并不是绝对的。我们必须把静态考察与动态考察统一起来，并把确证事例数量方面的考察与确证事例质量方面的考察统一起来。对于理论确证度的评估，必将随着实验技术的不断发展和提高、理论的不断应用和修改而历史地变更着。因此，我们对一个理论的确证度的评估是带有时间指标的相对确证度。

# 第九章　演绎与证伪<sup>*</sup>

## 第一节　作为科学推理的演绎法

演绎同归纳一样，是人们在思维过程中经常运用的推理方法，也是经验自然科学广泛使用的最一般的推理方法。然而，对演绎法在科学研究中所起的作用问题，存在着不同的理解。

传统理性论的演绎主义科学观认为，科学就是真命题的集合，因此科学是绝对正确的，是已经证明了的知识。这是它与经验论的归纳主义科学观共同的见解。而两者的分歧主要是关于科学的基础问题和科学的方法问题。理性论的演绎主义科学观认为，科学的基础是公理，公理是天赋的、直观的、不证自明的，是所有科学命题的原始前提。有了这样的原始前提，通过演绎的方法就可以推导出整个科学理论系统。所以科学的方法就是演绎法。

然而，上述这种演绎主义科学观也存在着疑难问题。众所周知，从古代开始，欧氏几何就是演绎系统的典范，为此人们把数学称为演绎科学，以区别于经验的自然科学。对于演绎科学的原始前提——公理问题，人们在日常生活中已经千百万次地运用它，并且认为是不需要任何证明的真理。亚里士多德曾认为：一门科学是通过演绎组织起来的一组陈述，每一门特殊的科学都有第一原理和定义。例如物理学的第一原理包括：

＊　本章执笔者：南京工程兵学院徐纪敏。

所有的运动或者是自然的，或者是受迫的。所有的自然运动都是趋向自然位置的运动。受迫的运动是由于动因的不断作用而产生的。真空是不可能的。第一原理是每门科学里一切证明的出发点。笛卡尔也认为：心智观察的对象或直觉的对象，就是公理，公理是不要证明的，它是由心智的自然光辉意识到的，只由理性的自然光辉所产生。因为公理是极少数目的一些原始命题，它们彼此完全独立，而且演绎法又具有逻辑必然性，所以由此推演而得出的结论就必然是真的。但是后来公理的这种不证自明性受到了挑战，主要矛头正是对着演绎科学的典范欧氏几何体系。人们认为欧氏几何的第五公理，即两条直线的平行公理，看起来总不像是不用证明、显然自明的。许多人想用别的公理来证明、推导它，但都没有成功。19世纪俄国的罗巴切夫斯基和德国的黎曼等人，从研究欧氏几何系统的独立性出发，通过否定第五公理，引进新的公理，从而建立了新的非欧几何系统。

欧氏几何基础的动摇，使公理的不证自明性受到了致命的打击。在经验科学范围内，人们以前普遍认为时间空间的绝对性也是一种显而易见、不证自明的公理，可是当爱因斯坦提出相对论以后，绝对时空的公理性也不能成立了。实际上，经验科学的公理是通过对经验事实的概括而得到的，它们只能用经验来检验。现代演绎科学方法论的研究证明，"设某一个演绎理论是建立在某一公理系统之上，并在构造过程中，我们遇到一个与该公理系统等价的命题的系统。如果从理论的观点来看，有这种情形，那么可以重新构造整个理论，而使新的系统中的命题成为公理，原来的公理成为定理。甚至于这些新公理可能在最初看起来并不显然，这也是不重要的"。在挑选某一公理系统时，有时"并不是由于理论上的理由（或者至少不仅是由于理论上的理由）；其他的元素——实践方面的、教学方面的，甚至于美学方面的在这里起着作用。"① 这就更引起了人们对"显而易见"的公理的怀疑，对演绎结论的知识提出责难。演绎法的特点是从普遍到特殊，从一般到个别。用演绎法得出的结论的普遍性程度总是无

---

① ［美］塔尔斯基著：《逻辑与演绎科学方法论导论》，北京：商务印书馆，1980年版，第126页。

法超过演绎前提的普遍性程度。也就是说，演绎法的结论，除把前提里的道理缩小范围再讲一次，使认识更明确之外，对于客观事物自身的性质并没有增加什么新东西。这样用演绎法得出的结论的普遍性程度显然将越来越低，演绎法不可能使人们的视野扩展到更一般的普遍认识上。

尽管演绎法受到了上述责难，但是它在科学研究中的作用却是不容否定的。我们既要反对演绎主义者片面夸大演绎法在科学活动中的作用，又必须如实地肯定演绎法在科学活动中的重大意义。

作为科学推理的演绎法，它最基本的作用如下：

第一，演绎法对于论证理论具有重要的作用。这就是公理系统的演绎法所起的作用。这种演绎法的特点是从理论命题推导出理论命题，对某一个理论命题作出演绎证明。这种方法可以使我们在理论（假说）进行实践的检验之前，对理论（假说）作出某种评价，而且也可以促使理论具有逻辑的严密性。

欧氏几何与非欧几何都是公理化的演绎体系，都是从公理演绎出一系列定理。可以毫不夸张地说，其他数学学科的成就也是依靠这种演绎法获得的。因此数学科学具有高度的逻辑严密性。受到数学上应用演绎法获得巨大成就的启发，经验科学也试图在自己的研究领域中运用演绎法从基本定律或原理推导出其他的定律来。这在力学和物理学里表现得最为明显。

值得注意的是，公理系统的演绎法在经验科学领域中，不像在数学领域表现得那样纯化。在数学上只要有一定量的数学公理作前提，就完全可以从公理出发，证明新的命题，但是经验科学却只能在积累了相当丰富的理论知识之后，才可能用公理系统对所有这些理论内容加以综合整理，使之系统化。这种差别我们在科学发展的历史中是不难看到的。此外，经验科学公理系统中的逻辑演绎只能对理论（假说）作出相对的证明，而决非是对它们的证实或确证。

第二，演绎法对于解释或预见事实具有重要的意义。这就是假说演绎法所起的作用。这种演绎法的特点是从理论命题推导出事实命题，或是解释已知的事实，或是预见未知的事实。这种演绎法的基本步骤是以一个或多个普遍陈述，如定律、定理、公理、假说等作为理论前提，再加上某些初始条件的陈述，通过演绎法推导出一个描述事件的命题来。比如，利用万有引力定律作为演绎的前提，再加上某一天体的初始位置、初速度、原始角动量、质量等单称陈述，就能指出这一天体即时的力学运动状况，计算出该天体任一时刻在天空所处的位置、运动轨道、即时速度，乃至最小的细节。

在天文学史上，一颗在 1759 年被观察到的彗星，经过轨道参数比较，认定它在 1682 年、1607 年、1531 年都曾被观察到，但是这颗彗星的运行周期却不是一个常数。是什么原因造成这颗彗星周期的变化？英国天文学家哈雷考虑到大行星，尤其是木星与土星对于这颗彗星运动轨道的摄动，从万有引力定律出发，结合这颗彗星的初始条件，完全用演绎法推导出这颗彗星周期发生变化的结论，这与实际观测结果基本符合。由于哈雷推导出的这个结论陈述的是一个被天文学家观察到的经验事实，因此这就是对这颗彗星过去周期发生变化的科学理论解释。但是哈雷并不以此为满足，他运用同样的演绎法，粗略地估计了下一个周期里这颗彗星由于大行星的万有引力作用将会产生的摄动情况，推导出这颗彗星下一次复返近日点的时间应推迟在 1758 年末或 1759 年初这样的结论，这在当时（1705 年）是个大胆的科学预言。哈雷当时作出的这个预见，不仅在观察天象上具有意义，而且对于万有引力定律也是一个严峻的检验。这颗彗星的周期是 76 年，作出预见的哈雷本人当然没有机会亲自作观察，但许多天文学家一直怀着极大的兴趣加紧研究它。天文学家克勒罗认真计算了木星与土星对这颗彗星的引力作用量，他在 1758 年 11 月 14 日向法国科学院宣布这颗彗星复返近日点的周期，将比上一个周期长 618 天，故彗星出现日期应为 1759 年 4 月中旬，而由于计算的误差将可能使这一日期提前或推迟一个月。果然这颗彗星于 1759 年 3 月 12 日通过近日点，恰在克勒罗计算的误差范围之内。克勒罗后来重新校订了他的计算，日期提前到 4 月 4 日。如果他当时所用土星质量的数据再精确一点的话，这个日期还可提前到 3 月 24 日，与观测日期只差 12 天。由于当时并不知道天王星、海王星和冥王星的存在，所以没有考虑到这些行星对它的影响。如果加上这些行星的引力作用，那么理论预见与实际观测的偏差将更小。这颗彗星也因此被命名为"哈雷彗星"，这是表明假说演绎法的作用的一个极好的例子。

第三，演绎法对于发现疑难问题具有重要的作用。这就是所谓"证伪演绎法"[①]所起的作用。如上所述，应用假说演绎法，从某理论或假说 H 出发，加上陈述初始条件的命题 C，就可以演绎出事实命题 E。然后，检查这个事实命题。如果它被观察实验所否定，那么我们根据充分条件假言推理的规则：否定后件就要否定前件。即：

如果 H 而且 C，那么 E

非 E
_____

所以，非 H 或者非 C

这就是说，根据推断的事实命题被否定，那么作为解释性的这组前提（假说与先行条件的陈述）也就无法成立了。由此也就提出了疑难问题：究竟这组解释性前提中哪些命题是谬误的？究竟如何解释与原有推断 E 相违的事实？例如按照"热质说"，摩擦生热是由于摩擦的两个物体放出了和它们化学结合或机械结合混合的物质（当时把固体的熔化和液体的蒸发都看作是热质和固体物质或液体物质之间的一种"化学反应"）。公元 1798 年，从美国移居欧洲的科学家伦福德在慕尼黑钻造炮筒时，观察到产生的热量和钻磨量或多或少是成反比的。钝钻头比锐利的钻头产生出更多的热，但是削出的金属量反而少。这和由"热质说"演绎而得出的结论恰好相反。伦福德甚至发现一只简直不能切削的钝钻头，竟能在 2 小时 45 分钟内使 18 磅左右的水达到沸点。而这样多的热量是不可能从外界热源得到的，完全是由机械运动产生的。因此伦福德对"热质说"提出了质疑，他猜想热本身不过是机械运动的一种形式。1799 年英国物理学家戴维又揭示了"热质说"的另一个反例。他做了一个冰的摩

_____

① 所谓"证伪演绎法"是一种误解。过去长期流行着一种见解，认为利用否定后件假言推理式就可以达到证伪一个理论。其实，这是简单化的、不能成立的。详见下一节。

擦实验：在真空中用一只钟表机件使两块冰互相摩擦。整个实验仪器都保证在冰点温度。如果根据"热质说"的演绎结论，由于整个实验仪器都保持在冰点温度不变，也就是说并不存在两块冰中所含热质的流动与交换，或者说不存在固态的冰与热质的"化学反应"，冰不应该融化，可是实验结果正好与由"热质说"演绎而得出的结论相反，确实有一些冰因机械摩擦的结果而融化了。因此戴维认为这用"热质说"是很难解释的，为了解答这个疑难问题，他认为热是"一种特殊的运动，可能是各个物体的许多粒子的一种振动"。

由此可见，应用否定后件假言推理式的演绎，对于提出疑难问题是非常重要的。虽然应用这种演绎还不能达到证伪一个理论的效果，但是发现了问题就能导致原有理论的修改或提出全新的解释性理论。

总之，作为科学推理的演绎法是科学认识中的一种重要的方法。演绎推理是一种从一般推向个别的必然推理，只要演绎推理的前提正确，推理的过程又合乎逻辑规则，那么运用演绎法就一定可以从真的前提得出真的结论。因此，应用演绎可以给予许多理论命题相对的证明，可以解释和预见事实，还可以因推断被否定而对理由（解释性理论）提出质疑。所有这些都是科学研究中非常基本的活动方式，特别是演绎法在论证理论与检验理论中的作用尤其显著。可以说，离开了演绎法，科学研究活动也就无法进行。

## 第二节　证伪的复杂性

早先曾有过一种比较流行的观点，以为只要以假说 H 为前提，用演绎法逻辑地推出事实论断 E。如果关于事实的推断不真，那么假说也就被否定了。上述的演绎证伪模式如下：

如果 H，则 E

非 E

所以，非 H

　　但是科学史的无数事实证明上述的演绎证伪模式是过于简单了。在经验科学中对理论的否证实际上要比上述模式复杂得多。

　　20 世纪初，皮埃尔·杜恒对理论证伪的分析，指出推断是根据一组前提得出的，这组前提包括定律和关于先行条件的陈述。因此作为推断的理由不仅是某个被检验的理论假说，而且还包含有背景知识。这样，如果由演绎法推出的结论与经验不符合而出现相反的事实（反例）时，就不一定是理论假说的过错，也许是背景知识的过错造成的。它的演绎模式为：

$$如果 H 而且 C，那么 E$$
$$非 E$$
$$\overline{\phantom{aaaaaaaaaaaaaaaaaaaaaaaaaaaa}}$$
$$所以，非 H 或非 C$$

　　这就说明，一旦有反例出现，并不就是对假说的证伪，也许假说不对，也许先行条件的陈述不对。在这里，并不存在理论被证伪的逻辑必然性。在科学史上，由于先行条件的差错而造成理论暂时被怀疑是常有的事。比如，牛顿在 1665—1666 年间，就已提出了万有引力定律的理论命题，可是当时他并没有公布这个理论。直到 1687 年牛顿才在《自然哲学的数学原理》一书中公布了他的这一理论陈述。是什么原因使得他把这一伟大发现搁置了 20 年之久呢？原因是，在 1666 年时，牛顿计算所用的地球半径、太阳离地球的距离和太阳系的其他一些测量数据都不十分精确，由于这一背景知识的不足，使向心力的值和引力值在数量上并不完全符合，当后来（约在 1684 年）他得到了让·皮卡特关于地球子午线弧度的更精确的测量，计算的数据就变得十分精确了。[①] 因而，一旦补

---

① 关于牛顿推迟 20 年发表他的万有引力定律的原因，科学史上有两种意见：一种是本文所引证的牛顿同时代人彭伯顿的解释，另一种则是由亚丹斯和格莱舍尔在 1887 年提出的解释，认为困难在于牛顿在很长时间内为下列问题所困惑：地球对月球的吸引力是否如同它的质量全部集中在地心——把地球当作质心这样的几何点处理——完全一样？我们认为背景知识的不足和物理模型的困惑这两个原因兼而有之。

足了背景知识或者纠正了原有知识的谬误，理论推断的正确性也就立即显现了。由此可见，证伪一个理论与假说之间并无逻辑的必然性。

杜恒还提出，上述演绎模式也只是一种简化的形式，还有更为复杂的情况。他认为，要推断出某一现象通常还要涉及若干个假说，即前提中的理论部分包含几个假说，在这种情况下即使是先行条件陈述无误，从推断的错误中也只能否证那些假说的合取，而合取中的哪一个假说出了毛病，还需要进一步地认真考察。对于不能纳入原有理论框架的反常经验事实的出现，科学家并不会简单地抛弃原有的理论框架，而总是想办法在维护原有理论框架的前提下，通过个别部分的调整和适当的修改，尽量"消化"这些反常的经验事实，也就是说，为了解决理论与经验事实相符合的问题，为了恢复理论与观察的一致，科学家可以随意改变出现在前提中的任何一个假说，使得理论能够重新解释新的经验事实而免被反驳。

正是通过这种反常的经验事实对某一理论的反驳，又通过科学家为维护这一理论的核心而修改辅助性假说，理论就不断地发展和完善起来。而经过修改了的理论一般能够对原先曾经反驳它的经验事实作出一定程度的解释，这种修改辅助性假说的措施可以充分发掘某一理论的解题能力，促使理论在反常事实的冲击下不断完善。比如，1816 年英国物理学家普劳特提出了元素的原子量都是氢原子的整数倍的假说，可是人们在进行化学元素定量分析的过程中发现元素的原子量并不是氢原子的整数倍，例如氯的原子量为 35.45，与普劳特假说的推断不符。1913 年，索迪提出了元素的同位素假说作为普劳特理论的辅助性假说，认为在周期表中占据同一个位置的元素有好几种不同的表现形态，它们的原子量不相等，当它们按在自然界中一定丰度比例混合时，元素的原子量就变成带分数的了。这样普劳特理论就能够以索迪的同位素假说去消除它的反例。可见，科学理论是富有"韧性"的。只要提出的新辅助性假说，其本身也是可检验的，那么增加或更换辅助性假说是合理的。

任何理论命题并不仅仅作为单个的理论形态而存在，而是作为范围更加广泛的某一理论体系的一个部分而存在，因此这一理论即使遇到了反常经验事实的反驳，也总是可以依靠整个理论体系的力量来消化这个反常事实。正如维拉德·范·奥尔曼·奎因在《经验主义的两个教条》一文中所指出的那样，"任何陈述只要在系统中的其他地方进行大幅度的调整，就能够作为真的保留下来"。因此，包括各种辅助性假说在内的理论体系的这种网络结构，对反常事实具有很强的消化能力。

由此可见，任何科学理论都是具有"韧性"的，当对一个理论的检验出现与预测相反的反常事例时，只要对这个理论体系的局部作出调整，它就可以坚持下去，不被证伪，等待下一次新的检验。

理论证伪的复杂性还远不止上述这些，困难还在于经验证据的可谬性。

按照传统经验论的看法，认为观察是不会错的，经过一定精巧设计的实验验证也是不会错的。其实不然。首先，观察和实验离不开一定的观察手段和实验仪器，而观察手段与实验仪器是与每一特定时代的科学技术水平密切相关。由于其具有历史的局限性，因此实验仪器的精密度、测量的精确度都受到当时的生产力发展水平、它所能达到的工艺技术水平以及人们的认识水平所局限。"日心说"认为，地球在运动，演绎的结果应该是这种运动必然可以通过恒星的视差表现出来。也就是说，如果地球每年绕日运行一周，那么居住在地球上的人，在夏天和冬天两个季节观察同一颗恒星，这颗恒星的相对位置应当具有不同的方位。可是在哥白尼时代，天文学家从来没有发现这个现象。16世纪末，丹麦天文学家第谷·布拉赫曾经试图利用观察恒星视差来验证哥白尼的假说，他在汶岛天文台监制了一架在当时特别精密的仪器去观测恒星的视差，结果仍然一无所获。第谷根据证伪演绎法认为"日心说"是错误的，转而支持"地心说"的传统观念，提出了一个太阳—地球双重中心的宇宙模型，地球依然是宇宙的中心，月球和太阳围绕不动的地球转，而金、木、水、火、土五大行星则以运动的太阳为中心转动，这样就不存在恒星的视差。其实第谷的认识是错误的，因为当时观察不到恒星视差，不一定就代表"日心说"这一理论假说不正确，而恰恰是因为当时观察仪器精密度不够所致。正如哥白尼曾经正确地指出的，这可能是因为恒星离开地球的距离实在太远了，以致与这种距离比较，即使地球的轨道直径也是小得微不足道，因此恒星视差效应也就觉察不到了。为此他不得不把第八重恒星天放在离太阳系星体很遥远的地方。直到 1832 年韩德逊利用更加精密的仪器在好望角对恒星视差进行了观察，1838 年贝塞尔、斯特鲁维又对恒星视差进行了精密的测定，这样才使得从"日心说"演绎出的结论被观察的经验事实所证实。所以，当时的观察手段不能发现恒星视差，并不等于"日心说"被证伪。由此可知，对某些理论的检验在当时可能是很难的，或者是做得很不严格，出了差错，直到后来在更高的技术水平上进行检验，才把差错纠正过来。在科学史上这是经常发生的事。因此在今天的科学技术条件下不能确证的经验，日后发展了的科学技术不一定就不能确证。从天文学史看，大批技术高超的手艺人生产的大量日晷、星盘、子午仪、象限仪、春分仪、屈光仪、浑天仪等天文仪器，源源不断地供应天文研究的需要，仪器制造业的发展为天文学发展创造了更有利的条件。当伽利略把望远镜指向天空，就十分容易地发现了木星的四颗卫星，认识了金星的位相，分辨出银河系的组成，认识到月球上山岳峰岭的存在，发现了太阳黑子和太阳自转运动，观察到土星光环上的奇特现象，并以此作为日心说的确凿证据。测微器和量日仪的发明，钟摆与装置在象限仪上的望远镜的应用，使观测者能够觉察出天体位置最微小的移动，光谱仪、射电望远镜、雷达、人造卫星等的发明，都一次又一次地加强了人们对天象的观察手段，发展了人们对宇宙的认识能力。

其次，观察与实验既离不开观察与实验的对象，也离不开观察者或实验者。从 17 世纪以来，天文学家就已得知不同的观测者观察同一天体，结果总会有差异。英国皇家天文学家内维尔·马斯基林曾经辞退他的一名观察助手，认为这位助手的观察总是有错。到了 18 世纪，人们开始懂得观察者和实验者都可能存在误差，虽然高斯和拉普拉斯都试图证明利用最小二乘法将消除这些误差，不受任何观察者影响而获得真正"客观"的测量数据，但没有得到任何可靠的结论。实际上，有些观察结果只是观察者本人不正确的幻觉。如伽利略利用放大倍率很低的望远镜观察月面阴影所测定的环形山的高度，被引用来作为绘制月面地形图，其科学价值是很小的。正因为经验证据的可谬性，对实验结果必须持慎重的考核态度。

理论证伪的复杂性还在于，作为反驳一个理论的经验证据，它要依靠另一个理论来解释。这就是说，即使某个事实是可靠无误的，它也不能直接地排斥某一理论，一个事实之所以能够作为排斥某个理论的证据，这是另一个理论给予解释的结果。下面我们用地质学发展史上有名的"水成说"与"火成说"这两大学派的斗争来说明这一问题。

水成派理论 $T_1$：岩层及岩层中化石的形成是由于水的作用。

火成派理论 $T_2$：岩层及岩层中化石的形成是由于火的作用。

$T_1$ 所引用的事实依据 $E_1$ 为：水的沉淀过程使动植物遗体和地层严格分层分布。

$T_2$ 所引用的事实依据 $E_2$ 为：火山爆发的熔岩流形成新的地层，并把动植物埋葬在新形成的地层中。

水成派利用事实 $E_1$ 为 $T_1$ 辩护而拒斥 $T_2$，是依赖波义耳的溶液沉淀理论 $T_1'$ 作为他们的解释性理论的。伍德沃德和维尔纳认为所有的岩石都是在水中通过结晶沉淀形成的，动植物的遗体也被卷入了这个过程，最重的物质如金属、矿物和比较重的骨头化石沉积在最底下的地层中，在它上面是白垩中较轻的海生动物化石，最后在最高地层的沙土和泥土中的就是人和高级动植物化石。

火成派利用事实 $E_2$ 为 $T_2$ 辩护而拒斥 $T_1$，是依赖地球内部热力理论 $T_2'$ 作为他们的解释性理论。安顿·莫罗认为地球内部的热力升腾的结果冲破地壳的薄弱环节，形成一系列的火山爆发，一次火山爆发就构成一层地层及其所含的化石，另一次新的火山爆发构成的地层及其所含的化石又覆盖在它的上面。

从以上水成说与火成说理论的简单分析中，我们可以看到，理论 $T_1$ 要依赖 $T_1'$……，理论 $T_2$ 要依赖理论 $T_2'$……，它们构成了不同系列、不同层次的理论之间的竞争。如果再加入关于 $E_1$ 与 $E_2$ 各种先行条件的分析，理论证伪的证据问题就变得更为复杂了。这一场关于地质形成理论的斗争，从文艺复兴时期开始一直进行到 19 世纪中期，历时 300 年之久，成为科学史上有名的"水火不相容之争"!

从传统的证伪演绎法的观点来看，认为"事实胜于雄辩"，只要有确凿的经验证据就可以否证理论，但是实际上，作为否证的经验证据是要依赖理论的。以前例来说，看起来好像是事实 $E_1$ 拒斥理论 $T_2$，实际上是理论 $T_1$ 与 $T_2$ 之间的竞争，而 $T_1$ 与 $T_2$ 之间的竞争又来自更高层次的理论 $T_1'$ 与 $T_2'$ 之间的竞争。这样，一个反常事实 $E_1$ 对理论 $T_2$ 的拒斥就成为多元理论之间的竞争模型。因而，理论的证伪就不再是简单地取决于事实如何的问题，而是涉及对事实如何解释的问题，涉及不同的解释性理论究竟谁是谁非的问题了。

由此可见，理论的证伪是一个极其复杂的过程。任何一次性的所谓"证伪"都是无效的、不能成立的。这首先是由于关于事实的推断，并不单纯地只以某个理论为前提推导出，而是根据一组前提推导出。否定推断并不能证伪某个理论，因为先行条件有可能是错误的，其他背景知识也可能是有缺陷的。其次，理论是有"韧性"的，它可以通过增加或修改辅助性假说来消除反常事实，使理论免于被证伪。再次，经验证据是可谬的。由于生产和科学技术条件的历史局限性，观察和实验的误差并不是当时就能纠正的。最后，事实并不直接拒斥某个理论，它们之所以成为反驳某个理论的经验证据，这是另一个理论给予解释的结果。因而理论的证伪问题就涉及不同理论之间的竞争与选择的问题。

# 第三节　对证伪的历史发展观点

由上节分析可知，证伪理论是很复杂的，任何个别的实践活动都不足以否证一个理论。任何一次性的证伪都是无效的、不能成立的。因而，对理论的证伪必然是一个长期的历史过程。

实际上，任何一个既成的理论体系，在其历史发展的过程中，都拥有一系列的理论命题。即使是不可触动的硬核，也很少只是由单一陈述组成，而是由若干个理论陈述所组成的系列。个别的经验事实因其个别性，一般很难对理论陈述系列中的每一个理论命题都加以否证，至多只能否证一个或少数几个理论陈述。当科学史的发展已经积累了足够多的反常事实来拒斥这一理论系统并且出现了更富有成果的理论系统与之竞争时，这个理论体系被证伪的倾向性才逐渐增加起来。

我们说任何个别经验事实都不可能否证一个理论体系，这是从绝对证伪、一次性证伪这个意义上来说的。但从相对意义上来说，反常事实的出现，迫使理论要作出一定的反应，它或多或少地起了拒斥理论的作用，因此可以相对地把这种拒斥作用看作是对理论的"弱证伪"。正因为这个缘故，反常事实的积累将导致理论的危机。

既然我们认为对科学理论不存在一次性的绝对证伪，而只有表示一定程度拒斥作用的相对的"弱证伪度"或称为"可证伪度"，由此我们引入"可证伪度"的概念，以可证伪度的高低来表示拒斥作用的强弱，那么，如何评估可证伪度呢？

科学理论是客观现实的近似反映，它具有一定的逼真性，因而可以被确证。但又不完全符合客观现实，因而存在着反例，需要进一步修改发展，使之更符合客观现实。新旧理论的更替就是以逼真度高的理论来代替逼真度低的理论的过程。

依照静态的理想分析，判定一个理论的逼真度依赖于对理论确证度的评估或对理论证伪度的评估。确证度与证伪度是互补的：一个理论的确证度愈大，其证伪度就愈小；一个理论的确证度愈小，其证伪度就愈大。

然而，依照动态的实际分析，事情就远不是那么简单了。由于理论是具有韧性的，它能够通过自身的调整而"消化"反常事例。在哥白尼时代，人们只知道太阳系有六大行星：水星、金星、地球、火星、木星、土星。由于望远镜技术的发展，1781 年 3 月 13 日，英国天文学家威廉·赫歇耳发现了一颗新的行星，取名为天王星，使太阳系的疆域半径骤增为原来的 2 倍。可是在观察天王星的运行轨迹时，总发现它与用万有引力理论计算的结果不符，不是超前就是落后，"出轨"现象也很严重。天王星的这种"失常"引起了天文学家的普遍关注，有人根据证伪演绎法，怀疑牛顿万有引力定律是否可靠，可是鲍伐德却认为这是由于当时天文学的背景知识不够，天王星之外可能还有未知行星对它的轨道进行干扰，如果真能找到这颗未知的行星，倒反过来会成为万有引力定律的一次确证。

1845 年 10 月英国天文学家亚当斯计算出这个未知行星轨道，1846 年 8 月 31 日法国天文学家勒维烈也计算出这颗未知行星的轨道并告知柏林天文台天文学家加勒，指明了未知行星将在天空中出现的位置，加勒果然在 9 月 23 日晚离指定位置的误差不足一度处找到了这颗新的行星，取名为海王星。后来根据同样现象，采用同样方法，在 1930 年 3 月 21 日又发现了冥王星。由此可知，反常事实有时看起来似乎是对理论的否证，但是一旦理论作出某种调整之后，它就恰好是一个对理论的确证事例。因此人们虽然可以从确证事例去评估理论的确证度，但是不可以从反常事例去评估理论的证伪度。波普尔认为，证伪是一次性的、绝对的，而且任何理论最终都只能是被证伪。这种看法是何等的片面，根本不切合实际。其实，一次性证伪是根本无效的、不能成立。而且，理论证伪度的评估也是不能独立地依据反常事例来进行的。评估理论的证伪度必须依靠证伪度与确证度互补的原理，依据理论的确证度来评估理论的证伪度。除此之外，没有别的办法。

问题的困难在于理论的确证是个历史的过程。人们对确证度的评估并不是绝对的，而是具有时间指标的相对确证度。这种相对的确证度是历史的、变更的。那么，人们根据这种相对的确证度就只能对理论的可证伪度作出评估。因为证伪度是和绝对判定的确证度互补，而不是和相对判定的确证度互补。与相对确证度互补的并不是证伪度，而是可能的证伪度。也就是说，如果一个理论的相对确证度愈小，那么它的可能证伪度就愈大；如果一个理论的相对确证度愈大，那么它的可证伪度就愈小。

如果把上述解决评估理论证伪问题的方法用于实际，可以具体地分别列出如下的情形：

当一个理论未取得或只取得极微小的确证度时，它的可证伪度就较大，即被证伪的可能性较大。因而，还不能接纳它进入科学知识的大厦而让其占有一席位。但是，这并不意味着它已被证伪或证伪度极大，更不是判定它永远不得进入科学知识的大厦。比如：炼金术理论认为，太阳滋育万物，在大地中生长黄金，黄金是太阳的形象或原型。银白色的月亮代表白银，金星是铜，水星是汞，火星为铁，木星为锡，土星是最贱的铅。炼金术士相信，物质本身并不重要，但是它的特性却是重要的，因此改变金属的特性，就可以改变金属。黄金具有一种不怕火炼的理想的灵魂，凡金属都力求朝着黄金的方向提高自己，因此他们认为在这条道路上助这些贱金属一臂之力，应该是很容易的事。但是 1 000 多年过去了，包括牛顿在内，谁也没有炼出真正的黄金，实践反驳了炼金术。可是炼金术蕴含的一个理论陈述——"元素可以在一定条件下相互转化"这个思想，一直等到核物理时代到来，才终于被确证。在今天，通过高能加速器内原子核反应的过程，就既有可能改变元素的核外电子数，又可能改变核内的质子数和中子数。这样，元素可变的基本思想也就进入科学理论的大厦而取得席位。

当一个理论取得相当的确证度之后，它就不具有较大的可证伪度。因而，它总有一部分内容或以这种形式，或以那种形式继续被接纳在科学知识的大厦之内，再也不能把它完全拒斥于科学知识的大厦之外。如果要打个比喻的话，确证度就好比是入场券，一个理论体系想要进入科学大厦，并占据一定的位置，就必须首先经过"资格审查"。只有当它的预见得到确证，并在质和量上都得到一定的确证度之后，它才获得了进入科学大厦的入场券，而它在科学大厦中所占据的位置，则视其所获得确证度的大小而定。一个理论如果达不到"资格审查"所必需的最低的确证度，那么它理所当然不能被接纳，因为它还是一个可证伪度很大的理论。然而，一个理论体系一旦被接纳进入科学大厦，其中被确证过的内容，就不会被赶出科学大厦，只能在科学大厦内部把它归并到一个逼真性更大的理论体系中去。

在对立理论的竞争过程中，当其中的某个理论取得特有的确证事实时，它就相应地对别的理论给予一定程度的拒斥，反之亦然。比如说，当"日心说"得到了恒星视差现象的独特确证时，这就给予"地心说"一定程度的拒斥，表明"地心说"的可证伪度增大了。又如，当爱因斯坦的广义相对论获得了星光经过太阳附近发生偏折现象和恒星光谱的引力红移现象的独特确证时，这就给予牛顿力学一定程度的拒斥，表明牛顿力学的可证伪度增大了。

总之，科学理论是具有复杂结构的系统，是对现实图景的近似而逼真的描述，它既不是完全真也不是完全假，而且它自身又是不断发展的。人们判定科学理论的真理性也必然是历史发展的过程。所谓一次性证伪是无效的、不能成立的。必须把证伪度看作是确证度的反面，依据证伪度与确证度互补的原理，从理论的相对确证度去评估理论的可证伪度。把静态分析与动态分析统一起来，从实践的历史发展和理论竞争的历史发展中探讨证伪的合理性标准问题。

# 第十章  理论的修改、淘汰与复活*

## 第一节  理论修改的实质、类型和原则

科学理论并非是一成不变的，而是不断演变的。理论的修改就是科学理论演变的一种方式。理论的修改是指人们为了提高理论的解题能力和精确度，在理论的基本概念与基本命题保持稳定的情况下，对理论系统作出某种调整。理论的修改是理论自身的渐进性的演变，没有发生理论中的革命性转变。

科学理论之所以要不断地进行修改，一方面是由于研究者的认识能力具有局限性。人的认识手段、理论水平受到所处时代的限制；另一方面是由于研究对象的性质、关系的暴露往往是个历史的过程，人们不可能一蹴而就地获得完善的认识。

科学具有复杂的结构而且又具有韧性，这就使研究者可以通过调整理论结构的方式来完善自己的认识。要对理论进行调整修改，就必须了解理论的两个组成部分：一是理论的主要部分，这是一个理论体系的核心思想，它包括理论的基本概念、理论的基本命题以及表述定律的基本关系式等。

例如，在牛顿力学中，关于"力""质量""重力""作用力""反作用力""惯性""惯性系"等概念是该理论体系中的基本概念。而三大定律和

---

万有引力以及关系式，则是该理论体系中的基本定律。

理论体系的另一组成部分是辅助部分。这是理论核心思想的具体应用和辩解。通常所说的辅助性假说就是由此而得名的，表示这种假说在理论体系中处于次要的辅助性的地位。

对理论进行调整修改，就是对理论组成的次要部分进行删减、补充、更换，而理论的核心部分依然维持不变。如果修改理论时，改变了理论核心部分的内容观点，抛弃了原有看待研究对象的理论框架，那就意味着原有的理论实质上被否定了。所以，一个理论的核心部分是否被变换，这是区别理论的修改与理论的淘汰的界限。

理论的修改最重要的有以下两大基本类型：

第一，为理论的完善而自主修改。

所谓理论完善的自主修改是指：理论的提出者与支持者为了克服理论自身的不完备，作出一系列理论的补充，将理论与经验进一步有机地联系起来。

这种修改的特点在于对理论的一系列模型进行转换的工作。而模式转换实际上就是理论的修改与完善。模型转换不仅有利于使理论与经验有机联系起来，而且对理论研究方向、研究策略、研究程序提出新的看法，对可能发生的问题作出新的预见和解释。

例如，牛顿关于行星理论体系，即关于计算行星和月球轨道的理论，曾有过一系列的模型转换：

$M_1$——假定太阳和行星都是点状的质点，并且太阳是静止的。但是，$M_1$ 这个模型却和他的动力学第三定律不协调。于是又提出适合于行星运动的 $M_2$ 模型。

$M_2$——太阳和行星都围绕它们的公共引力中心（即共同质心）旋转。然而，$M_2$ 似乎只有太阳中心力，没有行星之间的相互作用力。于是他又提出 $M_3$。

$M_3$——由于系统中其他行星引力吸引的相互作用，而引起摄动。

$M_4$——行星之间质量分布上的不对称等。

这个例子中，牛顿理论由 $M_1$ 到 $M_4$ 的转换过程的变化，不是由于观察的反常所引起的，而是由于科学理论自身的应用而促使其修改。模型的转换是一种自行补充、改进与完善的修改过程。

第二，为对付反常所作的理论修改。

所谓对付反常的理论修改是指：当某一理论受到意外的反常事实的诘难时，为了消除反常的威胁，而对理论的辅助部分作出调整。

这种修改的特点在于：修改不是自主进行的，而是当某一理论面临意外、反常的挑战，迫使理论作出相应的调整，以提高理论的解释能力，力图"消化"反常而成为对该理论的确证。

拉卡托斯在《证伪和科学研究纲领方法论》中虚构的下面这个假想的例子是颇能说明问题的：

　　这是一个关于一起假想的行星行为异常的故事。有一位爱因斯坦时代以前的物理学家根据牛顿的力学和万有引力定律N，和公认的初始条件I，去计算新发现的一颗小行星P的轨道。但是那颗行星偏离了计算轨道。我们这位牛顿派的物理学家是否认为这种偏离是为牛顿的理论所不允许的，因而一旦成立也就必然否定了理论N呢？不。他提出，必定有一颗迄今未知的行星P′在干扰着P的轨道。他计算了这颗假设的行星的质量、轨道及其他，然后请一位实验天文学家检验他的这一假说。而这颗行星P′太小，甚至用可能得到的最大的望远镜也不能观察到它，于是这位实验天文学家申请一笔拨款来建成一台更大的望远镜。经过了三年，新的望远镜建成了。如果这颗未知的行星P′终于被发现，一定会被当作是牛顿派科学的新胜利而受到欢呼。但是它并没有被发现。我们的科学家是否因此而放弃牛顿的理论和他自己关于有一颗在起着干扰作用的行星的想法了呢？不。他又提出，是一团宇宙尘云挡住了那颗行星，使我们不能发现它。他计算了这团尘云的位置和特性，他又请求拨一笔研究经费把一颗人造卫星送入太空去检验他的计算。如果卫星上的仪器（很可能是根据某种未经充分检验的理论制造的新式仪器），终于记录到了那一团猜测中的宇宙尘云的存在，其结果一定会被当作牛顿派科学的杰出成就而受到欢呼。但是那种尘云并没有被找到。我们那位科学家是否因此就放弃了牛顿的理论，连同关于一颗起干扰作用的行星的想法和尘云挡住行星的想法呢？不。他又提出，在宇宙的那个区域存在着某种磁场，是这种磁场干扰了卫星上的仪器。于是，又向太空发出了一颗新的卫星。如果这种磁场能被发现，牛顿派一定会庆祝一场轰动世界的胜利。但是磁场也没有被发现。这是否就被认为是对于牛顿派科学的否定了呢？不。不是又提出另一项巧妙的辅助性假说，就是……于是整个故事就被淹没在积满尘土的一卷又一卷期刊之中而永远不再被人提起。①

理论的修改除了上述的最基本类型之外，还有为扩大理论的适用范围所作的修改，为提高理论系统的严谨性所作的修改，为精确表述定量规律所作的修改，等等。这里不再分别具体论述。因为理论修改虽是多种多样的，但并不都对探讨方法论同样具有特别的意义。

现在，我们讨论一下如何评估理论修改的合理性。我们反对那种认为理论的修改无合理性标准的观点，而肯定理论修改的以下原则：

第一，经过修改后的理论 $T_2$，必须能够解释原来理论 $T_1$ 所取得的成果。这就是说，凡是原来理论 $T_1$ 所能解释的事实，修改后的理论 $T_2$ 也能给予解释，而且凡是 $T_1$ 所作的成功预测都能从 $T_2$ 推导出来。如果经过修改后，$T_2$ 失去 $T_1$ 原来所具有的解释能力，那么从 $T_1$ 到 $T_2$ 的演变就不是进步，而是退步了。这不符合修改的目的。理论修改的目的在于增强理论的解释能力。

第二，经过修改后的理论 $T_2$，必须有比 $T_1$ 更多的经验内容。所谓"更多的经验内容"是指修改后的 $T_2$ 既能解释 $T_1$ 所能解释的事实，又能

---

① Imre Lahatos, Alan Musgrave: *Criticism and the Growth of Knowledge*, Cambridge University Press, 1970, p100—101.

解释 $T_1$ 所不能解释的反常事实。如果 $T_2$ 能比 $T_1$ 解释更多的事实，特别是作出新的成功预测，那意味着 $T_2$ 经受了更为严格的检验。

第三，禁止作出任何特设性的假说。所谓特设性的假说是为了解释反常事实而专门设计出来的又无法给予检验的假说。这种假说同辅助性假说的不同点在于：辅助性假说可以独立地给予检验，而特设性假说不能。

例如，"燃素说"认为燃素是一切可燃物体的根本要素，当物体燃烧时，燃素便逸出。可是金属煅烧实验反驳了燃素说，因为残剩的物质比原来的物质重。为了避免燃素说被反驳，有人提出了一种假设，即燃素可以在不同情况下，分别具有负的重量或正的重量或没有重量，这种辩解是一种无法检验的特设性假说。无论是化学反应前后的重量增加或不变或减少，燃素说都可不受其检验。所以，提出特设性假说是无助于认识向前发展的。

然而，特设性假说与非特设性假说的区别又是相对的。这是由于人们的认识和实验手段具有历史的局限性，往往把一些当时还不具备检验条件的假说，也误认为是特设性假说。例如狄拉克为了使自己的相对论性电子波动方程不被反驳，为了解决演绎出现的电子负能态困难，作了负能态存在和有关真空新图像的假说，认为在通常所知的物理世界中，全部负能态的每个态都被电子所占据，而把这些填满负能态的全部电子想象为一个无底的电子海，在电子海面以上就是正常的电子态，具有正的能态，在真空情况下所有电子正能态全未被占据，而所有负能态皆被占据，而当电子海中出现一个空穴时，电子负能态便显现出来，一个处在负能态的粒子的运动相似于一个处在正能态却具有相反电荷粒子的运动，因此狄拉克假设有一个与电子电量和质量相当的特殊"质子"的存在。狄拉克当时的假设只是为了方程本身的需要，虽然他本人坚信他的理论是真理，但是在当时，人们认为这是一个无法检验的特设性假说。可是在 1931 年，美国物理学家安德逊发现宇宙射线中存在正电子，使得狄拉克的假说成为可检验的，而且被确证了。又如泡利为了维护能量守恒原理不被"β衰变中有能量亏损"这一经验事实驳斥，在 1931 年提出了一个解决这些不可思议的能量损失的办法。他假定另有一个粒子带着这些找不到的能量伴随着 β 粒子一起从原子核中发射出，而这是一种神秘的粒子，具有一些特殊的性质，它既没有电荷，又没有质量，但却以光速运动，具有一定的能量，它的贯穿力极强，能够极容易地穿透地球，而且宇宙中到处存在着它们的踪迹。这在当时被看作是一个不能被实验验证的特设性假说。就连泡利本人也承认，事实上这种假设看来恰像是为了达到 β 衰变能量收支平衡而臆造出来的一个假项目。但是，物理学家们不久就确信，这种粒子是存在的。费米把这个假想的粒子定名为"中微子"。1956 年通过原子能反应堆中的核反应过程间接证明了中微子的存在，1968 年又用探测器俘获了来自太阳的中微子。

## 第二节　理论淘汰的实质、类型和原则

所谓理论的淘汰是指：某一个曾被确证的科学理论 $T_x$，它的理论系统被肢解或归并，不再作为独立的系统而存在，而被另一个理论系统 $T_y$ 所取代。

理论淘汰的特点不是某个理论与经验事实之间的双边关系，而是相互竞争的理论与经验事实之间的多边关系。一个理论不会由于出现反常事实而被淘汰。由于理论自身具有韧性，它能够通过不断修改的方式而避免被证伪。况且，它能够解释某些事实，且已被过去某些事实所确证。因此，如果仅仅存在不完善的理论，即使遇到大量的反常事实也不会被淘汰。正如斯台格缪勒所说，漏的屋顶总比没有屋顶好，破浆总比没有浆好。但是，如果同时并存着多个理论的竞争，情况就不同了。人们将有着进步与退步、完善与不完善、好与坏的比较，通过比较将重新择优，而劣的被淘汰。

例如，1847—1877 年以后，水星近日点轨道的进动一直是牛顿力学理论体系的一个反例。开始，科学家对这一反例的存在并不在意，至多只是感到有些遗憾。可是当爱因斯坦提出广义相对论理论体系，并用这一理论成功地解释了水星近日点轨道进动的超差现象时（爱因斯坦计算

阐明的数字是 43 角秒，与实际十分符合），才引起了科学家的广泛重视，特别当爱因斯坦提出的两个特别大胆、新奇的预见——光线被太阳偏折现象和大密度恒星光谱的红移现象，被分别在 1919 年日全食时对恒星光的观察和 1923—1928 年对从太阳表面铁、钛和氢所发出的光谱线的观察所证实时，广义相对论才得到了强度很大的确证。相对论理论体系的产生，使牛顿力学理论体系原来隐藏着的理论的不适用性被揭示出来，人们发现，在高速运动条件下，牛顿力学理论体系所作出的一切预见都将被经验事实否定，光电效应、黑体辐射、固体比热等经验事实，用牛顿力学理论都不能作出解释，在微观世界领域内，新的量子论的预见却是惊人地成功，而牛顿力学理论却毫无成效。现代物理学的发展已经清楚地表明，领导现代科学经过两个世纪的牛顿力学理论体系，在宏观低速运动条件下是具有很高的确证度的，但是在微观和接近光速运动这两个条件下，牛顿力学已不可取了，应当归并到范围更广的理论体系中，当然，在低速宏观物体的运动条件下，牛顿力学尚可以作为新的理论体系的特例而能与实际情况较好地符合。

一个理论被淘汰并不是简单地被否定和抛弃。它的一切被确证过的真理性内容都将以新形式保存下来。我们从理论淘汰的方式中能够清楚地了解这一点。理论淘汰的最基本类型如下：

（一）异质归并淘汰

所谓异质归并淘汰是指：并存两个不同的理论 $T_x$ 和 $T_y$，各自的基本概念是互不相同的，而且 $T_y$ 包含着 $T_x$ 的经验内容，从而 $T_x$ 被淘汰。也就是说，把 $T_x$ 原来所包含的经验内容归并到 $T_y$，理论 $T_x$ 不再独立作为理论系统存在。

例如，经典热力学是研究大量分子集体运动状态的宏观定律，是人类科学实践经验的总结，它不涉及单个分子的微观行为，不涉及热功和能量的微观本质。热力学定律有着自己特有的概念，如温度、熵、自由能、自由焓、内能、压力等。后来，统计热力学则从物质的微观运动形态出发，而将宏观性质作为相应微观量的统计平均值。因此，从物质微观的结构，原则上可以演绎推导出物质的宏观特性和一些定律，宏观热力学定律可以被包含或归并到微观的统计热力学之中。统计热力学以自己的特殊的概念就足以阐明宏观热力学一些原理和定律，统计热力学不再使用宏观热力学的概念。

（二）同质归并淘汰

所谓同质归并淘汰是指：新理论 $T_y$ 与原有理论 $T_x$ 的基本概念是相同的，而且 $T_y$ 可以推导出 $T_x$，从而 $T_x$ 不再作为独立的理论系统存在。也就是说，把 $T_x$ 原来所包含的经验内容归并到 $T_y$。

例如，1589 年伽利略通过比萨斜塔的实验，发现了 10 磅重和 1 磅重的两个球同时落地，又发现距离和物体坠落时间的平方成正比，由此建立了自由落体定律。到了后来，牛顿集大成，把所有力学成果总结概括成三条定律。这样，伽利略的自由落体定律及其公式便被"吸收"到牛顿力学之中，牛顿力学定律也就包含了伽利略的自由落体定律。伽利略的自由落体定律为牛顿力学原理所解释和阐明。伽利略的自由落体定律和牛顿三大定律有着相同的概念，因此说，伽利略定律已经被牛顿力学同质归并。

又如，18 世纪，德国数学家兼化学家里希特和化学家费歇尔发现了化合物之间的反应有定量的关系，而不是任意的关系，由此建立了一条经验定律——当量定律。1799 年法国科学家普劳斯特发现了两种或两种以上元素相化合成某一化合物时，其定量之比是一定的，也不是任意的，由此又确立了一条经验定律——定比定律。1804 年，道尔顿又提出了：当相同的两元素可生成两种或两种以上的化合物时，其中一元素之当量恒定，则另一元素在各化合物中相对重量有简单倍数之比，由此又确立了倍比定律。后来原子论学说获得成功和证实，上述三条经验定律便被吸收到原子论中，即原子论包含了上述三条经验定律，从本质上阐明了三条定律。上述三条经验定律和原子论有相同的基本概念，因此，这也是同质归并。

从上述理论淘汰的方式，可以进一步概括出理论淘汰或者说评选理论的合理性原则：

第一，任何用以淘汰某理论的新理论，应有超量的内容。

所谓有超量内容是指：$T_y$ 不仅能在 $T_x$ 获得成功的地方起到同样的作用，即能够解释原理论已解释过的一切事实，而且 $T_y$ 还能在 $T_x$ 失败的地方荣获成功，即 $T_y$ 能解释或预测 $T_x$ 所无法解释或预测的事实。这条原则相当于理论修改的原则一和二。在理论的竞争过程中，作为优胜者的 $T_y$ 理论，应该具有较强的启发力。只有具备这样的条件，$T_y$ 理论才能取代 $T_x$ 理论。

第二，取代被淘汰理论的新理论，应该有部分的超量内容被确证。

所谓部分超量内容被确证（或称超量成果）是指 $T_y$ 不仅比 $T_x$ 能推断出更多的经验事实，而且其中的有些预测已被证实。换句话说，$T_y$ 成功预测到 $T_x$ 无法发现的新事实，$T_y$ 得到了支持 $T_x$ 的经验证据之外更为广泛证据的支持。只有具备这样的条件，$T_y$ 理论才能取代 $T_x$ 理论。

第三，新理论对经验的描述应该比被淘汰理论更为精确。

所谓对经验描述更为精确是指：从 $T_y$ 理论推导出来的定量描述比 $T_x$ 理论所得出的更符合客观实际，$T_y$ 理论的计算结果能够校准 $T_x$ 理论计算中原来未曾发现的误差。换句话说，$T_y$ 理论比 $T_x$ 理论具有更强的解题能力，对 $T_x$ 理论中计算结果的误差进行校准。一个富有解题能力的理论甚至能纠正通过观察实验所取得的经验报告的误差。

比如，门捷列夫根据元素性质是随着原子量增加而周期性改变的规律，在他制定的周期表中留下一些未知元素的空位，他把它们称之为"类铝""类硼"和"类硅"，并预言了它们的性质。1875 年，法国学者杜布瓦德朗，从闪锌矿中发现了一个新元素，他命名为镓（Ga），并测得 Ga 的一些重要物理和化学性质，他测出其比重为 4.7。但门捷列夫预言的"类铝"的比重应该是 5.9—6，因此，门捷列夫告诉杜布瓦德朗：4.7 是个错误的数字。于是杜布瓦德朗再次提纯了镓，重新仔细测试了 Ga 的比重，果然结论为 5.94。它校准了经验报告中所存在的误差。

第四，新理论较之被淘汰理论更为简明。

所谓简明性是从逻辑上说的，在一个理论系统中，对那些已经简化的基本概念、基本原理的陈述，要尽可能减少数目。对那些复杂的现象，要提供尽可能简单的有效说明。在科学哲学史中，曾有人把这个原则称为"奥卡姆的剃刀"。奥卡姆主张，应该淘汰多余的概念，并建议在说明某类现象的两个理论中，应该选择更简单的理论。如果有两个在表述上等价的理论，就要选择较为简明的理论。当然，理论的简明性原则不是一个独立、主要的原则，它必须以确证度为先决条件，简明性必须服从于逼真性。

例如，在哥白尼以前，托勒密以一系列匀速圆周运动的叠加来描绘天体的运动。在数学处理上，他采用古代的偏心圆和本轮的概念，又加上对称点的概念，用一套非常复杂的方式来说明行星的运动和地球的不动。但这个体系仍不能解释很多天体运动的现象。后来人们又在托勒密的体系里大量地增加本轮的数目，其结果使"地心说"的理论体系变得越来越复杂，天体和本轮的配置变得越来越纷乱，行星运动的几何图形竟达到了有 79 个本轮和均轮的地步。而哥白尼的"日心说"体系与托勒密的"地心说"体系比较起来，则具有逻辑的简单性，具有简洁明了的数学形式。他把太阳作为宇宙的中心，看成不动的，其余行星按各自的周期绕太阳旋转，就不需要那么复杂的本轮和均轮来解释。在天文学史上，人们所以选择哥白尼的理论而放弃托勒密的理论，其原因之一是哥白尼理论比托勒密理论具有简明性。

## 第三节　理论复活的实质、类型和原则

理论的复活是指：一个曾经被确证又被淘汰的理论，或一个未曾取得确证又未能继续发展的理论，在新的历史时期，由于种种原因，它的确证度显著提高，于是人们就以新的形式，重建原先的理论系统，并恢复一度中断的研究传统。

理论复活有两个特点：其一，一个理论只有被拒斥，中断了它所形成的研究传统，然后才会出现在新的历史条件下重建复活；其二，理论的复活不是完全复旧，而是侧重于恢复其中被确证的部分。

理论之所以有复活的可能，是由于理论确证度的评估是相对的，总

是受一定的历史条件——包括生产、科学与技术发展水平的限制。理论的接受或拒斥总是依据某一个特定时期对理论确证度的相对评估。一个被接受的理论，可能在另一个历史时期又被拒斥；一个被拒斥的理论，也可能在新的历史时期被接受。总之，对相互竞争的理论的评价往往会发生历史的逆转。

关于理论复活的因素可以从两方面给予更具体的分析：

首先，理论的评价是依赖于经验证据的。如果发现以往的经验证据有谬误，或者在新的历史条件下又提供了更多的新经验证据，那么就必须对竞争的理论重新加以评价。原先只有较少经验证据支持的理论 $T_x$ 在新的历史时期却获得了较多经验证据的支持；而原先有较强经验证据支持的理论 $T_y$，在新的历史时期却变得只有较弱经验证据的支持，这样，原先是拒斥 $T_x$ 而接受 $T_y$，而现在却逆转为接受 $T_x$ 而拒斥 $T_y$。

其次，理论真理性的判定不是孤立进行的，它与高层理论是息息相关的。如果在新的历史时期，高层理论发生了转换，在新的理论框架下，作为低层的理论将获得新的支持。我们知道，高层理论拥有比低层理论更广泛经验证据的支持。当原先被接受的理论 $T_y$ 可以从高层理论 $T_y'$ 推导出来时，它则依靠 $T_y'$ 的一切经验证据给予间接支持。而在新的历史条件下，如果原先被拒斥的理论 $T_x$，由于高层理论转换为 $T_x'$，而且 $T_x$ 可以从新高层理论 $T_x'$ 推出，那么 $T_x$ 便获得 $T_x'$ 的一切经验证据给予间接支持。这样，原先被拒斥的理论 $T_x$ 现在则转而成为可接受的了。

总而言之，探讨理论的复活问题，将表明理论的竞争及其发展道路的曲折性，人们对理论的评价是一个复杂的实践和认识的历史过程。

那么，理论是如何复活的？大致说来，理论复活有两大基本类型：

**（一）理论基本内容的相对完整复活**

这种复活是指现代某些科学理论的核心部分来源于早期的某个科学思想。当时不同学派对于自然现象的解释不同，在理论长期的竞争过程中，其中某个理论占了上风，而另一些理论沉寂，甚至被人遗忘。但是，经过科学技术实践的长期发展，使得某些早期被拒斥的科学思想取得了相当程度的确证，因而在新的历史时期又重新复活。

例如，1815—1816 年，英国医学博士普劳特在匿名发表的两篇文章中，提出了所有原子量均为氢原子量的整数倍的大胆假说。照他的说法，氮 = 4 个氢，碳 = 12 个氢，氧 = 16 个氢，等等。普劳特的同时代人没有接受他的观点，并且很快就指出了一些和他这个大胆假说有矛盾的事实。例如，氯和镉的原子量被发现分别是 35.457 和 112.41，它们正好是两个整数之间约一半的数值。此外，对于原子量接近为整数的元素，如果认为原子是由氢原子集合而成的话，它们原子量的数值也总是比预期的要小些。因为氢的原子量等于 1.008 0，那么，氮的原子量就应当等于 $4 \times 1.008\,0 = 4.032\,0$，而它实际上却是 4.003，即少了 0.8%，同样，12 个氢原子集合在一起应当重 $12 \times 1.008\,0 = 12.096$。而化学上估计碳的原子量为 12.010。由于这些"明显的"反常，普劳特的假说就被拒斥了，几乎被人们遗忘了半个世纪之久。直到 1907 年，汤姆逊在他对"极隧射线"的研究中，发现在荧光屏上观察到的是两条甚至多条抛物线，这表明存在着质量不同的原子。例如，对于氯，得到了一条质量为 34.98 的氯原子抛物线，还有另一条质量为 36.98 的氯原子抛物线，两个数字都很接近整数。后来把同一种元素而原子量不同的原子定名为"同位素"，它们在门捷列夫周期表中占据同一位置。后来发现，这两种重量不同的氯原子的相对数量分别是 75.4% 和 24.6%。因此，平均原子量为 $34.98 \times 0.754 + 36.98 \times 0.246 = 35.457$，与化学上估计的氯原子量正好一致。阿斯顿进一步的研究表明，这对其他化学元素而言，也同样是正确的。由于取得了大量经验证据的支持，普劳特的理论又被人们接受了。

（二）理论基本内容的部分复活

这是指某一科学理论在与其他理论的竞争中，由于该理论缺乏经验证据的有力支持，被其他更富有成果的理论所取代。但是，后来出现新理论时，又把被淘汰理论中合理的部分吸收进去，从而使被淘汰理论中的部分内容得到复活。

例如，在物理学史上对光的本性的认识过程，就是理论部分复活的例证。17 世纪末，牛顿提出了光的微粒说，认为光是由发光体发出的弹性微粒所组成的，并按照力学定律以一定速度在真空中或介质内高速飞行的微粒流。这个学说解释了光的直线传播、反射和折射等现象，但不能解释干涉、衍射等现象。1687 年，荷兰物理学家惠更斯提出了光的波动说。他把光和声现象相类比，认为光是一种类似于弹性机械的纵波，光的传播是一种弹性介质"以太脉动"所引起的。这个学说能解释一般的反射、折射和双折射现象，也能说明两束光在空间相遇时彼此互不相干的光束的独立现象。19 世纪初，英国的托马斯·杨做了双缝干涉实验，提出了光的波长、频率等概念，确立了光的干涉原理；法国的奥古斯丁·菲涅耳等研究了偏振光干涉现象，确定了光波是横波，而微粒说对上述现象无法解释。1850 年法国的傅科证明了：光在水中传播的速度比在空气中要慢，而微粒说认为光在密媒介质中的速度要增大。于是，实验结果抛弃了微粒说，接受了波动说。直到后来，由于波动说无法解释光电效应等实验，而这些实验却能给予微粒说新的经验证据支持，于是微粒说就在光的"量子说"中得到了部分的复活。

理论的复活是一个理论从被拒斥地位向被接受地位转化，它并不是根源于人们主观信仰的转换，而是有其客观的依据。从总体上看，理论复活必须依据如下原则：

第一，被复活的理论必须具有经验证据相当强度的支持。

所谓经验证据相当强度的支持是指：在新的历史条件下，被复活理论 $T_x$ 的确证度已达到接近于当时流行理论 $T_y$ 的确证度。或者 $T_x$ 的确证度虽落后于 $T_y$ 的确证度较远，但两者的差距迅速地缩短，显示出 $T_x$ 富有启发力，而且它潜在的解题能力有待于人们去释放。

第二，被复活的理论必须具有某种可推导性。

所谓具有某种可推导性是指：被复活理论的所有基本理论命题或部分基本理论命题可从现行的某个高层理论中推导出来。因为一个理论过去被拒斥时，可能是与它相关的高层理论还未发展起来。而在新的历史时期，如果从相关的高层理论必然推导出曾被拒斥的理论，哪怕是推导出被拒斥理论的部分命题，那么它的复活也是合理的。

为了说明上述两条合理性原则，不妨以地壳运动的"大陆漂移说"为例证。

相传奥地利气象学家魏格纳在 1910 年生病卧床期间，偶然发现地图上南大西洋两岸轮廓的相似，便进行深入研究，于 1912 年发表了《大陆的生成》一文，1915 年又出版了《海陆的起源》一书。他认为大约在三亿年前，各大陆连在一起，称为"泛古陆"，后来才逐渐漂移到现在的位置上。他曾这样形象地说："就像我们把一张撕碎的报纸按其参差不齐的断边拼凑拢来，如果看到其间印刷文字行列恰好齐合，就不能不承认这两片碎纸原来是连接在一起的。"[①] 他提出以下的论据：

论据一，古生物学方面：为什么在大西洋两岸许多生物有亲缘关系？为什么热带的舌羊齿植物过去会在伦敦、巴黎甚至格陵兰生长？为什么庭园蜗牛能足迹跨越大西洋东岸的西欧和大西洋西岸的北美？为什么在南美、非洲、澳大利亚都有肺鱼、鸵鸟？为什么恐龙的化石也分别在巴西与南非的地层中发现？……他认为过去用动物迁徙和大风将植物种子吹散造成的结果不足以解释这些现象，如果确认过去存在过南方古大陆，就能解释上述现象。

论据二，地质学方面：南非的开普山脉同南美的布宜诺斯艾利斯山脉相接，不但地质构造相同，而且矿层的成分与年龄都一样，这又是什么原因造成的？欧洲的石炭纪煤层一直延续到北美洲，这又该怎么解释？为什么加拿大的阿巴拉契亚山脉同欧洲的加里东山脉有许多相似、共同之处？这也是大陆漂移说可以解释的。

论据三，古气候学方面：为什么在 2.5 亿—3.5 亿年前，今天地球两极地区曾是炎热的沙漠，而今天的赤道地区则出现过冰川？具体地说，巴西、刚果过去为什么会有冰川覆盖的现象？这也是大陆漂移说可以解释的。

综上所提出的问题，魏格纳认为，地壳的硅铝层是在硅镁层上漂移的，由此，他设想出全世界的大陆在古生代石炭纪以前，是一个统一的连续的整体。原始大陆中的北古陆（劳亚古陆）包括今天的欧亚大陆、北美大陆，南古陆（冈瓦纳古陆）包括今天的南美洲、非洲、印度、澳洲。以后美洲向西漂移，出现大西洋；非洲、印度、澳大利亚向北漂移，

---

① ［奥］A.L. 魏格纳著：《海陆的起源》，北京：商务印书馆，1964 年版，第 50 页。

逐渐形成今天的海陆分布状况。

魏格纳的学说碰到了难以解答的"驱动力"问题，即什么力量会使大陆漂移？当时，许多地球物理学家指出，海底并不是液态物质，大陆根本不可能像船一样在坚硬的海底上滑动，以后的事实也证明海底并不是平坦的。总之，魏格纳学说遭到了"固定论"的种种非议。就连他本人也不得不承认，形成大陆漂移的动力问题一直处在游移不定的状态中，还不能够得出一个满足各个细节的完整答案。他甚至感慨地说，漂移理论中的"牛顿"还没有出现。

在漂移说和反漂移说的理论竞争中，鉴于传统"固定论"的反对，又加之"驱动力"论证不充分，到了 20 世纪 30 年代，大陆漂移说逐渐沉寂下来，几乎被人们遗忘了，也可以说是被淘汰了。

可是到了 50 年代，由于对古地磁学的研究取得了很大进展，对岩石剩余磁性的测定发现了古磁极迁移的轨踪。这个奇特现象，其他学说无法解释，而用大陆漂移说就能解开疑团。从此，大陆漂移说由于新经验证据的支持而开始复活。到了 60 年代初，海底扩张说兴起，根据地幔对流运动，初步解释了大陆漂移说的驱动力问题。1968 年，法国的勒比雄把全球分为若干大板块，"板块构造说"深刻地说明了两亿年以来泛古陆破裂、漂移的过程。由此，大陆漂移说又得到理论的推导以及更多经验证据的支持。它与"固定论"相比，两者确证度的评估发生了逆转。

威尔逊在 1967 年出版的《地球科学的革命》一书中指出，大陆漂移、海底扩张、板块构造是一个主题的三部曲，这种地壳运动理论发展的三部曲是地球科学中的一场革命。这三部曲不仅解释了化石磁性，解释了为什么某种海鸟每年由南极向北极飞行的弯曲路线；还解释了新诞生的海洋（红海）、成长中的海洋（大西洋）、萎缩性的海洋（太平洋）、正在消亡的海洋（地中海）。而地壳固定论却不能解释上述海洋的实际变化。

以上大陆漂移说的提出、遇冷、沉寂、复活、再发展的过程表明，一个科学理论由于种种原因被拒斥，但在新的历史时期，由于经验证据与背景知识的演变，原被拒斥的理论将会以新形式在更高水平上得到恢复，并被人们所接受。

# 第十一章  科学理论系统化*

## 第一节  科学理论系统化的概述

科学理论的发展经历了漫长而曲折的道路。当任何一门科学理论累积了一定数量的概念、范畴、原理和定律之后，依据理论陈述的内在联系加以整理，系统地确定各个陈述所处的地位，就成为不可避免的事情了。这就必然存在着一个如何对某一科学理论进行系统化的问题。

所谓科学理论系统化，就是运用一定的逻辑手段，对某个特定研究领域中的某种研究传统所累积的庞大理论知识进行合理的重建。任何一门科学，总是要通过系统化的方法把已经获得的各种理论知识——概念、定律和原理构成一个严密的科学理论系统。这是一门科学发展成熟的标志。爱因斯坦说："由经验材料作为引导，研究者宁愿提出一种思想体系，它一般地是在逻辑上从少数几个所谓公理的基本假定建立起来的。我们把这样的思想体系叫作理论。"[①] 也就是说，科学理论应当作为一些逻辑上相互联系的命题的某种系统而存在，这些命题反映（描述）的是某个对象领域的本质，即规律的、普遍的和必然的内在联系。

理论系统化的特点就在于，构成理论体系的那些术语和陈述并不是按照任意的或外在的次序排列的，它们不像辞书那样按照词汇条目排列

---

* 本章执笔者：辽宁大学姜成林。

① ［美］爱因斯坦著：《爱因斯坦文集》（第1卷），北京：商务印书馆，1976年版，第115页。

顺序，而是依照理论陈述之间的逻辑性而构成一个严整的、连贯的系统。换句话说，理论系统中的术语，陈述相互间存在着一定的逻辑联系。借助于逻辑的手段，从某些陈述过渡到另外一些陈述，各个陈述之间串联的总和就组成了严密的理论系统。所以，系统化不是任意的，而是合理的重建。那么这种逻辑性或者说合理性，究竟是指什么？也就是说，理论系统化的逻辑手段（系统化的方法）是什么？

一种是演绎的理论系统。这里所运用的系统化方法（逻辑手段）是公理化的方法，即选择一些最基本的理论命题作为最原始的前提，叫作公理，然后应用演绎法，从公理推导出其他的一切理论命题，叫作定理。用这种方法进行系统化就可以建立公理化的演绎系统。最早的演绎系统可以追溯到古希腊的欧几里得几何学体系。现代的自然科学理论，普遍采用演绎系统的形式。

另一种是阐明对象发展的历史规律性的演化学理论系统。这里所运用的系统化方法（逻辑手段）是逻辑与历史一致的方法，即按照对象发展的历史规律性来确定理论系统的逻辑顺序。这种逻辑顺序不过是对象发展的历史过程在理论上纯态的、概括的再现。凡是阐明对象发展历史规律性的理论，比如天体演化理论、生命起源理论、物种进化理论、胚胎发育理论、科学程序理论等，普遍地采用逻辑与历史一致的方法。

理论的系统化无论采用哪一种方法，其目的都是为了建立具有以下基本特征的理论体系：

（一）严密的逻辑性

科学理论体系都应有严密的逻辑性，它们都应当是采用一定的逻辑方法，按照逻辑的必然联系组成的严密系统。

演绎系统的严密逻辑性表现在从前提推导出的结论具有必然性。也就是说，真理性必然从前提传递到结论。逻辑演绎的实质就在于从真前提推出假结论是不可能的。"我们推崇古代希腊是西方科学的摇篮。在那里，世界第一次目睹了一个逻辑体系的奇迹，这个逻辑体系如此精密地一步一步推进，以致它的每一个命题都是绝对不容置疑的——我这里说的就是欧几里得几何。推理的这种可赞叹的胜利，使人类理智获得了为取得以后的成就所必需的信心。"① 科学发展的实际情况表明，演绎法是使科学理论系统具有严密逻辑性的重要手段。

但是，公理化方法却不是系统化的唯一方法。由于各门科学的性质和发展状况不同，它们进行系统化的逻辑手段也不完全相同。遵照逻辑与历史相一致的原则，根据认识对象历史演变的必然性，建立科学理论体系的逻辑顺序，同样是逻辑严密的表现。关键在于命题之间的过渡不是任意的，而是合乎规律的过程。

（二）全面性

科学理论系统是在一定历史条件下人们对外界作出的近似的描述。客观世界的事物是复杂的，是各个部分、各个方面的相互作用、相互联系的完整统一体。因而反映客观自然界的理论系统也应当在一定历史条件下尽可能较全面地反映事物的情况。

由于历史条件的限制以及科学家个人认识上的限制，许多科学理论的真理性，开始总是不完善的。随着科学实践的不断发展，人们认识的逐步深入，才能一步一步地积累起对客观事物的较多方面的认识。而理论的系统化就是综合以往的认识成果，以理论体系的形式，提供到目前为止关于研究对象的最全面、最完整的认识。

（三）统一性

爱因斯坦曾论述过科学理论的统一性问题，他说："在发展的第一阶段，科学并不包含别的任何东西。我们的日常思维大致是适合这个水平的。但这种情况不能满足真正有科学头脑的人，因为这样得到的全部概念和关系完全没有逻辑的统一性。为了弥补这个缺陷，人们创造出一个包括数目较少的概念和关系的体系，在这个体系中，'第一层'的原始概念和原始关系，作为逻辑上的导出概念和导出关系而保留下来。这个新的'第二级体系'，由于具有自己的基本概念（第二层的概念），而有了较高的逻辑统一性，但这是以那些基本概念不再同感觉经验的复合有

---

① ［美］爱因斯坦著：《爱因斯坦文集》（第 1 卷），北京：商务印书馆，1976 年版，第 313 页。

直接联系为代价的。对逻辑统一性的进一步的追求，使我们达到了第三级体系，为了要推演出第二层的（因此也是间接地推出第一层的）概念和关系，这个体系的概念和关系数目还要少。这种过程如此继续下去，一直到我们得到了这样一个体系：它具有可想象的最大的统一性和最少的逻辑基础概念，而这个体系同那些由我们的感官所作的观察仍然是相容的。"[1]

古代力学知识的发展曾导致亚里士多德"物理学"和托勒密的"宇宙体系理论"，前者是描述物体在地球上的运动，后者是描述天体的运动。这两种理论是彼此分离、各自独立的。

伽利略和牛顿将精密的数学方法引进力学中，并使力学真正成为一门科学，随着开普勒行星运行定律被归并进牛顿的万有引力定律，引力定律精确地预言未知行星和彗星周期，地上物体运动的规律和天体运动的规律惊人地统一起来，从苹果到月亮，从沙粒到太阳乃至一般星体无不满足牛顿运动定律和引力定律，牛顿被誉为"宇宙的唯一解释者"。

但是到 19 世纪末，在物理学的发展中又发现了一些新现象，对于这些现象，经典力学的一些概念和定律就不再适用。经典力学的所谓绝对真理性，终于被表明为近似的、有限的。经典力学的适用范围只限于运动速度比光速小得多的宏观物体。

20 世纪初发展起来的相对论则是在更普遍意义上描述了物体的运动规律，不仅能够描述低速运动物体，而且更适于描述牛顿力学无法解释的接近于光速的高速运动物体。由此可见，科学理论的发展愈来愈走向统一。因而，统一性是科学理论系统的最基本特征。

（四）简单性

所谓简单性是指一个科学理论系统所包含的彼此独立的假设和公理最少。爱因斯坦是这样表达这个原则的："我们所谓的简单性，并不是指学生在精通这种体系时产生的困难最小，而是指这体系所包含的彼此独

---

[1]　［美］爱因斯坦著：《爱因斯坦文集》（第 1 卷），北京：商务印书馆，1976 年版，第 344—345 页。

立的假设或公理最少；……我的意思是指这样一种努力，它要把一切概念和一切相互关系，都归结为尽可能少的一些逻辑上独立的基本概念和公理。"①

"逻辑简单性"原则既不是理论内容上的简单性，也不是数学形式上的简单性，而是要求理论体系基础在逻辑上的简单性（独立的逻辑要素，即不下定义的概念和推导不出的命题尽可能少）和理论体系在结构上的和谐性。

一般地说，在两个相互等价的科学体系之中，逻辑上具有简单性的那一个可认为是更优越些。海森堡的矩阵力学虽然与薛定谔的波动力学等价，但是矩阵力学比波动力学更具逻辑简单性。在更高层次的量子场论中，正是由于矩阵力学中量子泊松括号具有逻辑简单性，因而它被采用为表达理论的有力工具。

根据"简单性原则"进行理论的选择，可以提高科学理论体系的可靠性。回顾科学发展史，物理学一直存在着这样一个企图，即寻求统一的理论基础，它是由最少数概念和基本关系所构成的，本学科领域的其他一切概念和一切关系，都可以用逻辑方法推导出来。实际上这也是所有科学理论系统所追求的目标。

科学理论系统所具有的以上特征，充分显示了科学理论系统化的必要性。它是科学理论发展到一定阶段的总结，是科学理论体系成熟的具体标志。

# 第二节　公理化的方法

公理化的方法是科学理论系统化的有效方法。我们研究和掌握公理化的方法，对于形成严谨的科学理论系统，具有重要的意义。任何一门

---

① ［美］爱因斯坦著：《爱因斯坦文集》（第 1 卷），北京：商务印书馆，1976 年版，第 299、384 页。

科学在其发展过程中，当积累了大量的理论知识，具备了一定数量的范畴、原理和规律以后，就会进行整理，构成系统的理论。公理化的方法就是依照某门科学所提供的理论知识，从中抽取出一些基本概念和基本命题作为定义、公理，然后应用逻辑规则演绎出其他一系列命题，构成理论系统。因此经过公理化处理的理论，已经不是零散知识的堆积和罗列，而是按照演绎逻辑建立起来的科学理论系统。

在科学史上，公理化的方法是出现比较早的。公元前 7 世纪以来，由于丈量土地和建筑的需要，几何学不断发展起来，积累了大量关于各种几何图形的计算技术与计算规则，简直令人眼花缭乱。怎样把它整理为一个严密的逻辑系统？这是一项艰巨的任务。欧几里得选取了少数不加定义的原始概念和不需证明的几何命题作为公理、公设，使它们成为全部几何学的出发点和原始前提，然后应用亚里士多德的演绎逻辑，推演出一系列的几何定理。这样就把古代关于几何的知识系统化成为一个演绎的体系，撰写了著名的《几何原本》( 共十三卷 )。其中五卷是关于平面几何，五卷是关于立体几何，还有三卷是关于数和比例的。第一卷开始时给出了 23 个定义，五条公设，继之为五条公理。其中的定义如："点是没有部分的""线是无宽的长度"；其中的公设如："直线与另两直线相交，如某侧两内角之和小于二直角，则此二直角如不限制地引申出去，必相交于其内角之和小于直角之一侧"；其中的公理如："相互重合的两事物是相等的""全体大于部分"。

欧几里得正是从这些定义、公理和公设出发，运用演绎法推出一系列的几何定理，以严谨的方式建立起几何学的理论系统。可以说，它是科学史上理论系统化的最早尝试。这本书是 2 000 多年来传播几何学知识的重要典籍，在历史上还从来没有一本教科书像《几何原本》那样巩固而长期地流传成为广大学生的读物。自 1482 年到 19 世纪末，《几何原本》的印刷本用各种文字出版了 1 000 种版以上。《几何原本》的深刻意义远远超出几何学本身，而更重要的是方法论方面的意义，它是应用公理化方法研究数学的典范。所以，欧几里得不仅是几何学理论的奠基人，而且是公理化方法的创始人。

随着人们科学思维能力的不断提高，人们逐步发现了欧几里得公理体系的一些缺点。例如"分""长""宽""界"等概念不加定义就使用了。有些定义用语含糊不清。在论证命题时，常常若明若暗地借助于几何直观。欧几里得通过诉诸图形叠置来证明它们的全等，推演出某些定理，但在公理中并没有提到这种叠置的使用。因此，欧几里得不得不越出公理系统之外去"证明"一些定理。正如任何科学的发展都经历着从不完善到比较完善的过程一样，公理化的方法也经历着从不完善到比较完善的逐步发展过程。后来许多数学家、逻辑学家对公理化系统进行了研究，不断克服欧几里得几何学公理体系所存在的直观性、不严密性等缺点，使公理化的方法不断地成熟起来。

公理化的方法产生于数学，是形成数学理论体系的重要方法，但它不仅属于数学。《几何原本》出现以后，力学、物理学、天文学等都仿效它，也把各自的理论公理化成具有严密逻辑性的体系。例如，阿基米德表述"静力学"的理论体系时，提出7条"公设"：

（1）相同的重物放在相同的距离上就处于平衡状态；而相同的重物放在不同的距离上则不平衡，杠杆要朝着放在较远距离上的那个重物倾斜。

（2）当放在一定距离上的重物处于平衡时，如果在其中一个重物上加一点分量，它们就不平衡了，杠杆要向加了分量的那个重物一端倾斜。

（3）同理，如果从其中一个重物取出一点分量，它们也不平衡，杠杆向没有取出分量的那个重物一边倾斜。

……

再从公设出发演绎出15条定理：

（1）在相同距离上处于平衡的重物是相等的……

（2）在相等距离上不等的重物不平衡，杠杆向较重的重物倾斜……

（3）不等的重物也会（或者说可以）在不同的距离上达到平衡，较重的物体应在较近的距离上……①

从哥白尼时代开始，伽利略、开普勒，已发现了许多力学定律。然后，牛顿在他的名著《自然哲学的数学原理》中，第一次系统地运用公理化的方法表述了经典力学的体系。在这本书里，他对"质量""动量""惯性"等作了定义后，提出了著名的牛顿三定律：

（1）每个物体继续保持其静止或匀速直线运动的状态，除非有力加于其上，迫使它改变这种状态。

（2）运动的改变和施加的致动力成正比例；并且发生在施加力的直线方向上。

（3）作用与反作用总是等量而反向。或者说，两物体间的相互作用总是大小相等，方向相反。

在这三条基本定律中，最重要的是第二定律。由它们出发，并结合万有引力定律，运用严谨的数学手段，可以演绎出整个经典力学体系。

牛顿第二定律作为一组运动微分方程，在给定初始条件及力场分布后，可以推出物体在任意时刻的状态（速度、加速度、位置、轨迹）。

定义力对时间的积累为冲量，可导出动量定理及动量守恒定律：物体动量的改变等于所受冲量；如物体在某方向受力为零，则该方向动量守恒。

若定义力对空间的积累为功，则可推出功能原理及机械能守恒定律：合外力对物体做功等于物体动能的增量；只受保守力作用的系统机械能守恒。

把上述定理与定律应用于转动系统，便有角动量定理和角动量守恒定律：系统角动量的增量等于外力矩的冲量矩；当合外力矩为零时，系

---

① ［美］乔治·伽莫夫著：《物理学发展史》，北京：商务印书馆，1981年版，第8—9页。

统角动量守恒。

以上构成了牛顿力学的整套体系，它在处理速度不太大、体积不太小的宏观系统机械运动时取得了巨大的成功。牛顿的《自然哲学的数学原理》曾被认为是经典力学体系的奠基著作，在科学历史上堪与欧几里得的《几何原本》相媲美。

18 世纪法国数学家、力学家拉格朗日引入了虚位移和虚功原理，同样运用了公理化的方法研究了任意力系的力学规律，推导出任意力系中质点运动轨道的微分方程和其他力学定律，开创了分析力学这一研究领域。拉格朗日公理化体系所得结果与牛顿力学公理化体系是完全等价的。

1843 年，哈密顿应用一种新的数学方法——变分法，提出了又一个与牛顿定律等价的原理——哈密顿原理。哈密顿原理有许多等价形式，由它可推出拉格朗日方程，进而反推出牛顿第二定律的数学方程。正因为如此，用哈密顿原理作为起始定律，亦可推出牛顿力学推得的一切定理与结论。于是，在牛顿力学的基础上，经过拉格朗日、哈密顿等人的工作，把经典力学改造成了更为精致和严谨的公理化体系。

公理化的方法在热力学中也得到了应用。从热力学的两个最基本定律出发，可以给出各种热现象及热运动体系的严谨的数学描述。

热力学第一定律指出：系统在任一过程中吸收的热量等于内能的增量与对外做功之和。

热力学第一定律宣告不能制成第一类永动机（不消耗能量而对外做功的机器）。它实际上是能量守恒与转化定律在热学方面的体现。

热力学第二定律指出了热运动的方向性，它指出：热量自发地由低温物体转向高温物体而不引起环境变化是不可能的。它宣告把吸收的热量全部对外做功的第二类永动机也不可能成功。

从以上两条定律出发，可以讨论各种热力学问题，导出一系列重要结论和公式。例如：

（1）讨论理想气体的性质，定量给出系统的热容量、内能、状态方程等。

（2）讨论理想卡诺循环，指出一切真实热机效率不高于卡诺热机效率。

（3）导出热力学系统的各种热力学函数（熵、焓、内能、自由能、吉布斯函数等）以及各种函数间的一切热力学关系。

（4）讨论热力学系统的各种平衡问题，如热平衡、力学平衡、化学平衡、相平衡等。

这一切构成了整个热力学体系。

再来看电动力学。整个电动力学体系正是以麦克斯韦方程组的四个方程和洛仑兹力公式为基础依照公理化的方法建立起来的。

19世纪，人们在实践中已经总结了诸如库仑定律、安培定律、法拉第定律等许多关于电与磁的实验定律。在此基础上，具有严谨数学头脑的苏格兰物理学家麦克斯韦创造性地概括出高层次的电磁理论，提出麦克斯韦方程组。同时洛仑兹根据电磁相互作用关系提出了运动电荷在电磁场中受力的洛仑兹公式。以上这些电磁场的运动规律及它和带电物体的相互作用规律，成为电动力学的理论基础。已知有关电磁学的一切实验定律，如欧姆定律、库仑定律、安培定律、法拉第定律等，都可由此推出。

量子力学也可以看作一个公理化理论体系，从薛定谔波动方程和不确定性原理出发，可以得出各种量子化微观系统的各种力学量的本征值及取值几率，从而定量描述微观系统的状态及运动。

就其本质而言，薛定谔方程在量子力学中的地位与牛顿第二定律在经典力学中的地位相当，正像经典力学的一切定理、定律及力学关系都由牛顿三定律以及万有引力定律推出一样，描述微观运动的各种关系均可由薛定谔方程以及不确定性原理关系推出。

20世纪以来，公理化的方法应用到数学和物理学的各个部门中去，这说明了随着自然科学的发展，公理化方法本身也得到发展，从数学中的一个方法发展成为物理学中的一个方法，并不断通过数学和物理学的发展，经受实践的检验。这正如数理逻辑学家A.A.弗兰克尔所说："数学中的公理化方法始于欧几里得的《几何原本》，到了19世纪，它又得到更新，当时主要是用于几何学，20 世纪以来，公理化的方法已经获得了巨大的发展，几乎所有数学与逻辑学领域和物理学与其他科学的某些分支都经历了公理化的分析。"[1]

公理化的方法在经验科学中的应用，有其自己的特点。依据牛顿的看法，在经验科学中应用公理化的方法可分为两个阶段：

第一阶段是建立一个演绎的公理系统；第二阶段是对公理系统的理论体系作出经验的解释，即将公理系统与物理世界中的事件联系起来。

在《自然哲学的数学原理》一书中，牛顿自始至终坚持区分公理系统和它在经验中的应用。例如，牛顿在关于流体动力学的章节中，区分了在各种假设没有阻力的条件下用以描述运动的"数学动力学"与它在经验中的应用。在用实验测定一种特定的介质的阻力怎样随穿过它运动的物体速度而变化后，就实现了数学动力学的应用。这是牛顿对科学方法理论作出的最重要的贡献之一。

公理化的方法对科学的发展及科学理论体系的形成有着重要的作用，因而引起了人们的重视，并把公理化本身作为研究对象，探讨它的合理性标准问题。

建立公理化系统必须遵循如下原则：

第一，公理化系统必须是无矛盾的。这就是说，从公理体系所确定的几个基本定义、公理和公设出发，无论推论多远，决不会出现相互矛盾的命题。如果在公理体系中演绎出相互矛盾的命题，那么这样的理论系统就不可能是严格的、一贯的。

对于任何一个经验科学理论系统来说，如果理论命题 A 和 −A（A 的否定）在这个系统中不会同时成立，那么这个系统可称为无矛盾的系统。因为相互矛盾的命题不可能同真，因而对于任何一个理论系统来说，如果不满足无矛盾的要求，那么这样的理论系统是含有谬误的，从而也就失去了科学的意义。

第二，公理化系统应当尽可能地完备。这就是说，所选定的公理应

---

[1] Paul Bernarys. *Axiomatic Set Theory*. North-Holland Publishing Company，1958，p3.

当是足够的。本学科理论的任何定律均可由这几个公理推导出来。如果缺少了必要的公理，那就有许多定律不能从中推导出来，也就难以建立严整的科学理论体系。

从排中律的观点来看，某个陈述及其否定必有一个是真的。如果在一个理论学科中所包括的全部真的陈述毫无遗漏地在本系统中被证明，那么这样的公理化系统就是"完备的"；如果有的陈述和它的否定都不能被证明，那就说明在这个系统中遗漏了一些真的陈述，这样的公理化系统就是"不完备的"。

第三，每个公理应当是独立的。这就是说，在本系统中，任何一个公理都不能由其他公理推出来。对于构造一个理想的公理化系统来说，必须具有最大的简单性。每一个公理都不能从其余的公理推出来。如果存在着可从其他公理推导出来的公理，那么这个公理就没有独立存在的必要了，它就是一般的定理。只有满足公理独立性的要求，才使公理化理论系统具有最大的简单性。

人类的认识水平总是受一定历史条件的限制。在特定历史条件下建立起来的公理化系统总是有一定的局限性。因而，对于任何一个特定的公理化系统来说，都不是绝对严格、完备的。随着时代的推移与科学的发展，后世的人们总是可以发现原来建立起来的理论系统的缺陷，他们将建立起新的更为合理的理论系统。

# 第三节　逻辑与历史一致的方法

任何一门探讨对象演化的科学理论都表现为历史的逻辑体系。这种逻辑体系和对象的历史发展过程是一致的。逻辑和历史的一致为演化学的理论系统化提供了客观依据和方法论的指导原则。

这里所说的历史，是指客观事物本身发展的历史过程，以及人类对客观事物认识发展的历史过程。这里所说的逻辑，是指理论对研究对象的发展规律的概括反映，是历史的事物在理论中的再现。

　　事物发展的历史总是丰富多彩的，是在无数的偶然、曲折中展现出事物内部的必然性。而逻辑是以"浓缩"的形式，在"纯粹"的形态上，撇开了一切偶然的因素去把握客观事物历史发展的内在规律性。演化学的理论行程（逻辑顺序）必须和客观事物发展的历史相一致。也就是说，这里所具有的逻辑性正是再现了对象发展的历史规律性。恩格斯说："历史从哪里开始，思想进程也应当从哪里开始，而思想进程的进一步发展不过是历史过程在抽象的、理论上前后一贯的形式上的反映；这种反映是经过修正的，然而是按照现实的历史过程本身的规律修正的。"①

　　按照逻辑与历史相一致的方法，科学理论系统的逻辑起点与事物发展的历史起点应当相一致。事物的发展过程是有开端的，人们描述事物的发展过程也有一个开端；理论体系的开端，要与事物的发展过程的开端相一致。继之，理论系统的逻辑次序应逐步展示出客观对象由简单到复杂、由低级到高级的历史发展过程。

　　科学是对外部世界认识的概括和总结，要形成自己特有的一套概念和范畴体系去反映客观对象的发展规律。而每一概念、范畴的形成和发展都表明了人类对客观事物的认识所能达到的水平。作为反映和认识世界的概念和范畴体系，也应当从最简单、最抽象的概念和范畴到越来越具体、复杂的概念和范畴，并且随着人类认识的不断深入，概念和范畴体系也越来越丰富、越来越深刻。这就充分体现了由概念、范畴所构成的理论体系与人类认识世界的思维发展进程的一致。

　　从概念、范畴发展的程序来看，一方面，较前的概念、范畴是发展到较后的概念、范畴的前提和出发点，不阐明前者就不能阐明后者；另一方面，较前的概念、范畴比较简单、抽象，只有发展到以后的更复杂、更具体的概念和范畴，才能给前者以最充分、最完全的说明，因此后者又是前者的展开。这两方面的有机统一，恰好形成科学理论的一个完整系统。

　　总之，任何演化学的理论系统，它的逻辑结构应当保持与事物发展

---

① 《马克思恩格斯选集》（第2卷），北京：人民出版社，1972年版，第122页。

的历史相一致，与科学发展的历史相一致。

由于演化学的理论系统不是依靠公理化的手段建立起来的，所以，它与演绎的理论系统不同，应当符合以下的基本原则：

第一，与历史一致的逻辑必须是从历史中"提纯"出来的必然性。

逻辑与历史的一致决不是两者机械的相符，而是理论的逻辑性与历史的必然性一致。现实的历史发展过程是一个错综复杂的过程，有必然因素和偶然因素。历史发展的必然性是通过无数的纷纭复杂的现象以曲折和迂回的道路表现出来的。而逻辑必须是撇开历史行程中迂回曲折的细节，撇开次要的、偶然的因素，而在纯粹的形态上来把握事物发展的必然性。也就是说，必须从经验的事实陈述，抽象、概括上升到理论的陈述，以理论的逻辑性展现出历史的必然性。这种对历史进行"修正过"的逻辑的东西，并不是远离了历史，而是真正揭示了历史的必然性，更加深刻地认识到历史的本来面目。

第二，与历史一致的逻辑必须具有预测力。

一个演化学的理论系统不仅要求能够成功地解释已往对象发展过程的历史事实，更重要的是必须对未知事实作出成功的预见。因为真正符合历史必然性的逻辑，不仅解释已知的事实是有效的，而且预测未知的事实也是有效的。诚然，现实的历史是充满偶然因素、机遇事件的，而且许多研究对象又是很难给予实验的，如宇宙的演化，从猿到人的演化，等等。但这并不是说，演化学的理论系统是无力作出预测的，更不是不可检验的。宇宙大爆炸说关于背景辐射的推断，人猿同祖说关于类人猿遗骸（化石）的推断，都表明演化学的理论系统是具有预测力的，是同样可以严格检验的。那种以为演化学的理论系统无预测力，是不可检验的，或类似于占星术，这种观点是根本错误的。

凡是真正揭示历史必然性的理论系统，都是富有成果的。它不仅具有解释的能力，而且具有预测的能力。一个演化学的理论系统必须满足具有预测力这一条件。

综上所述，无论是公理化的方法，还是逻辑与历史一致的方法，都是科学理论系统化的有效方法。这是从科学理论的发展实际中总结出来的，并且是经由科学理论的发展实际所检验的。

然而，科学理论的系统化方法和其他方法一样，不是既成不变的，而是历史发展的，这意味着公理化的方法、逻辑与历史一致的方法不仅有其发展而趋于完善的过程，而且还有可能随着科学的进步，在科学实践中出现新的系统化方法。这就需要人们不断地创新，不断地总结和提高，不断地发展科学理论的系统化方法。

# 第十二章 科学知识的增长[*]

## 第一节 对几种科学知识增长模式的分析

关于科学知识增长模式的研究必然会涉及知识产生的源泉和机制、评价、选择知识的标准，以及新旧知识之间的联系等问题。如果我们把科学知识的增长看作是科学进步的标志，那么科学知识增长的模式实质上就是科学进步的一般表现形式。下面拟就西方科学哲学中几种较有影响的科学知识增长的模式，作一些初步的分析。

### 一、波普尔的证伪主义模式

波普尔于 1934 年发表的《科学发现的逻辑》一书中，系统地论证了他的科学知识增长的证伪主义模式。

在他看来，"科学既不是一种确定的、基础良好的陈述系统，也不是向着一种最终目标稳步前进的系统。我们的科学并不是认识：它永远得不到真理，甚至像几率那样的真理的代替物"。[①] 因而科学只能在"猜测——被证伪——再猜测——再被证伪"这样的反复中前进。他大胆地摈

---

\* 本章执笔者：中国社会科学院哲学研究所章士嵘。

① Karl R.Popper: *The Logic of Scientific Discovery*, Hutchinson of London, 1977, p278.

弃了科学的进步是绝对无误的知识直线式的积累模式，把猜测与反驳看作是科学知识发展过程的本质。在方法论上他对科学家的忠告就是"大胆地猜测"和"严格地反驳"，把证伪当作发展科学的手段，甚至当作科学发展的目的。

但是，波普尔所描绘的科学发展却是一幅令人泄气的图画。他认为："科学并不是建立在坚固的岩石层上。它的理论的主要结构是建立在沼泽上的。就像一个积木式的建筑物一样。这些积木块从上而下沉入沼泽，但不是沉向任何自然的或'给定的'基础；如果我们停止这种沉下的工作，那决不是我们到达了一个坚实的地基。我们停止这种工作只是因为这些木块暂时能够支撑整个结构的重量。"[1] 正是这一点使他的证伪主义模式显得过分极端、片面，并与科学进步的基本事实相违背。

后来他在《客观知识》一书中把科学知识增长的模式表述为另一种形式，即 $P_1$—TT—EE—$P_2$。也就是说科学从问题（$P_1$）开始，通过提出试探性理论（TT），然后用证伪加以消除错误（EE），进而发展到下一个问题（$P_2$）。他用这个模式是想消除过去的模式不能对科学进步作出说明的根本弱点。现在，他可以这样说了，"科学应被看成是从问题到问题而进步的。随着这种进步，问题的深度也不断地增加"。[2] 而且问题是不断发生的，从而科学也就获得了发展。尽管如此，他仍然认为贯穿这个模式的红线是一个猜测与反驳的过程，也就是不断假设和不断被证伪的过程。他把这个模式称为"以猜测和反驳为手段来解决问题的一般模式"。[3]

这个模式的优点就在于突破了逻辑实证主义对科学知识仅作静态的语言的逻辑分析的框框，把人们的眼光引到对科学知识的增长作动态考

[1] Karl R.Popper: *The Logic of Scientific Discovery*, Hutchinson of London, 1977, p111.

[2] Karl R.Popper: *Conjectures and Refutations*: *The Growth of Scientific Knowledge*, Routledge & Kegan Paulple, 1963, p222.

[3] Karl R.Popper: *Objective Knowledge*: *An Evolutionary Approach*, Oxford University Press, 1972, p164.

察的广度和对这一过程的内在机制作逻辑说明的深度。他强调了理论思
维的能动作用，为科学家设计了一种富有批判精神的猜测、反驳、再猜
测、再反驳的科学探索的逻辑。

　　但是，只要一接触到波普尔对这个模式的种种说明，我们就会发现
这些合理的思想几乎就要被他的错误的哲学思想所吞没了。首先我们来
分析他对问题的看法，这实际上也就是他对知识产生的源泉和机制的看
法。他认为新知识是从灵感或柏格森的"创造性的直觉"中产生的，要
靠非理性的因素。他把科学知识称为客观知识。在这里客观的意义不是
指知识中具有不以人的意志为转移的内容，而是说它是从世界3[①]中自主
地产生的，是"用语言表述的要经受批判的理论"。在他看来，问题有各
种类型，有的产生于一个理论的内部，有的产生于两种不同的理论之间，
有的产生于理论与观察的冲突。但实际上他只承认第一种问题产生的方
式。他强调说："更详细的分析表明我们经常是从世界3的背景中提出问
题的。""只有依靠一定的背景一个问题才能提出来。"[②] 这就是说，问题早
就存在于世界3之中，只是后来为人们所发现才被提出来。而且从这一
问题到另一问题的转换，也是通过猜测来实现的。在他看来，"问题在它
们被解决和解题的方法被仔细考察后，就会趋向于产生子问题：即较之
老问题常常具有更大的深度和丰度的新问题"。[③] 而且"从旧问题到新问
题的知识的增长是以猜测和反驳为手段的"。[④] 可以说，波普尔肯定科学
开始于问题的命题是富有启发性的，但他并没有对问题的产生和问题的
转移作出令人信服的说明。

　　在科学知识的评价和选择上，波普尔提出了"可证伪度"和"逼真
度"的概念。他把可证伪度理解为可反驳性或可检验性，把逼真度理解

[①] 世界3，由波普尔提出的概念，指人类精神产物的世界。
[②] Karl R.Popper：*Objective Knowledge：An Evolutionary Approach*，Oxford University Press，1972，p165.
[③] Karl R.Popper：*Objective Knowledge：An Evolutionary Approach*，Oxford University Press，1972，p287.
[④] Karl R.Popper：*Objective Knowledge：An Evolutionary Approach*，Oxford University Press，1972，p258.

为理论的真实性内容的量度减去虚假性内容的量度。他认为对竞争着的理论的批判性评价，最有意义的就是对其逼真度的估价。随着一门科学的进步，它理论的逼真度就不断增长，而且他认为知识的内容、可证伪性和逼真性都可以用非几率的方式来量度。在这方面，波普尔做了有益的探索。

但是这种逼真度不断增加的看法和他的证伪主义的根本立场是不能调和的。他在真理问题上就采取了类似色诺芬尼的观点，即认为真理就像在山顶的尖端，只可接近而不能达到。波普尔在有些地方虽然也提到真理的客观性，并把逼真度解释为接近真理的程度，但他又认为一个假的理论可以比另一个假的理论更接近真理，甚至主张用逼真度来取代真理的概念。这与他主张理论只能被证伪而不能被证实的极端相对主义的立场是完全一致的。

最后，波普尔只能用生物进化论来作不适当的类比，把相互竞争的理论的选择说成是生存竞争和自然淘汰。所以波普尔所说的试错法与一般所说的试错法，目的大不相同。它不是通过消除错误而认识客观真理，而认为证伪就是一切，要人们永远错下去。他甚至夸张地说："科学发现近似于试探着说谎，近似于创作神话和诗的想象。"[1] 在他看来，"试错法根本上就是生命有机体在适应环境过程中所使用的方法。"[2] 从阿米巴到爱因斯坦都是使用试错法，只有本能的、非理性的、非批判的和自觉的、理性的、批判的区别。但这种区别并不是重要的，"从阿米巴到爱因斯坦仅仅相差一步"。[3] 他认为生物进化中的突变可以解释为相当于试错的"开局让棋法"，而自然选择则可由消除错误而达到控制的目的。依据这种认识进化论的思想，他把科学知识进化的图式表达为：

---

[1] 见《世界科学译刊》，1979 年第 8 期。

[2] Karl R.Popper: *Conjectures and Refutations*: *The Growth of Scientific Knowledge*, Routledge & Kegan Paulple, 1963, p312.

[3] Karl R.Popper: *Objective Knowledge*: *An Evolutionary Approach*, Oxford University Press, 1972, p246.

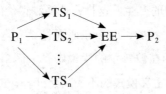

在这里 TS 是试探解法的意思，与试探性理论（TT）是一回事。他把消除错误的控制比作是机体的眼睛或反馈系统，把理论的发展看作是进化。但由于人类认识是理性的、批判的，所以被淘汰的不是有机体自身，而是错误的理论。为什么波普尔要采取这种牵强的类比呢？问题还是出在他的证伪主义的根本立场上。因为采取这种证伪主义的模式来描绘科学知识的进步，否定了归纳在方法论体系中的地位和作用，切断了问题与实践的联系，就必然要坚持先验论的"天生的知识"的立场。而论证"天生的知识"最容易的办法，就是把期望知识的能力外推到生物界，用现成的广泛被接受的生物学理论反过来支持证伪主义的论点。

波普尔论证说，知识增长的过程就像达尔文所说的"自然选择"，即"自然选择假设的过程"，生存竞争使不适合的假设被淘汰，而相对适合的假设留存下来。他说："这种解释可应用于动物的知识、前科学的知识和科学的知识。""从阿米巴到爱因斯坦，知识的增长经常是相同的：我们试图解决我们的问题，通过消除的过程得到某种接近于适当的试探性解决。"[①] 这种阿米巴的知识增长模式能告诉我们什么呢？至多不过是告诉我们，你要获得知识，就像阿米巴那样去试错吧！

通过以上的分析，我们可以看到波普尔的证伪主义模式所包含的认识论思想是十分片面的。他既然没有解决好知识的源泉问题，也就不可能进一步解决科学知识增长的逻辑问题。在知识评价问题上，他虽然羞答答地引进了理论与经验相比较的办法，把可证伪性归结为可检验性，但波普尔始终没有阐明假设的选择是怎样进行的。如果说达尔文的进化论的不成功之处是没有从理论上说明新东西的产生，波普尔的认识进化

---

[①] Karl R.Popper：*Objective Knowledge*：*An Evolutionary Approach*，Oxford University Press，1972，p261.

论同样没有说明新知识的产生。这样，选择和评价的标准也就无从解决，最后只有一点两者是一致的，即旧东西通过生存竞争、自然选择而被淘汰，而被淘汰与被证伪在波普尔的学说中是一回事。把证伪与摒弃混为一谈正是波普尔的证伪主义模式的不成功之处。

## 二、库恩的科学革命模式

库恩强烈地反对那种科学知识积累式发展的模式，主张用科学革命的模式来代替它。按这种模式，科学知识依照"前科学—常规科学—危机—科学革命—新的常规科学"这样几个阶段发展。前科学是指还没有系统理论而众说纷纭的阶段。当这门科学有了系统理论后，科学就进入常规科学阶段。这时人们用共同的"规范"去解决理论和实验中发现的问题。当原有的科学规范遇到愈来愈多无法解决的难题时，危机也就到了，直到旧的规范遭到决定性的破坏，新的规范产生了，新的常规科学又沿着新规范指引的方向向前发展。

库恩自称他特别关心"科学知识的动态过程，更甚于科学成品的逻辑结构"，认为在科学的发展中必须"强调新理论抛弃并取代了与之不相容的旧理论的革命过程。"[①]

库恩的科学革命模式强调科学发展过程中的质的飞跃，告诫人们不要用凝固的、不变的观点来看待科学知识的增长。这就使人们从逻辑实证主义的呆板的证实原则的模式中解放出来，耳目为之一新。

库恩用来说明这种模式的关键性概念是规范（又译作范式，以下引文暂统一改为规范）。规范的变换是科学革命的重要标志。起初他把规范理解为内容很庞杂的研究传统。按他后来更为明确的说法，"规范一词无论实际上还是逻辑上，都很接近于'科学共同体'这个词"。具体地说，是指科学家集团认识中的三种根本成分：一是集团所采用的符号概

---

① ［美］托马斯·库恩著：《必要的张力》，福州：福建人民出版社，1981 年版，第 265 页。

括；二是为集团提供类比和给人们以启发的模型；三是作为具体的题解的范例。他认为："要了解一个科学共同体怎样产生和证实可靠的知识，我想，归根到底就是要了解专业基础这三种成分的作用。不管哪种作用，都会改变科学行为，影响集团的研究重点，也影响它的证明标准"。①

那么，我们还是结合知识的源泉、选择和评价知识的标准以及新旧知识之间的关系这几个关键问题来分析库恩的模式。

对于新规范是怎样产生的，库恩很少涉及，而且说得很不明确。他认为发现是个过程，而且"观察同观察的理论化，也即事实同事实被吸收进理论，都不可分割地结合于发现之中"。②因而他主张科学研究必须同时发展两种思维方式，一种是自由奔放的发散式思维，一种是受一定传统制约的收敛式思维。他说："这两种思维方式既然不可避免地处于矛盾之中，正是我们进行最好的科学研究的首要条件。"③按照这种观点，规范作为理性的工具应该说是两种思维方式的结果。由于库恩受皮亚杰的心理学的影响，他又强调新理论同它的应用是同时产生的。库恩也相信格式塔心理学，因而他又相信新的规范"有时是在午夜，在深深地处于危机中的一个人的思想里突然出现的"。④它像格式塔转变那样突然在脑海中出现，这种洞察力的转变只能用天才来解释。这就是说，作为科学知识中最重要的规范，是由天才而突然产生的。虽然他看到科学研究要依靠多种思维的结合，但最终仍是依靠天才论来解决问题。

与此相联系的，在规范的选择上，他基本上是采取权贵主义的立场，即把选择看作是权威的科学家或科学家集团的意志决定的结果。在库恩看来，规范并不仅是纯粹认识论上的知识体系，而且是知识的社会形式，

① ［美］托马斯·库恩著：《必要的张力》，福州：福建人民出版社，1981年版，第291、294页。
② ［美］托马斯·库恩著：《科学革命的结构》，上海：上海科学技术出版社，1980年版，第46页。
③ ［美］托马斯·库恩著：《必要的张力》，福州：福建人民出版社，1981年版，第223页。
④ ［美］托马斯·库恩著：《科学革命的结构》，上海：上海科学技术出版社，1980年版，第74页。

即一定社会集团的信念和行为规则。这就是他所说的要从更广阔的领域即科学史、社会学以及心理学的角度来考察知识的增长，尤其是科学革命时期的概念的变化。他认为旧规范与新规范之间具有不可比约的性质，因而强调这种转换是不可比较的事物间的转换。这种过渡不能以逻辑判断，不以理性的客观标准为依据，而是以社会集团的主观信念的改变为基础的。他认为，从科学史上的大量事例来看，新规范的传播和被采纳，主要是由于说服和宣传，或者是由于旧规范追随者的死亡。他强调说："在规范选择中就像在政治革命中一样，没有比有关团体的赞成更高的标准了。为了发现科学革命是怎样产生的，我们就不仅必须考察自然界的和逻辑的冲突，而且必须考察在相当专门的集团中生效的有说服力的辩论技巧，那种集团组成科学家的团体。"① 他甚至宣称规范的选择"只能根据信念作出决定"。② 这说明他所说的社会因素是指个人或科学家团体的信念，而不是指社会实践。

后来，在学术辩论中，库恩的观点有所变化。这就是他在《必要的张力》中《客观性，价值判定，和理论选择》一文中修正了的标准。他转而主张"每个人在相互竞争的理论之间进行选择，都取决于客观因素和主观因素的混合，或者说共有准则和个人准则的混合"。③ 他所说的客观因素实际上就是共有准则，也就是各集团都同意的共同准则。他认为这种共同准则在具体应用时仍是以主观因素为转移的。他说："科学家如果必须在两种互相竞争的理论中选择一种，即使两个人都采用同一张选择准则表，仍然可以得出不同的结论。"④ 他所坚持的实际上仍然是以个人的信念，尤其是关于价值的信念为转移的实用主义的主观真理论的标

---

① ［美］托马斯·库恩著：《科学革命的结构》，上海：上海科学技术出版社，1980年版，第78页。

② ［美］托马斯·库恩著：《科学革命的结构》，上海：上海科学技术出版社，1980年版，第131页。

③ ［美］托马斯·库恩著：《必要的张力》，福州：福建人民出版社，1981年版，第139页。

④ ［美］托马斯·库恩著：《必要的张力》，福州：福建人民出版社，1981年版，第318页。

准。虽然他列举了"精确性、一致性、广泛性、简单性和有效性"作为"评价一种理论是否充分的标准准则",实际上坚持的仍是以"个人经历和个性所决定的特应性因素"作为最后标准。

库恩的主观的评价标准与新旧规范间不可比约的观点是相联系的。这实际上就是说,每次科学革命都有各自的标准。因为从事科学研究的人更换了,因而从评价选择的标准到整个社会心理、研究传统以及世界图式都改变了。这又不能不涉及库恩的真理观。在库恩看来,常规科学的进步就是不断成功地解决难题。新旧规范的变换虽然也是科学的进步,但他不承认科学革命是向真理的接近或具有本体论发展的一贯趋势。他所谓的进步,实际上是一种解难题上的效用的进步,而不是在认识上的客观意义的进步。因而他认为理论本身是幻想,没有真实对应物与之匹配。理论作为工具,只有好坏的差别,而没有真假的差别。他说:"我们可能不得不……放弃这种看法……即规范的变革使得科学家和向他们学习的人距真理越来越近。""所谓理论的本体论与它在自然界中'实在'对应物相一致的看法,现在对我来说,似乎基本上是一种幻觉。"他还说:"我并不怀疑,例如作为解决难题的方法,牛顿力学优于亚里士多德的力学,爱因斯坦力学又优于牛顿力学。但我可以看出,在它们的演替中,并不存在本体论发展的一贯趋势。"[1]

所以,库恩的这种主观真理论成了他的模式中的一个致命的弱点,使他分不清辩证法的否定与形而上学的否定的区别,不理解新旧知识之间批判地继承的关系,而片面地强调新规范的产生必然是旧规范的决定性的破坏。这不仅不符合人类认识由浅入深地发展运动的规律,也忽视了旧理论在科学探索时的借鉴作用。他一方面力图用科学革命的理论变换的动力学模式来解释科学革命,另一方面又不承认或提不出一种评价科学知识增长的客观标准,这就使他的科学革命的模式徒有发展的外观,而没有揭示出科学知识增长的内在机制。当然,这些弱点并不会抵消库恩科学革命模式的成就。它的优点就在于不仅把人们考察科学知识增长

---

[1] 引自《哲学译丛》,1982年第6期,第52页。

的注意力从理论证明转移到理论发展，而且引入了社会历史因素，强调了科学知识发展中质的飞跃，要求人们从科学史中概括出逻辑来。

## 三、拉卡托斯的科学研究纲领模式

拉卡托斯的科学研究纲领模式，显然是想吸收波普尔和库恩模式的优点，同时避免它们的弱点。他认为波普尔忽视了科学理论的显著的韧性，库恩则忽视了科学进步的客观的诚实的标准，把规范的转变弄成一种类似宗教信仰的变换。

科学研究纲领就是他所提供的作为评价科学知识增长的单位。它是一个有结构层次的复杂体系，是硬核、保护带和研究方法三者的统一物。它具有相对稳定的硬核，又有柔韧多变的保护带，可以通过积极的研究方法或消极的研究方法加以适当的调整或改变，以保护硬核不受侵害。这样科学研究纲领作为一个整体，就既不像波普尔所说的那样，一遇到反例就被证伪，从而有可能把证伪与淘汰区别开来；也不像库恩所说的那样，从一个规范到另一个规范是像格式塔转变一样突然产生的，新旧规范之间没有任何可比的东西，从而纠正库恩关于规范选择的非理性观点，追求一种客观、理性的科学理论的评价标准。

拉卡托斯用"问题转换"这一专门术语来表示研究纲领在总体上解决问题的能力。问题转换从内容上来说可以是理论的，也可以是经验的，但从性质上来看只有进步和退化两种。因为研究纲领始终为反常的海洋所包围，在相互竞争中前进。这样，进步的研究纲领意味着具有足够的启示指导的能力，能指导科学研究人员不断去提出问题和解决问题。退化的研究纲领则意味着理论落后于事实。这样，在进步的研究纲领和退化的研究纲领的竞争中，科学家就会趋向于参加进步的纲领，从而形成科学革命。但是，新旧研究纲领之间仍然可以有某种嫁接的关系。他强调科学理论发展中的某种连续性。他说："在科学发展中，科学理论的兴衰更替序列有个最重要的特点，即联接不同理论的某种连续性。这种连续性，从真正的研究纲领一形成就开始了。研究纲领是由一定的方法论规则组成的：有的规则告诉我们，在研究过程中不应当怎样做（消极的研究方法），有的则告诉我们应该怎样做。"① 因而研究纲领的实际硬核也不是一下子就跳出来的，而是经过了漫长的"试探与错误"的准备过程而逐渐被肯定下来的。硬核也不会一遇到反例就破碎，反常只能在辅助性观察假说和初始条件的保护带中引起变化。

虽然硬核在一定条件下也是可以破碎的，不过他认为他的观点与彭加勒和迪昂的观点是不同的。不同在于彭加勒等"认为破碎的原因纯粹是美学的，而我们认为主要是逻辑的和经验的"。② 这就是说，作为构成科学研究纲领的硬核只能是在逻辑和经验的压力下而破碎的。这种破碎绝不是约定的结果或其他社会心理的原因。

拉卡托斯不同意波普尔关于判决性实验这样的简单化的观点。他认为证伪主义所谓的判决性实验是不存在的。"只有在经过两种敌对的研究纲领长期的不平衡的发展之后，某种反常经过若干年代才能给予反驳的尊称，某种实验才能给予判决性实验的尊称。"③ 在他看来，科学进步历史的合理性应从理性的发展中去寻找，即使是失败纲领所进行的后卫战也完全是理性的，并不就是教条行为的表现。我们摒弃一种合理性的理论，只是为了另一种更好的理论，是标志着理论、经验、研究方法等方面的进步。

拉卡托斯认为科学理论的评价问题是科学哲学的一个基本问题。在这个问题上主要有三种思想流派：一种是划界主义。如归纳主义、或然主义、证伪主义和科学研究纲领都企图提出这样的普遍性的标准，他的科学研究纲领与别的划界主义者的区别就在于"归纳主义者禁止科学家去思辨，或然主义则认为提出一个假说并不需要说明这种或然性所赖以

① Imre Lakatos：*The Methodology of Scientific Research Programmes*，Cambridge University Press，1978，p47.
② Imre Lakatos：*The Methodology of Scientific Research Programmes*，Cambridge University Press，1978，p49.
③ Imre Lakatos：*The Methodology of Scientific Research Programmes*，Cambridge University Press，1978，p72—73.

提出的可靠的证据，证伪主义者的科学诚实则禁止科学家在没有说明潜在的反驳证据时去思辨，去否认严格检验的结果"。① 而他的科学研究纲领的方法，则没有任何严格的法规，允许人们去做他愿意做的事，只要他承认"硬核在他们和他们的对手中存在"，承认知识产品要经过评价。第二种权贵主义则在哲学上向权威卑躬屈膝，把权威的理论生产者的意志作为评价的最高标准。第三种怀疑主义则使他感到震惊，因为它否认任何理论会在认识论方面比其他观点优越，把相互竞争的理论理解为相互竞争的信念。

总之，拉卡托斯的科学研究纲领模式兼顾了革命与继承、间断性与连续性这两个方面，具有更大的灵活性和说明解释的力量。但并没有将一切问题都解决了，仍然存在不少困难。

首先，这个模式还是描述性的，缺乏逻辑上和内在机制上的揭示和论证。因为他在方法论或逻辑上尚不能把避免理论草率地被淘汰和合理地进行研究纲领和理论的转换这两件事情统一起来，并为二者提供可以遵循的标准。而且它的硬核多少显得有些僵化，问题转换也具有相当浓厚的实用主义色彩。其次，这个模式对猜测性的理论思维也不够重视。所以有人认为这个模式"较受人欢迎，但其实际意义不大"。这就是说拉卡托斯虽然坚持理论由事实所证明并由事实来支持，而且他认为一种客观的、诚实的科学理论评价标准是存在的，但是他在这方面无论是从认识论、方法论或从逻辑上的分析和论证都是极不充分的。其中的原因很多，主要就是他没有对知识的源泉和真理性标准等问题作认真的探讨和解决。

通过以上三个模式的初步分析，说明了要建立较为合理的科学知识增长的模式，以便进一步从逻辑上去分析它，必须在新知识产生的源泉和机制上、在评价和选择知识的标准上、在新旧知识的关系上，从认识论和方法论的高度予以正确的阐明，然后才能建立科学知识增长的逻辑。

① Imre Lakatos：*Mathematics*，*Science and Epistemology*，Philosophical Papers，Volume 2，Edited by J.Worral and G.Currie. Cambridge University Press，p110.

## 第二节　科学知识增长的内在机制

### 一、科学知识体系是理论要素、经验要素、结构要素的统一

　　探明科学知识增长的内在机制和源泉是我们把握科学知识增长的逻辑的前提，而要揭示科学知识增长的规律，就有必要首先对科学知识的构成要素来进行分析。

　　科学知识总是以语言或其他符号形式凝结着人类的认识和思维的成果，成为先辈留给后代的最宝贵的遗产。20世纪以来，逻辑经验主义曾经对科学知识作过逻辑的、语言的分析，取得了一定的成果。在他们看来，科学知识主要是由观察词汇 $V_o$ 和理论词汇 $V_T$ 以及一定的逻辑词项及对应规则 C 来构成的，理论通过对应规则可以与一定的经验现象相匹比，从而可以把理论还原为观察语句，以实现其能否证实的检验；另外，通过逻辑词项和形式化的方法又能构建科学理论体系并对其作逻辑分析。如他们认为 $V_T$ 中的词项可以通过对应规则用 $V_o$ 中的词项来定义。设 F 为 $V_T$ 中的词项，则可用下列式子来定义：

$$( x )( F_x \equiv O_x )$$

　　又如我们说一物体 x 是易碎的，当且仅当它满足下列条件：对任何时间 T，如 x 在 T 时发生突然的撞击，x 在 T 时就破碎。设 F 是理论词项"易碎的"，S 是观察词项"在某时破碎"，B 是观察词项"在某时撞击"，则这种理论和对应规则要求能够在一阶谓词演算中被形式化为这样的等式：

$$F_x \equiv ( t )( S_{xt} \supset B_{xt} )$$

　　长期以来，这种观点相当流行，但逐渐地又受到了人们的怀疑和反对。逻辑经验主义有一个响亮的口号"拒斥形而上学"。在这里形而上学并不是指那种孤立、静止、片面的世界观，而是指哲学的理论思维。此

外，还有一条以证实原则来划分科学与非科学的标准。逻辑经验主义的这个口号和标准实质上对科学知识仅作静态的分析，因而在处理科学知识的增长的问题时，不断地陷入困境。首先，理论词汇与观察词汇并没有一条绝对分明的界线，在评价和选择理论时，证实原则的标准也是不灵的，有的抽象程度较高的理论无法还原为观察语句，而且在科学发现的过程中，猜测性的理论思维也是绝对必要的，是拒斥不了的。科学史表明，哲学的理论思维不仅具有先驱、启发的作用，而且作为方法论的原则必然渗透到整个人类的认识和思维的过程中去。这样，另一种相反的观点又出来了，这就是波普尔的理论先于观察的观点。在他看来，不是"先有观察，后有理论"，而是"先有理论，后有观察"。他认为"理论指导我们的观察，并帮助我们从无数观察对象中作出我们的选择"，而且观察材料的理解和表述都必然"只有在理论的关系中才有意义"。①这种强调理论知识与感性知识的相互作用和相互渗透的观点是符合认识过程的辩证法的。

既然感性认识与理性认识是相互依赖、相互渗透的，那么我们就不能单纯从词汇或语句的形式出发来区分构成科学知识体系的要素，而是要从词汇或语句所指的内容出发来区分科学知识体系的要素。构成科学知识体系的要素主要应当有这样三种：经验要素、理论要素和结构要素。科学知识体系就是这三者的统一体。

所谓三者的统一就是说这三种要素是互相交融在一起，只有当我们对科学知识体系的构成要素作抽象时，我们才有可能把其中的一种要素抽象出来而撇开其他要素加以认识。

一般说来，科学知识体系中的经验要素产生于观察、实验，理论要素则视其抽象层次的不同而不同，有的产生于对经验材料的消化和概括，有的则产生于抽象的抽象，而作为方法论原则的结构要素则是从整个发展着的知识的艺术的整体中升华出来的东西。

关于结构要素，我们需要作进一步的说明。结构这一范畴，西方各派结构主义都有各自的定义。在西方某些结构主义看来，外界的结构只

---

① Karl R Popper: *The Poverty of historicism*, Routledge & Kegan Paul, 1961, p98, 134.

不过是人的主观意识的内在结构的外化。这种对于结构的理解是唯心主义的、错误的。在辩证唯物主义看来，结构是揭示事物内部各种成分、因素之间的联系和运动的范畴。在承认结构范畴的客观实在性的基础上，它能够反映别的范畴所不能反映的事物内部的整体状态和层次性质。结构范畴是从总体和运动、转化的角度来揭示事物的内容、属性和关系。那么，贯穿在科学知识体系中的结构要素就是指反映客观事物整体状态超越了个体性而具有普遍意义的认识成分。结构要素是理论要素与经验要素之间相互组合的中介，但绝不是什么先验的逻辑框架或僵硬的形式体系，而是随着科学知识体系之中理论要素和经验要素一起增长的能动的调节系统。科学知识体系中的结构要素能够把理论要素和经验要素统一地组织起来，构成再现着复杂客体的科学知识体系，也可以说，科学知识中的结构要素就是科学知识增长所不可缺少的研究和阐述的方法论原则。它对于制定理论模型和消化经验材料都起着重要的作用。例如赖尔地质学理论中的结构要素就曾对达尔文综合材料和提出进化论起了很大的作用。恩格斯曾经指出："只是赖尔才第一次把理性带进地质学中，因为他以地球的缓慢的变化这样一种渐进作用，代替了由于造物主的一时兴发所引起的突然革命。"[1] 因为这种承认自然界由于本身的力量而渐进变化的方法论原则与有机物不变的假设是不相容的。达尔文在随贝格尔舰作环球考察时如饥似渴地阅读着赖尔的《地质学原理》，十分赞赏赖尔用现在起作用的因素来说明地球过去表面的变化的方法，经过一段时间的考察，再看野外的岩石就没有"杂乱无章"的感觉了。这不仅说明了结构要素的重要，也说明了科学知识中理论要素、经验要素和结构要素三者的统一。

　　许多科学家对此均深有体会，如爱因斯坦从自身的思维经验出发而作出的关于科学知识体系构成要素的许多分析，是相当深刻的。他把物理学知识体系中的"质点""力"和"场"都称之为概念元素，并坚持"理论不应当同经验事实相矛盾"。[2] 虽然他认为物理学通向普遍的基本

① 《马克思恩格斯选集》（第3卷），北京：人民出版社，1972年版，第451页。
② ［美］爱因斯坦著：《爱因斯坦文集》，北京：商务印书馆，1976年版，第10页。

定律"没有逻辑的道路；只有通过那种以对经验的共鸣的理解为依据的直觉"。① 但他总是深信"一个希望受到应有的信任的理论，必须建立在有普遍意义的事实之上"。② 他在许多地方指出科学知识体系中除了理论要素和经验要素之外还应有一种构造性的要素。例如他认为物理学中的理论大多数是构造性的，因为它要以此为材料，将比较复杂的现象构成一幅图画。如气体分子运动论就是力图把机械的、热的和扩散的过程都归结为分子运动——即用分子运动假说来构造这些过程。这也就是我们所说的贯穿于科学知识体系中的结构要素。它体现在科学知识体系中，并决定理论要素和经验要素的结合。由于爱因斯坦对这一点认识得并不是十分明确，所以他在理论和经验的鸿沟面前总是徘徊不定。爱因斯坦认为："我们所关心的是，我们这门科学里的知识的两个不可分割的部分，即经验知识和理性知识之间的永恒对立。"③ 正因为坚持这种永恒的对立，所以他认为基本概念和感觉经验复合之间的联系"不像肉汤同肉的关系，而倒有点像衣帽间牌子上的号码同大衣的关系"。④ 这样，虽然他正确地指出了科学知识体系的层次性，但他却不同意用"抽象的程度"来解释它，而是用对于较高的逻辑统一性的追求来解释它。这说明爱因斯坦还是受了逻辑经验主义的对应规则等说法的影响，不善于把理论要素和经验要素统一起来理解，对于结构要素的理解也只是停留在逻辑结构框架的水平上。

因此，正确地理解科学知识的构成要素是我们研究科学知识增长的逻辑的前提。

## 二、科学知识的生长点

既然科学知识的构成要素是多样的，那么科学知识的生长点也应是

---

① ［美］爱因斯坦著：《爱因斯坦文集》，北京：商务印书馆，1976 年版，第 102 页。
② ［美］爱因斯坦著：《爱因斯坦文集》，北京：商务印书馆，1976 年版，第 106 页。
③ ［美］爱因斯坦著：《爱因斯坦文集》，北京：商务印书馆，1976 年版，第 313 页。
④ ［美］爱因斯坦著：《爱因斯坦文集》，北京：商务印书馆，1976 年版，第 345 页。

多样的。我们知道，科学知识增长包括发现新的事实、形成新的概念和构成新的知识体系，以及从中产生出来的新的方法论原则和科学的世界图式等。所以，科学知识的整个认识过程是从灵机一动到最后形成体系和总结出新的方法，在这个认识过程的每一个阶段上都会有新的知识因素的产生，因而对于科学知识的生长点要具体分析，不宜笼统地回答，但又要有一个基本的知识生长的认识论模式。

人们对科学知识的生长点问题的回答，依其哲学见解的不同，答案也是各不相同的。实用主义把知识看作是一种"工具"，是人类适应环境的本能的产物。约定主义则把知识看作是人们的一种约定，如果不方便的话，可以随便更换。操作主义把知识还原为一系列的实验操作，甚至包括笔和纸的思维的操作。归纳主义认为可以通过一定的归纳秩序从经验事实中生产出普遍原理来。皮亚杰的发生认识论则认为知识是主客体相互作用，不断地构建，从而心理发生从一种结构转化为另一种更复杂的结构的结果。非理性主义更是强调"直觉""灵感""洞察力""格式塔转变""信念""价值观念"之类因素对科学知识增长的决定性作用。总而言之，它们对科学知识的生长点都不能给予科学的说明。它们实质上总是把在思维着的自我看作是科学知识的生长点。

科学家根据自己从事科学研究的亲身经历，对这个问题有许多深刻的见解，但他们的看法也受不同的哲学认识论的影响，如海森堡在《严密自然科学基础近年来的变化》中就把新的经验领域的发现和逻辑上能够脱离经典概念的地方当作科学知识的生长点。他认为自然科学中的每一个进展，几乎都是通过对某种问题或概念的放弃而取得的，因而一个真正新的经验领域，总会导致一个新的科学概念和定律体系从中产生出来，而且凡是逻辑上能够脱离经典概念的地方，这种地方的确定便每每成为现代物理学的实际核心。这样的见解是很有见地的，体现了自然科学唯物主义的精神。

爱因斯坦在认识论上动摇于唯理论与经验论之间，因而他关于科学知识生长点的理解也是动摇的。一方面，他对思维的自由创造充满着信心，另一方面，他又不得不承认"新理论的概念不是来源于任何胡思乱想，而是由于经验事实的压力"。①他对于人类从感性认识到理论认识的飞跃总是感到不可理解。他说："借助于思维（运用概念，创造并且使用概念之间的确定的函数关系，并且把感觉经验同这些概念对应起来），我们的全部感觉经验就能够整理出秩序来，这是一个使我们叹服的事实，但却是一个我们永远无法理解的事实。"②这说明爱因斯坦对于理性知识的产生总是有神秘感，而不像经验知识从经验开始，又终结于经验那样简单和易于理解。因而，正确地阐明科学知识的生长点是十分重要的。爱因斯坦对这个问题只认识到这样的程度，就是说："知识不能单从经验中得出，而只能从理智的发明同观察到的事实两者的比较中得出。"③也就是说经验事实对理智思维起着某种"压力"和"比较"甚至是"最高的裁决者"的作用。爱因斯坦这种不甚精确的描述还是肯定了科学知识的唯物主义基础。爱因斯坦还正确地指出："科学力求理解感性知觉材料之间的关系，也就是用概念来建立一种逻辑结构，使这些关系作为逻辑结果而纳入这样的逻辑结构。"④但是，新的概念、原理和定律是怎样产生的呢？在这个问题上，爱因斯坦相信直觉和灵感，相信思维的自由创造，相信哲学的思辨。因而他说："一个理论可以用经验来检验，但是并没有从经验建立理论的道路。"⑤这说明问题并不在直觉和灵感上，问题在于必须对直觉和灵感作出科学的说明。同样也说明了在理解科学知识生长点的问题上多么需要自觉的辩证思维。坚持用认识主体与社会实践相统一的原理来阐明科学知识的生长点是辩证唯物主义的观点。在辩证

---

① ［美］爱因斯坦著：《爱因斯坦文集》（第2卷），北京：商务印书馆，1976年版，第393页。

② ［美］爱因斯坦著：《爱因斯坦文集》（第2卷），北京：商务印书馆，1976年版，第343页。

③ ［美］爱因斯坦著：《爱因斯坦文集》（第2卷），北京：商务印书馆，1976年版，第278页。

④ ［美］爱因斯坦著：《爱因斯坦文集》（第2卷），北京：商务印书馆，1976年版，第235页。

⑤ ［美］爱因斯坦著：《爱因斯坦文集》（第2卷），北京：商务印书馆，1976年版，第40页。

唯物主义看来，概念、范畴、原理、规律等虽然是人类思维的产物，是主观的东西，然而它们所反映的内容却是客观世界诸事物的属性和联系，是以客观世界的存在和发展以及人们对它们的利用和改造为前提的。它们绝不是人的用具，也不是人们之间约定的结果，更不能还原为一系列的操作或靠什么天上掉下来的灵感。马克思说过："观念的东西不外是移入人的头脑并在人的头脑中改造过的物质的东西而已"①，它们的产生不是经验事实简单重复或主客体多次相互作用的自然结果，而是要通过对感性材料的改造制作以及不断通过实践的检验和修正才能最后完成。科学知识的产生应当包含着整个社会实践的各种要素和过程。所以，"人的概念的每一差异，都应把它看作是客观矛盾的反映。客观矛盾反映入主观的思想，组成了概念的矛盾运动，推动了思想的发展，不断地解决了人们的思想问题"。②辩证唯物主义之所以要把科学知识的生长点理解为认识主体与社会实践的统一，是因为促成科学知识增长的因素是复杂的，简单化了就说明不了问题。

按照信息论的观点，科学知识的增长意味着信息量的增多。如果我们以 S 代表认识主体，以 K 代表书本知识，以 $P_r$ 代表实践，则科学知识 K 增长的信息流可以用这样的框图来表示：

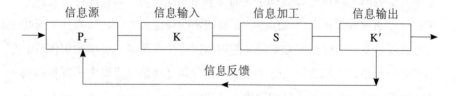

我们知道，科学知识的增长是要在认识世界和改造世界的过程中来实现的。科学研究和科学发现是我们推进科学知识的最直接形式。这些过程虽然要受到种种机遇的偶然因素的影响和插入，但总的来说仍会表现为以认识主体为中心的对外部世界的能动的改造过程。从上面这个框图中，我们看到科学的认识主体担负着对输入信息的加工处理，即对大

① 《马克思恩格斯全集》(第23卷)，北京：人民出版社，1972年版，第24页。
② 《毛泽东选集》(第1卷)，北京：人民出版社，2009年版，第306页。

量的信息材料进行筛选、整理和编译工作，以便进行逻辑加工、推理证明、构造理论体系、提出假设方案等工作，然后通过输出，在实践中进行检验，以便修正认识，促进科学知识的增长。这说明科学发展的逻辑是科学发现的逻辑和科学检验的逻辑的统一。正是认识主体与社会实践之间的信息流动和反馈，使发现的逻辑与检验的逻辑互相渗透，构成了一幅完整的科学进步的图式。

## 第三节　科学知识增长的内在逻辑

### 一、理论与假设的评价与选择

科学知识发展的内在逻辑是指科学知识本身发展的规律性，它包括不同理论和假设之间的竞争、选择和评价，也包括新旧知识之间的关系以及科学知识体系的内容和结构的革命性变革。这些问题都是需要从科学知识体系的内在逻辑加以说明。

科学知识增长的内在逻辑一般必须由科学知识体系的内在矛盾，也就是不同学派的不同理论和假设之间的斗争来加以说明。因为理论与实践的矛盾往往通过知识体系内部出现的矛盾或不同理论和假设之间的竞争而间接地表现出来。所以科学知识增长的内在逻辑往往从某一科学知识体系中出现矛盾开始，人们为解决这个矛盾从各种角度和出发点提出了各种假设性的方案，然后在科学实验和历史的过程中经受考验。在这个过程中，不同的理论和假设之间展开了竞争，学科与学科之间、新旧知识之间发生了多种多样的联系。有时表现为简单的嫁接或移植，有时表现为革命性的批判和创新，有时又表现为自然的交融和综合，呈现出错综复杂的图画。

科学知识的评价问题，也就是知识的真理性的标准问题。真理是一个发展的过程和有结构的体系，它凝结了一定历史条件下的认识成果，是在实践基础上不断发展着的。人们可以把科学认识的任何一个片段加以强调，而提出种种关于知识评价的标准来。

拉卡托斯曾将西方科学哲学中关于科学理论评价的形形色色的学说分为三种思想流派：怀疑主义、划界主义和权贵主义。怀疑主义思想流派的代表之一就是费耶阿本德的无政府主义的认识论。这种思想流派把科学理论看作是一种信念的体系，并认为每一种信念系统都与其他的几千个信念系统在认识论上处于平等的地位，谁也没有什么特权和优越地位，所以他们主张的"唯一规则"是"怎么都行"。在他们看来，对科学理论不作出评价和选择可能更好一些，"无政府主义不仅是可能，而且对于科学内部进步和作为一个整体的我们文化的发展都是必要的"。① 划界主义虽然持肯定客观知识的立场，但在肯定知识产品可以在确定的普遍标准的基础上进行评价和比较的前提下，又可区分为归纳主义、或然主义和科学研究纲领等。归纳主义机械地要求经验证实，或然主义只承认概率规律的观念，证伪主义陷入相对主义的泥坑，科学研究纲领则把一切诉之"问题的转换"，看来都不能令人满意。至于权贵主义则把理论评价和选择的标准转移到生产科学理论和知识的科学权贵身上，认为要评价理论 T 在认识论中的价值，就得决定 T 的生产者 P 是否是一位真正的科学家。如果面对着对立的理论 $T_1$ 和 $T_2$，就要研究他们的生产者 $P_1$ 和 $P_2$，如果 $P_1$ 优于 $P_2$，则 $T_1$ 优于 $T_2$。这样的评价和选择是实用主义和主观主义的。

因而在理论和假设的评价和选择的问题上，既要坚持和贯彻真理的实践标准，又必须对真理的实践标准作辩证的理解。这就是说，一方面我们要坚定不移地坚持这个标准，以便同相对主义和不可知论的一切变种作斗争，另一方面又要辩证地、历史地坚持这个标准，不至于把科学知识体系变成僵化、凝固的教条。

## 二、知识的相对性原理和新旧知识之间的联系

在 20 世纪初，现代物理学经历着深刻的革命。相对论的提出、放射

---

① 《反对方法：无政府主义认识纲要》，《自然科学哲学问题丛刊》1980 年第 3 期，第 23 页。

性的发现以及关于原子内部结构的各种理论和模型都对人们关于物质的构造和特性以及时间、空间等观念产生根本性的变革。不少自然科学家由于受到传统观念的束缚，对这种"原理的普遍毁灭"感到不理解，从这"怀疑时期"的到来得出了许多哲学上错误的结论，使实用主义、约定主义等思想泛滥起来。列宁认为："新物理学陷入唯心主义，主要就是因为物理学家不懂得辩证法。……他们在否定一些重要的和基本的规律的绝对性质时，竟否定了自然界中的一切客观规律性，竟宣称自然规律是单纯的约定、'对期待的限制''逻辑的必然性'等等。"[1] 这说明在不懂得辩证法的情况下，知识的相对性原理很容易导致对客观规律性的动摇，导致唯心主义。列宁强调将辩证法应用于认识论，强调人的认识不是沿着直线进行的，而是无限地近似于一串圆圈、近似于螺旋的曲线。所以科学知识的增长也不是直线的，而是通过概念、规律等一系列的抽象过程而逐渐接近于世界的客观规律性的逐渐深化的过程。人们以自己的实践证明了知识的客观正确性，并在实践的基础上使认识从不甚深刻的本质向更深刻的本质发展。

列宁告诉我们，在这个问题上一定要辩证地思考。因为"我们的知识向客观的、绝对的真理接近的界限是受历史条件制约的，但是这个真理的存在是无条件的，我们向它的接近也是无条件的"，"科学发展的每一阶段，都在给这个绝对真理的总和增添新的一粟，可是每一科学原理的真理的界限都是相对的，它随着知识的增加时而扩张，时而缩小"。[2]这就是列宁为我们描述的科学知识增长的图式。

所以，科学知识增长的内在逻辑从简化了的模式来说，就是科学知识体系中真理与错误的斗争，这种真理与错误的斗争并不能简单地理解为两军的对战，而是要对这些知识体系的各种具体成分作具体的分析。因而就产生了新旧知识之间的联系问题。

20 世纪以来的现代物理学所经历的革命同样表明，新旧知识之间可

---

[1] 《列宁选集》(第 2 卷)，北京：人民出版社，第 267—268 页。
[2] 《列宁选集》(第 2 卷)，北京：人民出版社，第 134—135 页。

以有多种多样的联系，绝不是要么来个科学革命，来个毁灭性的破坏；要么直线地积累，就像水桶装水一样愈盛愈多。一般说来，新旧知识之间的联系可分成这样几种类型：对应互补的联系、嫁接移植的联系、批判改造的联系、融化综合的联系等。

（一）对应互补的联系

从牛顿力学到相对论力学就是对应联系的一个很好的例子。狭义相对论揭示的是高速物体的运动规律，在低速运动的物体中，相对论效应极其微小，经典力学可以认为是相对论力学的一种近似。另外，在物质分布稀薄、引力场很弱的情况下，广义相对论的引力方程就可简化为经典的牛顿万有引力理论。这说明新旧知识之间有一种对应互补联系，而并不全是像库恩所说的那样"只有承认牛顿的理论是错误的，爱因斯坦的理论才能被接受"。

（二）嫁接移植的联系

一般说来，科学知识中的经验要素是可以继承的，也是易于理解的，但理论要素和结构要素则处于经常的变动之中。在科学革命的时期，它们会产生质的飞跃，新旧知识之间出现了间断，但在科学发展的量变阶段，新旧知识之间的理论要素和结构要素也可出现多种多样的嫁接和移植的关系。尤其是一些基础学科的基本概念、原理和方法论原则可以向研究较具体运动形式的学科的知识体系中移植，各个互相平行和不同层次的学科也可互相嫁接。如物理学的量子理论建立后，由于它的原理和方法的移植，产生了量子化学、量子生物学等新的知识领域。1927 年海特勒和伦敦通过解氢原子的薛定锷方程，利用近似的方法计算包含两个氢原子的体系的能量和波函数，得到表示氢分子的两种状态（基态 $\psi_s$ 和推斥态 $\psi_A$）的电子分布的等密度线和能量曲线，发现与基态 $\psi_s$ 相当的能量曲线 $E_s$ 有一最低点，说明处于这种状态的氢分子能稳定地存在，从而阐明了氢分子中共价键的实质，建立了崭新的化学键概念，为化学键的量子理论作出了贡献。这种新的科学知识的产生是新旧知识之间嫁接移植的结果。

（三）批判改造的联系

科学知识的增长，总的趋势是真理战胜错误和理论不断深化的过程。

新知识对旧知识的批判改造是必然发生的。这种批判、否定并不是形而上学地批判、否定，而是批判中有继承，否定中有肯定。如化学发展史上用氧化来说明燃烧现象以取代燃素说，就经历了批判改造的过程。我们知道，燃素说的理论要素是不可取的，因为燃素说歪曲了燃烧现象的本质，而就其经验要素来说则仍有合理的成分，因为经燃素说所解释和整理的经验现象已经使化学摆脱了炼金术的束缚，使人们在认识气体的性质和燃烧的本质上前进了一步。因为按照燃素说的解释，燃烧现象必有物质要素的分解和化合，而且这一过程与空气中的某种气体有关。这就是燃素说所包含的合理成分。恩格斯曾经说过："在任何一门科学中，不正确的观念，如果抛开观察的错误不讲，归根到底都是对于正确事实的不正确的观念。事实终归是事实，尽管关于它的现有的观念是错误的。"[1]正因为如此，相互矛盾和对立的科学知识体系中就有可以互相继承和借鉴的东西。所以继承和借鉴的东西不仅限于被抛弃的理论、假说所企图要加以说明的全部事实，科学知识体系中的理论要素和结构要素也是可以批判地加以继承的，至少是可以借鉴的。燃素说所指明了的化学元素的化合和分解的研究方法，仍然是拉瓦锡的燃烧理论所遵循的方法论原则。只是拉瓦锡在理论要素上采取了革命的态度，抛弃了燃素说的旧观念，并在实验方法上按普利斯特里的办法加以改进，利用汞槽来收集气体，充分利用天平作为研究化学的工具，从而肯定金属燃烧后所增加的重量是来自空气而不是来自火中的燃素，做出了伟大的发现。正因为如此，恩格斯才说燃素说"这些研究结果仍然存在，只是它们的公式被顺过来了，从燃素说的语言翻译成了现今通用的化学语言"。拉瓦锡是"在普利斯特里制出的氧气中发现了幻想的燃素的真实对立物，从而推翻了全部的燃素说"。[2]

### （四）融化综合的联系

各学科的知识或学科内各分支学科的知识走向融化综合是新旧知识之间联系的又一种类型。科学思想的交流，不同学派之间的争论为这种

---

[1] 《马克思恩格斯全集》（第 20 卷），北京：人民出版社，1972 年版，第 499 页。

[2] 《马克思恩格斯选集》（第 3 卷），北京：人民出版社，1972 年版，第 471 页。

融化综合创造了必要的前提，也是人类知识向广度和深度进军的必然结果。如 19 世纪麦克斯韦的电磁理论便是对自 18 世纪以来关于电和磁的研究成果的融化综合。1785 年库仑通过实验确定了电荷之间的作用力和磁极之间作用力的定律，奠定了静电学的基础。而后，丹麦物理学家奥斯特又发现了通电导线能引动在旁的磁针，揭示了电与磁之间的联系。安培和戴维等人发现电能转化成磁，后来法拉第又揭示了电磁感应定律，引进了"力场"的概念。麦克斯韦则综合前人成果，为法拉第的观念建立定量的数学形式体系，使电磁学说成为系统的科学理论。他把变化的电场能在导体中产生电动势和感应电流，而电流又能产生磁场的这些经验事实加以推广，写出了以他的名字命名的麦克斯韦方程，建立了完整的电磁理论。这可以说是科学史上新旧知识走向融化综合的一个典型。

## 三、科学知识增长的内在逻辑与社会实践的统一

科学知识体系是一个有层次结构的系统模型，是一种复杂的、动态的、能自我调节适应的系统。科学的一般进化是在现有理论要素与结构要素共同组成的概念模式内来积累新的经验要素，这样新的经验要素的增加便会导致理论概念层次的适应性变化，各个层次不仅在水平的方向上存在着相互作用，同时在垂直的方向上也会引起新的调整和组织，从而导致理论要素和结构要素的变化。这样各个学科的知识、方法和理论原则互相渗透和移植，学科之间既有分解，分化出许多边缘学科，又有整合，出现了许多横断学科，所有这些都加强了科学发展的整体化趋势。因此，科学知识进步发展的相对独立性就在于科学知识总体系内部各种要素相互之间的矛盾和斗争所决定的内在逻辑。但是从整个社会的系统结构层次来看，整个科学知识体系只不过是一个子系统，它作为一种认识成果的形式，作为精神文明的一部分，作为生产力，又受社会这个复杂的有机体的其他子系统的相互作用和制约。因而科学知识的增长是其内在逻辑与社会实践的统一。

对科学知识的历史发展所作的分析表明，自然界的各种属性和规律

总是或先或后反映到主观中来，成为具有客观内容的科学知识，这些具有客观内容的概念和理论又反过来成为在实践中改造世界的思想前提，成为生产发展的摇篮，成为作用于客观的逻辑力量。"实践—认识—再实践—再认识"就是从客观的角度对科学知识增长的最一般的描述。

科学实验在当代已发展为一项独立的重要的社会实践活动，是人类的自觉的能动性的表现，也是推动科学知识向前发展的直接动力。人们在实验之前必有某种实验的方案、结果和目的在思维中存在着，在实验的过程中，人们又会运用分析、综合、归纳、演绎、类比等逻辑方法对信息进行加工制作，及时修正实验方案，以取得最佳效果。在实验之后还会有一个艰巨的思维活动过程来消化和理解实验的结果，把成果纳入整个科学知识的体系之中。这说明控制和实现实验的认识主体的思维活动与科学实验本身进行的物质活动过程是对立的统一。恩格斯曾经指出："一个事物的概念和它的现实，就像两条渐近线一样，一齐向前延伸，彼此不断接近，但是永远不会相交。"[①] 这就说明科学知识的发展作为在上面的那条线，既有它自己的相对独立性，又是由下面那条线即现实发展的客观逻辑来决定的。所以应当从主观逻辑与客观逻辑相统一的原则出发来说明问题。

社会实践以多种多样的形式与科学知识体系发生关系。在科学知识体系中，最活跃的因素就是理论，在社会实践中最积极的成分就为这种理论发展提供证据。设理论为 T，证据为 E，则这种相统一的发展可以这样来描述：

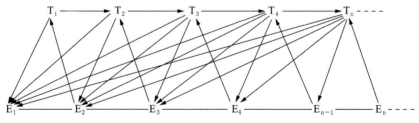

（E 朝上的箭头表示与 T 相矛盾，T 朝下的箭头则表示归纳地容纳了 E）

---

① 《马克思恩格斯选集》（第 4 卷），北京：人民出版社，1972 年版，第 515 页。

当我们运用认识主体与社会实践相统一的辩证模式来研究科学史时，我们就会看到科学知识的增长都会有其一定的历史社会背景。这些历史社会因素都会转化为社会实践的构成要素，成为社会实践所由此出发的前提。

当代的科学发展具有庞大的背景知识体系。这个庞大的背景知识体系一方面为科学知识的增长提供了巨大的可能性，另一方面又在人类认识总体创造知识的速度和个人吸收知识之间制造着愈来愈大的剪刀差。但是，当代科学技术和生产力的高度发展又为科学知识的增长创造了更强有力的认识、思维的工具和手段，使人类有可能将一部分脑力劳动由机器来承担，从而开辟了智力发展的新前景，为科学知识的增长提供了新的可能性。

一般说来，科学知识的增长应包括问题、假设、实验、观察、理论等基本环节。这些环节相互联系，构成了科学知识增长的整个过程，在实现这些环节的转化时，认识主体需要，运用各种逻辑思维方法来达到转化的目的。

生产新的科学知识是一种创造性的思维活动。推动这种活动的最初动力总是社会实践和科学发展向人类提出的问题。问题的形成和提出总是由实践来推动的。问题的解决需要认识的主体综合地运用分析与综合、类比与模型、归纳与演绎等方法，对问题的实质、背景和各种条件作全面的分析，从而提出解决问题的假设，再回到实践中去修正和检验假设，并在实践经验的基础上使之形成理论的体系。所以在科学知识增长的模式中既要说明科学知识增长的源泉和机制，又要说明理论的选择和新旧知识之间的关系，处理好继承与创新、积累与抛弃、间断与连续的关系。我们以 P 代表问题，$P_r$ 代表实践（包括实验、观察、测量等），H 代表假设，T 代表理论，试图来描绘科学知识增长的辩证模式：

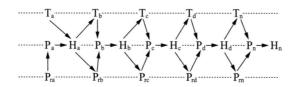

　　这个模式表明了实践是科学知识增长的基础，这种增长的最活跃的因素就是认识主体由实践所推动而提出的问题和假设的转化，而问题的解决和假设的转化最后就表现为科学的知识即理论的变革和发展。当然问题和假设都是多种多样的，它们的评价与选择则应由更高一级的实践来解决。那些直线表示各项之间的信息反馈的关系，虚线则表示 $T_a$ 与 $T_b$ 之间、$P_{ra}$ 与 $P_{rb}$ 之间既有质的差别又有一定的继承和嫁接的关系。

　　科学知识增长的辩证模式就在于它要处理好理论与实践、主体与客体、证明与发现、积累与创新之间的一系列的辩证联系。上面的图式只是一个简化了的平面的图式。

　　总之，科学知识的内在逻辑体现了人类对自然和外界事物认识的深化过程，社会实践的需要作为一种推动力，必须通过科学知识增长的内在逻辑来起作用并以它作为前提。这就是说：实践问题的解决不可能超越科学知识增长的内在逻辑，只有在符合这种内在逻辑的前提下，实践问题才能得到解决。这说明了科学活动的认识主体对社会实践的反作用，说明了研究科学逻辑的必要性和现实意义。

# 附录：西方科学逻辑方法论发展概要[*]

正如引论中已经指出的，科学逻辑即科学方法论，是探讨经验自然科学认识活动的程序、模式和手段。自从有了原始科学，也就有了相应的科学观和科学方法论。经验自然科学与哲学从来就是相互依存的。所以说，科学逻辑思想其实古已有之，只是在科学技术不甚发达的古代，还没有相应的专业名词，更不可能有现代那样的研究规模罢了。

## 第一节　古典时期和中世纪：科学方法论的发端与初探

### 一、毕达哥拉斯主义、原子论以及柏拉图的科学模式

在亚里士多德以前的古代哲学思想中，主要有两种思想成分长期地影响着各个时代的自然科学，因而特别引起我们的兴趣。这两种基本思想是：确信宇宙存在着数学上和谐的结构的毕达哥拉斯主义思想；关于物质运动基本机制的原子论思想。

毕达哥拉斯（约公元前 580—公元前 500 年）是古希腊著名数学家、哲学家。他是萨摩岛人，因发现毕达哥拉斯定理（即勾股定理）而闻名。他首创一个以"数是万物之本原"为宗旨的数学学派（又是宗教团体）。

---

[*]　附录执笔者：武汉大学桂起权。

在研究弦振动时，毕达哥拉斯学派发现，音乐和谐与数学比率相关，换句话说，只有当两根同质的弦长度互成简单比例时才会发出和谐的音。他们深信，数学和谐是自然规律。这种观察自然的特殊方式，被称为"毕达哥拉斯主义倾向"。它在科学史上有深远的影响。

毕达哥拉斯学派关于数学和谐的坚定信念激发着人们应用数学方法去洞察宇宙的基本结构。我们已经在音乐的和谐中看到，数学结构是它们的规律。同样，对于周围自然界的那种富有意义的秩序，也必须从中发现自然的数学规律。必须注意，在毕达哥拉斯的思想中，数学和谐是与一种特殊形式的神秘主义密切结合在一起的。

现代自然科学在为新实验所开辟的领域中寻找自然定律时，仍把"数学和谐性"当作重要的启发性原则。因为我们确信，自然界一切规律性联系之中都存在相应的数学关系。

德谟克里特（约公元前 460—公元前 370 年）是古希腊杰出的唯物主义哲学家和渊博的学者。他和留基伯是古代原子论的创始人。他们认为，原子是不变的并具有形状和大小的差别，由此产生宇宙万物的性质和变化。

科学家们总是试图以较简单的过程去说明物理世界中各种错综混乱的现象。古代原子论正是从这种尝试中发展起来的。由于物质的某些特性如占有空间和运动，与其他特性如颜色、硬度和气味相比，显得更为根本，所以人们很自然把前者看作基本特性，把后者看作导出的特性。德谟克里特确信，物质由最小的、不可再分的单位即原子所构成，它们仅具占有空间的特性，而它们的互相排列和运动，则决定着物质的其他各种特性，如颜色和硬度等。世界上的形形色色的事件，都可用原子在虚空中的各式各样的组合和运动来说明。正像无论悲剧或喜剧，都可用同样字母的文字来表达。

原子论的一个出发点在于：根据亚宏观的、更基本的层次上的相互作用可以解释观察到的宏观变化。原子论思想纲领的若干重要方面无疑对后世科学方法观点产生了强大的影响，一直到原子物理学的目前发展阶段为止，现代科学在各个方面都表现出它正在继续受到德谟克里特学说的影响。

当然，古代原子论是有种种弱点的。例如，亚里士多德已经认识到，单用纯粹原子论的物质理论去解释诸如溶解和蒸发等物理状态变化是有困难的。

柏拉图（公元前 427—公元前 347 年）是西方哲学史上第一个有大量著作流传下来的哲学家。他出身贵族，公元前 387 年，柏拉图创办了学园，它成了雅典的数学、科学等理论研究中心。传说柏拉图学园门口挂有"不研究几何者不得入内"的牌子。柏拉图对几何有深刻的研究，他发展了毕达哥拉斯的思想。在《蒂迈欧篇》中，他描述了由几何和谐组成的宇宙图景。

柏拉图认为，科学理论只有建立在数量的几何框架之上，才能揭示现象表面流变背后的真正永恒的结构和关系。在他看来，科学的首要任务，在于探索隐藏在各自然现象背后的用数学表述的自然规律（如构成音乐和谐的数学比例关系），而不是变化多端的现象本身。柏拉图围绕着从几何学借来的概念和模式建立了科学的基本理论，这是有深远的历史影响的，例如 17 世纪的笛卡尔、19 世纪 80 年代后的弗莱格都受其影响。

柏拉图同时继承了毕达哥拉斯主义传统和原子论的某些思想成分。他在《蒂迈欧篇》中提出，物质基本元素分别与具有高度对称性的基本数学结构相联系：火——正四面体；土——立方体；气——正八面体；水——正十面体；天上物质——正十二面体。在柏拉图看来，这些基本元素不是不可分的。它们可以分解为三角形，也可以由三角形重新组合。由于三角形已不是物质，柏拉图认为，各种现象的最后根源不是物质而是数学对称性和数学形式。柏拉图这种关于元素结构的基本对称性的思想，继续影响着当代理论物理学。海森堡在《二十世纪物理学中概念的发展》一文中指出：

可以说，物理学的现代发展又从德谟克里特哲学重新回到了柏拉图哲学。事实上，如果我们想把物质一步一步地分下去，那就正好按照柏拉图的观念，我们最终得到的不是最小的粒子，而是由其对称性所决定的物质客体。柏拉图式的物体，其基础是三角形。现代物理学中的粒子，正是基本对称性的数学抽象。①

## 二、亚里士多德的科学方法论

亚里士多德（公元前 384—公元前 322 年）是古希腊最博学的学者之一，古典逻辑的创始人。他是柏拉图的学生。柏拉图死后，他在雅典创办吕克昂学校，该学校成为古希腊科学发展中心之一。研究范围涉及哲学、逻辑、生物、心理、物理、政治、历史、伦理和美学。亚里士多德的主要逻辑著作是《工具论》（包括《范畴篇》《解释篇》《分析前篇》《分析后篇》《论辩篇》和《诡辩篇》等六篇）。他的逻辑主要是演绎逻辑，特别对三段论法作了透彻的研究，他对归纳法也有所论述（散见于《分析前篇》《分析后篇》和《论辩篇》中）。

亚里士多德被认为是古希腊科学方法论的创始人，他通过分析科学程序、科学结构和科学解释等问题而建立这门科学。《分析后篇》可看作是他的有关科学方法的主要著作。在《形而上学》和《物理学》中，对科学方法原理也有某些论述。

### 1. 关于科学程序

亚里士多德认为，科学研究从观察上升到一般原理，然后再返回到观察。科学家应该从待解释的现象中归纳出解释性原理，然后再从这些原理中演绎出关于事件、性质的现象的陈述。与柏拉图不同，亚里士多德很重视观察和直接经验。在亚里士多德看来，事物的根本实质并非柏拉图所追求的绝对一般的抽象数学形式，而是某种更具体、更实在的东西，它可以从一系列人们所熟悉的直接经验中辨认出来。亚里士多德的科学程序，是以经验观察为基础的归纳与演绎相结合的程序。

---

① 《现代物理学参考资料》（第三集），北京：科学出版社，1978 年版，第 29 页。

### 2. 关于科学解释

亚里士多德认为，科学解释就是从现象的知识过渡到原因的知识。换句话说，当现象陈述能从解释性原理中演绎出来时，科学解释就完成了。他提出，令人满意的科学解释必须满足如下要求：前提必须真实；为了避免解释中的无穷倒退或恶性循环，前提必须无法演绎地证明；前提必须比结论更为人所知；前提必须是在结论中所作归属的原因。

### 3. 关于科学的结构

亚里士多德认为，一门科学是通过演绎组织起来的一组陈述。在一般性最高的层次，是一切证明的第一原理、最基本的逻辑原理（如不矛盾律等）。这是这门科学中一切证明的出发点和最根本的前提。在一般性的次高层次，是特殊科学的第一原理和定义。例如，"真空是不可能的"被列为物理学的第一原理之一。

### 4. 关于归纳法

亚里士多德还从以下几个方面论述归纳法。一是完全归纳法，它是作为证明手段而出现的，而且可以将这种归纳还原、归结为特殊的三段论，称为"归纳三段论"；二是枚举归纳法，这是把归纳解释为"引用"一些个别或特殊事例以证明一般命题的真实性的推论；三是直观归纳法，这是对蕴藏在现象背后的一般原理的直接直观。

关于完全归纳法和归纳三段论，亚里士多德在他的《分析前篇》中说："一切的确信，都是通过三段论或归纳获得的。归纳和归纳产生的三段论，是在一个项和中项之间，通过另一项建立一种三段论的关系。例如，如果 B 是 A 与 C 之间的中项，它就是通过 C 来证明 A 属于 B。这就是我们进行归纳的方式。现在以 A 表示长命，B 表示无胆汁者，C 表示长命的特殊动物，如人、马、骡。那么，A 属于所有的 C，因为凡无胆汁者都是长命的，但 B（无胆汁者）也属于所有的 C。如果 C 和 B 可以换位，而中项 B 不超出〈小项 C〉的范围，那么 A 必然属于 B，因为前已指出，如果两个〈项〉都属于第三个项，而〈端项 C〉对其中之一有换位关系，则另一个项〈A〉也属于可以换位的项〈B〉。但是我们必须把 C 看作所有单一的东西的总和，因为归纳是通过尽数列举而进行的。这样的三段论是从最初的和直接的前提出发的：如果有中项则通过中项建立三段论，如果没有中项则通过归纳进行推论。从某些方面来说，归纳是和三段论相反的，因为三段论是通过中项表明大项对第三个项的关系，而归纳则通过第三个项表明大项对中项的关系。按其性质来说，用中项论证的三段论是在先的而且是比较熟悉的，但归纳推理对于我们则更有说服力。"①

关于枚举归纳法，亚里士多德在《论辩篇》中说："归纳法是从个别的东西上升到一般的东西，例如，如果内行的舵手是最好的，而对于赶车人也可以这样说，那么，一般地说，内行的都是最好的。归纳法更有说服力，更明显，更容易被我们的感官所把握，更容易为所有人了解，三段论则有巨大的强制性，在反驳中更见效。"②

关于直观归纳法，亚里士多德举例说，一个科学家在若干情况下注意到月球亮的一面朝着太阳，他由此而推断出月球发光是由于太阳光的反射。③直观归纳法是一种洞察力，这是一种在感觉经验材料基础上透过现象"看到"本质的特殊能力，它与科学发现的关系甚密。

在《动物志》中，亚里士多德在对动物习性进行细微观察的基础上作了归纳分类，这里他表现出分类学家所特有的洞察力。

在亚里士多德那里，我们甚至能发现某些预示着后来穆勒的探求因果的归纳推理的萌芽因素。例如他说："帮助我们找到三段论和归纳法的手段（工具）有四个：第一是找出命题，第二是细心区别一个词的许多意义，第三是确定事物的差异点，第四是在其中找到相似点。"④

## 三、归纳逻辑的先驱者——伊壁鸠鲁派

伊壁鸠鲁（公元前341年—公元前270年）是古希腊哲学家。唯物

---

① 亚里士多德著：《分析前篇》，Ⅱ，23，68b13—37，所用页次码号是各国各版本通用的。

② 亚里士多德著：《论辩篇》，Ⅰ，12，105a，10—19。

③ 亚里士多德著：《分析后篇》，89b，10—20。

④ 亚里士多德著：《论辩篇》，Ⅰ，12，105a。

主义经验论者，归纳逻辑的先驱者。伊壁鸠鲁及其学派的归纳逻辑是西方归纳逻辑发展史上的最早环节，具有不容忽视的重要性。

伊壁鸠鲁的哲学系统分为物理学、准则学和伦理学三个部分，准则学就是他的系统中的归纳逻辑。准则学主要探讨真理的标准，并制定观察和推理的实际研究规则。

伊壁鸠鲁归纳逻辑的第一和根本的原则是感觉的真实性，附属的原则是预想（概念）的有效性和作为特殊的感觉的感情的确实性。一切真的经验，特别是一切科学观察，都必须建立在附近对象的清晰印象之上。不可感知的事物，如原子和空间，只能为思维所认识。又如天象，远得实在无法获得清晰的印象，虽然感觉不能直接给予答案，但它们常常会提供帮助作出结论的"征象"或"征兆"。根据征象，用思维把现象和一般概念作比较，或使概念相互结合，从而构成假说说明现象。关于这些不可感知事物的研究规则是：科学的说明必须以现象所提供的征兆为根据，所提出的说明（假说）又必须受现象的检验，但和现象不相矛盾的一切说明都是真的，符合于现实的，因为真理是由心灵对概念的"清晰"印象和"感知"得到的。

伊壁鸠鲁的"准则学"已经失传，但其基本内容仍可从尚存作品《致赫罗多德的信》和其他一些残篇中追溯出来。哲学史家培莱（C.Bailey）的《伊壁鸠鲁传》（1926）一书最完整地编录了大部分有关的尚存材料。

后来的伊壁鸠鲁学派透彻地研究了"征象"学说，大大地发展了伊壁鸠鲁的归纳逻辑。菲罗德摩（Philodemos，约公元前110—公元前39年）的著作《征象和归纳推理》（载于《赫克拉尼姆卷子》）不仅记载了伊壁鸠鲁派对归纳逻辑的贡献，而且为后世保存了伊壁鸠鲁派与斯多葛派论战的丰富史料。

伊壁鸠鲁派的归纳法是在与斯多葛派的论战中发展起来的。科学方法论的根本问题是怎样确立全称必然的命题即科学定律。伊壁鸠鲁派是方法论上的归纳派，主张根据经验、征象，运用归纳方法形成科学定律，认为根据类似性的推理是唯一的科学方法。而斯多葛派则是方法论上的演绎派，把一种相应于假言易位定律（$q \rightarrow p$）$\rightarrow$（$\overline{p} \rightarrow \overline{q}$）的演绎推理，即他们所谓的"反驳法"看作唯一的科学方法。

按照伊壁鸠鲁派的看法，类似法是一切由征象出发的推理的基础。因为一切超出经验范围的断定都是在经验范围内类似场合的研究中被表明其合理性的。所谓类似法是指，把每个都有相同结果的这些类似场合加以比较，经过仔细周详地考察，如果完全没有发现相反的征象，就能确立一个全称的、本质的命题的方法。

伊壁鸠鲁派并没有把类似法得出的推论看成绝对确定的。他们承认有时只能满足概然性，但不管所确立的命题是概然性还是确实性的，从形式上看证据都一样：即在各个类似场合的考察中所确立的同一性，经验范围内经常伴随出现的特征。他们也不武断地认为所推论的不可见的东西必定与作为证据的可见东西相类似。例如由运动存在推论到空间存在，由物体推论到组成物体的原子，这里不可见者是可见者的原因或条件，虽然并没有什么相似关系，但照样可以使用类似法。当然在通常情况下，把经验内熟知的特性推广到经验外，不可见者和可见者是相类似的。例如由经验内人的有死外推一切人有死便是这样。

可见，无论类似关系存在与否，都可以使用类似法。就是假说的建立也是以类似法为基础。在一些类似场合下对可观察现象（如各种运动）进行研究的结果便是证据，这个证据引导到关于不可见的东西（如空间）的假说，假说的应用超出原有的范围。总之，在伊壁鸠鲁派看来，由征象出发的推理的唯一形式就是类似法。

伊壁鸠鲁派与斯多葛派关于科学方法的论战在公元前 1 世纪达到了顶点。斯多葛派对伊壁鸠鲁派提出了如下的批评：

（1）伊壁鸠鲁派的归纳推理的形式是不正确的。

（2）伊壁鸠鲁派的方法允许我们由在人类经验范围内某些对象的存在或不存在，推论出经验范围外这些对象的存在或不存在，这是荒谬的。

（3）由于例外即反常现象的存在使归纳推理成为不可能，因为它随时能推翻由归纳得来的结论。

（4）归纳推理的正确性要依靠下列基本前提：不明显的事物和明显

的事物是相类似的。但果真如此，那便是演绎推理的事了。

（5）更有甚者，因为部分枚举是不充分的，而完全枚举是不可能的，所以归纳推理是行不通的。

伊壁鸠鲁派对于这些论点，提出如下的答辩：

（1）归纳理论的基础是这个经验事实：在现象与不明显事物之间存在这样的类似性，以致一个明显的事物存在或是这个样子，而一个不明显的事物不存在或不是这个样子就不可能。

（2）推理不能以偶然的类似性为基础，而是以稳定的类似性为基础。

（3）反常事件并不使归纳方法失效，因为它们不受一般规律的支配，而在归纳概括的范围之外。

（4）归纳方法并不是以局限于我们实际经验范围以内的事物为根据，而是以可以证明为不产生矛盾的事实为根据的。

（5）穷尽的枚举是不必要的，只需考察一定数量的相同和不同的事实就足够。

归纳的结论有时可以根据一两件事实（典型）引出来。伊壁鸠鲁派的伯罗米奥在答辩时指出，用归纳法考察典型情况穷举是不必要的。例如被考察的某一群人的偶然特性（身长、发色、眼睛）各不相同，但有一点却是共同的：他们都有死。不需要穷举就可断定"有死"是一切人所固有的性质。这里说的正是求同法。这里从理论上表述了与枚举归纳法不同的排除归纳法。

伊壁鸠鲁及其学派的归纳逻辑反映了与他们同时代的古希腊科学（特别是医学）的发展水平。古希腊医生注重观察和实验，并在实际业务中发现和自发运用了求同法等归纳方法，只是未曾专门考察它的理论基础。伊壁鸠鲁学派则汲取他们的成就，加以提炼，努力探究归纳法的一般原则，制定科学归纳法的理论基础。伊壁鸠鲁派的逻辑是历史上第一个具有科学意义的归纳逻辑体系，是以后培根和穆勒所提倡的归纳逻辑的先驱。

伊壁鸠鲁还是德谟克里特原子论思想的主要继承者之一。伊壁鸠鲁派与斯多葛派之争同样也涉及原子论。伊壁鸠鲁论证了纯粹的粒子观点，据此单独物质除了直接接触外总是独立运动的；另一方面，在斯多葛派看来，只有按照超距相互作用而实现的和谐而稳定的模式，经验世界才是可理解的。这一争论第一次深刻地显示了原子论的解释力和弱点。

## 四、中世纪学者格罗斯代特和罗杰尔·培根

罗伯特·格罗斯代特（1168—1253 年）及其学生罗杰尔·培根（1214—1292 年）是 13 世纪最有影响的研究科学方法的学者。格罗斯代特是第一个分析归纳和证实问题的中世纪牛津学者。他撰写了亚里士多德《分析后篇》和《物理学》的注释，还写了有关历法、光学、热和声方面的论文。罗杰尔·培根称他为"我们时代唯一懂科学的人"。

格罗斯代特致力亚里士多德已经提出的问题，重新解释并发挥亚里士多德关于科学程序的思想。亚里士多德在《分析后篇》中实际上已经指出，科学研究从观察、现象归纳上升到一般原理（解释性原理），然后再从包含这些原理的前提中演绎出关于现象的陈述，再返回到观察。我们可称之为研究的"归纳—演绎程序"。格罗斯代特则将归纳和演绎两个阶段分别进一步解释为将现象"分解"为组成要素，和将这些要素重新"组合"为原来的现象。因此，后人又称之为"分解—组合方法"。

A.C.克隆比在《罗伯特·格罗斯代特和实验科学的起源》(1953)中指出，格罗斯代特把上述方法应用于光谱颜色问题时发现，虹、水轮飞沫、船桨水花所显示的光谱与日光穿过玻璃球所产生的光谱相似。他通过归纳，"分解"出这组现象有三个共同的组成要素：（1）光谱与透明球有关；（2）不同颜色对应不同折射角；（3）产生的颜色取决于圆周的弧长。然后，他就能从上述三要素"组合"成这类观点的一般特点。

格罗斯代特强调应用假言否定后件推理来否证对立的假说，这种对假说演绎否证的方法给人们留下非常深刻的印象。格罗斯代特对同异联合法的归纳程序有贡献，与斯多葛学派相仿。稍后的约翰·邓斯·司各特（1265—1308 年）和威廉·奥卡姆（1280—1349 年）则分别对求同

法和求异法的归纳程序有贡献。

罗杰尔·培根是杰出的实验自然科学的预言家。他曾先后在牛津和巴黎学习过。他在巴黎讲授并著书，对亚里士多德著作进行分析、评价。1247年他回到牛津，在那里学习各种语言和科学，尤其重视光学。他曾深刻地钻研过古希腊和阿拉伯的手稿，同反科学的迷信和愚昧进行了不倦的斗争。1267年，他将经过15—17个月工作写成的三部著作献给他的同情者克力门四世：第一部叫《大著作》，详述他的全部见解，是其主要著作；第二部叫《小著作》，是一种概要；第三部叫《第三著作》，是怕前两部遗失而补送的。

格罗斯代特的分解方法已详细解释了现象如何通过归纳上升，分解为它的组成要素。罗杰尔·培根则强调，精确而广泛的事实知识是上述归纳程序得以成功应用的基础，而唯有通过实验才能达到这一点。罗杰尔·培根高出同代人乃至整个中世纪欧洲哲学家之处，在于他清晰地了解唯有实验方法才能给科学以确实性。他是走在时代前面的人。他告诫他的同代人：证实真知的唯一办法只有观察和实验，而不是靠引进圣经和亚里士多德著作。

格罗斯代特和罗杰尔·培根都建议把研究的经验验证阶段加到前述归纳—演绎程序中去。通过"分析"归纳出来的原理，要接受进一步的实验检验。罗杰尔·培根在《大著作》中称检验程序为实验科学的"第一特性"。他的这一见解具有深刻的方法论意义。

鉴于罗杰尔·培根关于实验对归纳程序的作用有如此重大作用的信念，他本人不知疲倦地从事着实验。他发现了火药的成分，找到了获取磷、镁的方法，研究过蒸气的作用。他首先发现球面像差，用折射解释过虹，指出可用透镜矫正视力以及用透镜组望远，成为发明眼镜和望远镜的先导，等等。14世纪初，弗雷堡的提奥多里克应用罗杰尔·培根的"第一特性"取得了惊人的成功，他用灌水的水晶球模型再现了原生虹和次生虹，用实验检验证实了"虹是由个别水滴所折射和反射的日光结合而成"的假说，表明了检验程序对于归纳的价值。

## 第二节　16—17 世纪关于科学方法的思想

### 一、归纳逻辑的创始人——弗朗西斯·培根

弗朗西斯·培根（1561—1626 年）是新兴自然科学形成时期的英国唯物主义者和近代实验科学的始祖，近代归纳逻辑的真正创始人。

弗朗西斯·培根的主要代表作是《新工具》，是未完成著作《伟大的复兴》的第一部分，出版于 1620 年。

弗朗西斯·培根是新思潮的典型代表。他主张独立思考，敢于批评古代权威，并与中世纪遗留下来的经院哲学进行了不调和的斗争。他主张，自然规律是客观的，感觉是知识的可靠源泉，真正的归纳法是可靠的科学方法，人类理性能够征服自然。他总结了当时科学研究和技术发明的初步经验，第一个系统地制定了科学认识的排除归纳法。总之，科学方法论上的经验主义和归纳主义是培根哲学的主要成分，他给经院哲学以致命的打击。培根的出色文才使他的作品富有感染力，它有效地鼓动了人心，促进了有组织的科学研究。

按照培根的观点，科学发现的逻辑和检验评价的逻辑等，都属于理性的艺术。培根说："在理性的知识方面，人们企图做的，或者是去发现所追求的，或者是去判断所发现的，或者是去保持所认可的，或者是去传达所保持的。因此理性的艺术有四；即（1）探究和发现的艺术；（2）检查和判断的艺术；（3）保持和记忆的艺术；（4）讲述和传达的艺术。"[①]

培根认为，亚里士多德逻辑不能作为科学发现的逻辑，不能用来帮助探求真理，不能帮助我们发现新的科学。它至多适用于判断论证和论

---

[①] Joseph Devey: *The Physical and metaphysical works of Lord Bacon*, London: Bell, 1876, p183.

辩，不能把握自然的奥秘。他说："三段论并不能用于科学的第一原理，而用于中间公理也是无效的；因为它比不上自然的微妙。因此它只能强人同意命题，而不能把握事物。""因此我们唯一的希望就在于一种真正的归纳。"①

培根科学方法有两大特点：一是主张逐级归纳上升的科学程序；二是主张通过例证表而实现的排除归纳法。

关于科学发现程序，培根尖锐地把亚里士多德与他自己的程序对立起来。他说："寻求和发现真理的道路只有两条，也只能有两条，一条是从感觉和特殊事物飞到最普遍的公理，把这些原理看成固定和不变的真理。这条道路是现在流行的。另一条道路是从感觉与特殊事物把公理引申出来，然后不断地逐渐上升，最后才达到最普遍的公理。这是真正的道路，但是还没有试过。"② 初看起来，培根和亚里士多德的科学程序都把科学看作从观察上升到一般原理，然后再回到观察的过程，似乎并无根本不同。但培根指出："两条道路都从感觉与特殊事物出发，而止于最高的概括；但是它们之间的分别是无限的。因为其一只是走马看花地看一下实验和特殊事物，而另一适当地和有条不紊地来研究它们。"③ 问题在于亚里士多德的逻辑中占压倒优势的是演绎理论，归纳部分是相当薄弱的。亚里士多德的归纳方式在培根看来是靠不住的，不属于"真正的归纳"。

培根指责的理由是：第一，亚里士多德及其追随者搜集的经验材料杂乱无章，未加仔细鉴别，没有摆脱感官假象的欺骗；第二，只由少许亲自经验和少数最常见的特殊事例的暗示，就草率作出概括，过早地急于想跳到或飞到事物的普遍原则上去，因而带有极大危险性；第三，用

---

① 见培根《新工具》，载《十六—十八世纪西欧各国哲学》，北京：商务印书馆，1975 年版，第 9—10 页。

② 见培根《新工具》，载《十六—十八世纪西欧各国哲学》，北京：商务印书馆，1975 年版，第 10 页。着重号是引者所加的。

③ 见培根《新工具》，载《十六—十八世纪西欧各国哲学》，北京：商务印书馆，1975 年版，第 11 页。着重号是引者所加的。

简单的枚举归纳法来推导科学原理是错误的，容易导致假结论，应当把排除归纳法与枚举归纳法区别开来；第四，先入为主地确定普遍公理的方法是错误的根源。

众所周知，亚里士多德在受到"羽毛、纸片等轻小物体下落较慢"的特例的暗示之后，就草率作出概括说"物体下落的速度与重量成正比"。亚里士多德还在对日常机械运动作粗糙的观察的基础上，就急于跳到他的"力学"的普遍原则上："推一个物体的力不再去推它时，原来运动的物体便归于静止。"亚里士多德的上述力学原则，已被伽利略的落体定律和惯性原理所否定。可见培根的指责不无道理。

培根说："我们只有根据一种正当的上升阶梯和连续不断的步骤，从特殊的事例上升到较低的公理，然后上升到一个比一个高的中间公理，最后上升到最普遍的公理，我们才可能对科学抱着好的希望。"① 在培根的这段文字中，他勾画了从较低的公理—中间公理—到最普遍的公理的逐级归纳上升的等级阶梯，刻画了他的科学程序的主要特点。

关于排除归纳法与例证表，这是培根科学方法的第二个特点。第二个特点与第一个特点是相联系的。因为不同梯级的公理都被认为是用排除归纳法来发现的。

培根说："在确立公理的时候，必须制定一种与一向所用的不同的归纳形式；这种形式不仅是要用来证明和发现（所谓）第一原理，并且也要用来证明和发现较低的公理、中间的公理，也就是说，要用来证明和发现一切公理。……枚举归纳法是很幼稚的……对于科学与技术的发现和证明有用的归纳法，则必须要用适当的拒绝和排斥的办法来分析自然，然后，在得到足够数目的反面例证之后，再根据正面例证来作出结论。……这种归纳法不只是要用来发现公理，并且还要用来形成概念。"②

培根指出，为了对怎样从经验导出和形成公理提供指导，首先"必

---

① 见培根《新工具》，载《十六—十八世纪西欧各国哲学》，北京：商务印书馆，1975 年版，第 44 页。着重号是引者所加的。

② 见培根《新工具》，载《十六—十八世纪西欧各国哲学》，北京：商务印书馆，1975 年版，第 44—45 页。着重号是引者所加的。

须准备一部充足、完善的自然和实验的历史，这是一切的基础"。然后，必须根据适当的"方法和秩序来作出例证表和例证的安排，以便使理智能够处理它们"。①

培根的例证表包括存在表、缺乏表和程度表，分别说明某种性质的存在、缺乏以及不同程度的比较，现称"三表法"。培根以热的性质研究为例说明"三表法"。在第一表中，阳光、火焰、摩擦、沸腾等被当作热存在的例证；在第二表中，月光、磷光和静水等被看作缺乏热的例证；在第三表中，通过聚光镜、散光镜对自然光的加强或削弱作用等情况比较热的不同程度。

培根看到，事实之间的有些相关只是偶然的。培根的排除归纳法的优点正在于，通过查阅存在表、缺乏表和程度表，往往可以逐步排除外在的、偶然的联系，提纯出事物之间内在的、本质的联系。培根说："真正的归纳的首要工作（就形式的发现来说）乃是在于拒绝或排斥这样一些性质，这些性质是在有给定性质存在的例证中找不到的，或者是在这些例证中给定性质减少而它们增加，或给定性质增加而它们减少的；这样，在拒绝和排斥的工作适当完成之后，一切轻浮的意见便烟消云散，而最后余留下来的便是一个肯定的、坚固的、真实的和定义明确的形式。"② 这里，培根所说的形式即指规律。

培根根据"三表法"最后得到："热本身、热的本身，精髓就只是运动而不是别的。""热是一种扩展的、受约束的而在其斗争中作用于物体的较小分子之上的运动。……这种斗争不是迟钝的，而是迅速和剧烈的。"③ 培根第一个明确表示出"热的本质是分子剧烈的无规则运动"的思想，比物理学家早得多。

---

① 见培根《新工具》，载《十六—十八世纪西欧各国哲学》，北京：商务印书馆，1975 年版，第 53 页。着重号是原有的。

② 见培根《新工具》，载《十六—十八世纪西欧各国哲学》，北京：商务印书馆，1975 年版，第 55 页。

③ 见培根《新工具》，载《十六—十八世纪西欧各国哲学》，北京：商务印书馆，1975 年版，第 58 页。着重号是原有的。

培根关于热的本质的预言，关于"光速很大但仍有限"的预言，关于引力方面的实验设想等，可看作他的科学方法的某种成果。培根关于引力的实验设想可以看作对摆的研究的先导。培根曾建议，为了确定物体下落加速度是否是地球引力的结果，应当比较引力较小的高海拔地点和引力较大的坑道内钟的行为的差异，这里培根所考虑的是寻求因果联系归纳法。后来，惠更斯确实找到摆的周期与重力加速度的平方根有反比关系。

当然，培根的科学方法理论是有历史局限性的。归纳法本是一种只有有限的助发现作用的科学方法，却被夸大为唯一的、起决定作用的、绝对可靠的方法；假说、演绎和数学在他的科学方法论中没有适当的地位。培根并不真正了解他的同时代人的先进的科学成就。

## 二、伽利略的科学方法

伽利略（1564—1642 年）是意大利物理学家，经典力学和天文学的奠基人之一，哥白尼学说的热心宣传者。曾在比萨学医，后转物理学和数学，1589 年成为比萨大学教授，1592 年转到比较自由开明的帕多瓦大学任教，在职 18 年名声传遍欧洲，他在力学方面的一些重要的研究都是在这个时期完成的。伽利略的主要著作是《两大世界体系的对话》（1632）和《两种新科学》（1638）。

关于科学发现的程序，伽利略也主张解释性原理必须从可感觉的经验材料中归纳出来。他在《对话》中指出，我（借萨尔维阿蒂之口）比较敢于肯定，亚里士多德本人首先是通过感觉、实验和观察所得到的结果，尽可能地弄清自己的那些结论无误，以后他才设法加以演绎证明。亚里士多德总是把感觉经验放在论证之上。至于他有时先用演绎法建立自己的论证根据，那只是他著书立说时所使用的方法，而并不是他考察问题的方法。[1] 这里伽利略通过对亚里士多德的分析来阐明科学中归纳—

---

[1] ［意］伽利略著：《关于托勒密和哥白尼两大世界体系的对话》，上海：上海人民出版社，1974 年版，第 62 页。

演绎程序的普适性。

伽利略认为"感觉经验应当比人类理性更可靠"，应当"进行证明、观察和特殊实验"。[①] 他非常重视实验方法。鉴于当时技术的进步，伽利略广泛应用了算尺、天平和滴漏钟等测量仪器。他制造了第一个温度表；发明了好几种医用节拍器（测脉搏时计用）；首创了适于天文观测的望远镜，因而发现了木星的卫星、土星的光环、月球的环形山和太阳黑子（1610 年）等。他还精确地定量测定了物体在斜面上运动的时间与路程的关系，这在当时是需要极高超的实验技巧的。

伽利略也像他的同时代人弗朗西斯·培根一样引进了归纳法，但他是在经验科学的实际应用中、在建立力学和天文学的基础时引进的。与培根的定性归纳法不同，伽利略将实验手段、数学方法和推理技巧巧妙地结合起来，为近代科学开辟了道路，科学上，数学—实验方法在伽利略手中达到成熟阶段。

前面曾经指出过，"毕达哥拉斯主义倾向"是科学家观察自然的一种独特的方式。这一研究方式在伽利略所处的新兴自然科学形成时期不断取得越来越丰硕的成果。伽利略汲取了毕达哥拉斯主义的合理因素，并作出了新的概括。他指出，宇宙这部宏伟的书是用数学语言写成的，它的文字是三角形、圆以及其他几何图形，人们不掌握数学语言就不能理解宇宙。

伽利略采用了抽象和理想化的方法，这是为了把数学成功地应用到物理现象上，即可观察测量的性质上。他坚持抽象和理想化对于物理学的重要性，从而扩展了归纳技术的范围。伽利略本人的力学研究成果表明，理想化概念的确是卓有成效的。事实上，借助于对比、分析和归纳，他从无摩擦的理想斜面和水平面的概念导出了惯性原理，从船在洋面上的无摩擦运动导出了力学相对性原理。而真空中自由落体和理想摆等概念，则使他能借助于规定理想化运动的解释性原理而推演出落体和摆的

---

① ［意］伽利略著：《关于托勒密和哥白尼两大世界体系的对话》，上海：上海人民出版社，1974 年版，第 54、57 页。

近似的实在运动。

伽利略不仅善于处理观察、实验所提供的归纳证据，而且善于运用三段论和归谬法作出演绎论证。他在《两大世界体系的对话》中就借助于大小两球合一而自由下落的理想实验，用归谬法令人信服地驳斥了"下落速度与重量成正比"的谬论。

爱因斯坦评论说："伽利略的发现以及他所采用的科学的推理方法是人类思想史上最伟大的成就之一，而且标志着物理学的真正开端。"[①]

## 三、笛卡尔的方法论

笛卡尔（1596—1650 年）是法国数学家、哲学家。在方法论上，笛卡尔是演绎主义者，弗朗西斯·培根是归纳主义者，各强调各的见解。后来，笛卡尔一位好友之子、荷兰物理学家惠更斯（1629—1693 年）说过，培根不了解科学方法中数学所起的作用，而笛卡尔则忽视了实验的作用。

笛卡尔是解析几何的创始人，"笛卡尔坐标法"就是因他而得名的。他从青年时代就研究了力学、光学，天文学和声学问题，并在这些领域中作出了发现，他研究并推广了当时在力学研究中发展起来的数学方法，把几何代数化，用代数方程表示几何图形，从而发明了"代数—几何"，即解析几何。由于法国当时知识界的气氛不利于自由的学术探讨，为此笛卡尔于 1628 年移居荷兰，住了 20 年，大部分著作都在那里完成。他的主要的方法论著作有 1637 年出版的《方法谈》和 1644 年出版的《哲学原理》。在《方法谈》中笛卡尔分析了数学—演绎法，并阐述了物理的世界图景，在《原理》中进一步发挥了后一想法。

笛卡尔和弗朗西斯·培根都有改进智力结构的目标：制定科学的理性程序，摆脱迷信或盲从，使科学立足于逻辑。但是笛卡尔与弗朗西

---

① ［美］爱因斯坦，［波］英费尔德著：《物理学的进化》，上海：上海科技出版社，1962 年版，第 4 页。

斯·培根的科学程序恰好是相反的。培根强调从可靠的经验材料出发，通过逐步归纳上升而发现一般原理；而笛卡尔则强调从清晰明白地呈现在心智中的一般原理出发，演绎出比较具体的原理、规则和现象。按笛卡尔的科学理想，科学是一种演绎的命题的等级体系。很明显，笛卡尔的唯理主义和演绎主义的方法论与他在数学研究中所养成的思想习惯是有深刻联系的。

笛卡尔的演绎系统化的理想，与培根的归纳法相反。笛卡尔致力于构造一种前后一贯的演绎理论系统，其论证形式具有欧氏几何中可见的那种确实可靠性。演绎系统化或公理化的理想是由来已久的。古希腊的欧几里得（公元前300年前后）在《几何原本》中建立了公理化系统的范例。他的公理、定义、假设抓住了现实空间关系的固有特点，提供了整个几何学进行演绎推理的理论前提。阿基米德（公元前287—公元前212年）第一个创造性地将欧氏的公理化方法引进经验自然科学，创立了静力学公理体系（参看本书第十一章）。在笛卡尔看来，17世纪物理学的任务正在于增加更多同样不证自明的公理、定义和假设，以扩展欧几里得式的智力结构。只有这样，关于机械运动、磁、热（甚至还有生理学和宇宙学），才能具备真正的逻辑根据。笛卡尔在他的四卷《哲学原理》中力图表明一种用欧氏公理化模式解释整个物理世界的可能性和雄心。

笛卡尔还肯定了古典原子论的某些方法论含义，他也主张根据亚宏观相互作用解释宏观过程。笛卡尔的原子论思想是与演绎系统化的理想联系在一起的。事实上，笛卡尔出于哲学上和数学上的考虑，找到了独特的认识物理世界的普遍方法，笛卡尔的思想在经典物理的发展中显示出巨大的影响，对近代物理也是如此。笛卡尔在自己的方法论著作中，从他所特有的一些解释宇宙的基本范畴（如广延性等），导出了若干重要的带有方法论意义的物理学原理——诸如广义的惯性原理、宇宙的运动量守恒原理和粒子相互作用原理，这对后世具有深远的影响。在此以后，大部分科学家都认为宇宙是由微小的粒子所组成的，一切自然现象都可以按照粒子的形状、大小、运动和相互作用来解释。作为宇宙观，笛卡尔的原理告诉人们，宇宙之中只有运动中所形成的物质。作为方法论，笛卡尔的原理要求根本的物理定律必须阐明粒子的运动及其相互作用，可接受的物理解释必须把一切已知的物理现象都归结为这些定律支配下的粒子的作用。

笛卡尔提出了四条基本的方法论法则：

第一条是：决不把任何我没有明确地认识其为真的东西当作真的加以接受，也就是说，小心避免仓促的判断和偏见，只把那些十分清楚明白地呈现在我的心智之前，使我根本无法怀疑的东西放进我的判断之中。

第二条是：把我所考虑的一个难题，都尽可能地分成细小的部分，直到可以而且适于加以圆满解决的程度为止。

第三条是：按照次序引导我的思想，以便从最简单、最容易认识的对象开始，一点一点逐步上升到对复杂的对象的认识，即便是那些彼此之间并没有自然的先后次序的对象，我也给它们设定一个次序。

最后一条是：把一切情况尽量完全地列举出来，尽量普遍地加以审视，使我确信毫无遗漏。①

## 四、牛顿的自然哲学方法

牛顿（1642—1727 年）是英国物理学家，经典力学体系的建造者。1665 年毕业于剑桥大学，1669 年被任命为该校数学教授，并于 1672 年被选为皇家学会会员。擅长力学（包括天体力学）、光学、数学（发明微积分）。

培根和笛卡尔只是发出了科学号召，并为尚待建立的自然科学提供思想纲领；真正建立起哲学家所号召的新物理学的则是伽利略、牛顿等

---

① ［法］笛卡尔著：《方法谈》，载《十六—十八世纪西欧各国哲学》，北京：商务印书馆，1975 年版，第 144 页。

人。尽管牛顿是归纳主义者，但在牛顿的思想程序中并没有培根式的排除归纳法；尽管牛顿受到笛卡尔的数学范例的有力影响，并在一定程度上接受笛卡尔方法论，但并没有放弃归纳主义。

牛顿把归纳—演绎的科学程序称为"分析和综合方法"。牛顿说："在自然科学里，应该像在数学里一样，在研究困难的事物时，总是应当先用分析的方法，然后才用综合的方法。这种分析方法包括做实验和观察，用归纳法去从中作出普遍结论，并且不使这些结论遭到异议，除非这些异议来自实验或者其他可靠的真理方面。……虽然用归纳法来从实验和观察中进行论证不能算是普遍的结论，但它是事物的本性所许可的最好的论证方法，并且随着归纳的愈为普遍，这种论证看来也愈为有力。……用这样的分析方法，我们就可以从复合物论证到它们的成分，从运动到产生运动的力，一般地说，从结果到原因，从特殊原因到普遍原因，一直论证到最普遍原因为止。这就是分析的方法。而综合的方法则假定原因已经找到，并且已把它们立为原理，再用这些原因去解释由它们发生的现象，并证明这些解释的正确性。"① 牛顿在他的代表作《自然哲学的数学原理》（1686）中声称，运动三定律和万有引力定律等都是应用分析方法从现象中归纳出来的普遍命题。牛顿对于归纳的理解要比那些只把归纳局限在概括观察结果的少数技巧上的学者宽广得多。

在此基础上，牛顿提出了四条基本的自然哲学推理法则，用以指导科学解释的探索：

法则 1

除那些真实而已足够说明其现象者外，不必去寻求自然界事物的其他原因。

法则 2

所以对于自然界中同一类结果，必须尽可能归之于同一种

---

① 见牛顿《光学》中"疑问 31"，载［美］H.S. 塞耶编：《牛顿自然哲学著作选》，上海：上海人民出版社，1974 年版，第 212 页。

原因。

法则 3

物体的属性，凡既不能增强也不能减弱者，为我们实验所能及的范围内的一切物体所具有者，就应视为所有物体的普遍属性。

法则 4

在实验哲学中，我们必须把那些从各种现象中运用一般归纳而导出的命题看作是完全正确的，或者是非常接近于正确的；虽然可以想象出任何与之相反的假说，但是没有出现其他现象足以使之更为正确或者出现例外之前，仍然应当给予如此的对待。①

以上是牛顿引进的归纳法则。法则 1 可称为"简单性原则"，牛顿解释说，自然界喜欢简单化，不做无用之事。法则 2 是关于原因和结果的同类归并。在法则 3 及其解释中，牛顿强调，实验和自然界固有的相似性、和谐是归纳的真正基础。只有通过实验我们才能了解物体的属性，否则就会陷于虚构和空想。只有承认自然界的统一性，我们才能进行外推，从特殊到一般，从可感觉、可触摸的物体推广到一切物体。法则 4 是进一步讲归纳的可靠性。

虽然牛顿在发现和探究的逻辑上主张采用归纳的方法，但在理论体系的表述上却喜欢采用公理方法。牛顿确实受到笛卡尔的数学范例和演绎系统化理想的强烈影响，牛顿的《自然哲学的数学原理》是符合笛卡尔的方法的。换句话说，牛顿《原理》中的运动、引力理论是仿照欧几里得模式，借助于演绎方法构造起来的公理、定义和定理的集合即公理系统。牛顿三大定律就是牛顿力学理论的公理；公理之前还有质量、动量、惯性、外力、向心力等一些比较重要的定义，在此基础上展开整个

---

① ［美］H.S. 塞耶编：《牛顿自然哲学著作选》，上海：上海人民出版社，1974 年版，第 3—6 页。

力学体系。公理中出现的"绝对量值"是相对于理想化客体的，与由实验测定的"可感觉量度"是有区别的，但可以有适当的对应方法使两者联系起来。这样，公理系统与物理世界的事件相关，牛顿力学就有了经验意义。与笛卡尔不同，牛顿并没有自称他的力学原理能脱离经验证据而证明为唯一自明而有效的。

牛顿把假说猜测法与实验归纳法看作是相互对立的。他在给科茨的信中说："这些原理（指运动定律等）从现象中推出，通过归纳而使之成为一般，这是在实验哲学中一个命题所能有的最有说服力的证明。我这里所用'假说'，仅仅是指这样一种命题，它既不是一个现象，也不是从任何现象中推论出来，而是一个没有任何实验证明的臆断或猜测。"并说："因为任何不是从现象中推论出来的说法都应称之为假说，而这样一种假说，无论是形而上学的或者是物理学的，……在实验哲学中没有它们的地位。"不过，有时候假说猜测法又对实验归纳法起补充作用，在万不得已时必须引进假说。牛顿在给奥尔登堡的信中说："最好和最可靠的方法，看来第一是，勤恳地去探索事物的属性，并用实验来证明这些属性，然后进而建立一些假说，用以解释这些事物本身。因为假说只应该用于解释事物的一些属性，而不能用以决定它们，……因此我断言：我们应当力戒假说……"①

# 第三节 18—19世纪关于科学方法的思想

## 一、休谟及其提出的归纳问题

大卫·休谟（1711—1776年）是英国哲学家。曾于爱丁堡大学学法律。他在第一次旅居法国期间写成他的主要著作《人性论》（1739—1740

---

① ［美］H.S.塞耶编：《牛顿自然哲学著作选》，上海：上海人民出版社，1974年版，第6—8页。

年），共三卷，当时并未引起重视。其第一卷通俗改写本就是《人类理智研究》（1748），对后世影响极大。《道德原则研究》（1751）则是其第三卷修订本。还发表了长篇《英国史》（1754—1764年）。他的历史著作使他生前享有盛名。

休谟的哲学观点包含几个方面的要素。他是经验主义者：感觉印象是知识唯一可靠的来源；是怀疑主义者：怀疑获得必然知识的可能性；是不可知论者：对感觉以外或现象背后的最后本体，无论是物质实体还是精神实体，我们一无所知。休谟认为，唯独人的精神世界是我们研究的真正对象。在他看来，逻辑之所以也与人性有关，是因为逻辑的目的正在于解释推理能力的原理和活动以及人类观念的性质。

关于知识的确实性，休谟认为，一切知识可以分为关于观念关系的陈述和事实陈述。观念关系陈述可以是必然真理，它不依赖于经验。观念关系陈述又细分为直观上可靠的（如欧氏几何的公理）和通过论证才是可靠的（如欧氏几何的定理，如内角和定理，以及勾股定理等）。这类数学或逻辑的陈述仅仅通过思维活动就能发现，具有确实性和自明性。而事实陈述则只是偶然为真，是依赖于经验的。每一事实的相反情况并非不可能，也绝不意味着矛盾。"明天太阳将不从东方升起"，这个陈述同样是可以理解的，比说它会升起并不蕴含更多的矛盾。这里，我们所讨论的将不是绝对确定性，而是或然性。人没有关于事实情况的自明或确实的知识，人的知识不会达到这种绝对确实性。事实上，休谟已直接接触到或然性即概率的本性问题，但由于他没有可能研究当时科学家帕斯卡、费尔马、约可比·伯努利等人的概率数学，因而未能发现或然性的意义。

基于对知识确实性的分析，休谟提出了在哲学史上有深远影响的"归纳问题"。归纳法特殊的逻辑上的疑难由于休谟的批判而暴露出来。首先，休谟指出，归纳法是没有逻辑必然性的。因为，对于归纳结论我们很可以想象出相反的情况，可以想象结论是假的，而不必放弃前提。假结论与真前提相结合的可能性证明，归纳推论并不具有逻辑必然性。接着休谟就提出了归纳问题：归纳法是否能用经验理由来证明为正确的。

人们常常说，我们曾经经常使用归纳推理并获得了良好成绩，因此有权继续运用它。但休谟发现这种论证是荒谬的。因为只有事先假定了归纳法的有效性，才能作出这种证明，这是循环论证。于是经验主义者就陷入了两难的境地：他或者是一个彻底的经验主义者，因此不承认从经验中导出的陈述以外的任何东西——这样，他就不能进行归纳推论，并必须放弃关于未来的任何陈述；要不然，他就承认归纳推论——这样他就承认一个不是可以从经验中导出的原则，也就放弃了经验主义。

上面说的是归纳问题的逻辑方面，归纳问题还有心理学方面。这就是说：归纳法能否得到心理根据的支持？休谟的答案却是肯定的。理性的人总是期望并相信未来事件与过去事件（他们对之有经验的事件）是相似的。它的心理根据在于习惯，在于人类赖以生存的反复和联想的机制。休谟对归纳问题的这种处理法，是与他对因果性的心理分析相联系的。仔细的分析表明，我们所能观察和经验到的只是事件之间的前后相连，相同的东西反复连结在一起，例如火焰生热，寒冷降雪等，我们永远观察不到其间的链条。在休谟看来，我们并不知道对象是否必然地有联系，而是观念在人头脑中靠联想建立联系。这种联系产生于重复、习俗或习惯。这里并没有逻辑必然性，只有心理习惯。

休谟对归纳问题的解答是我们不能接受的，但他首先注意并提出了这一问题。休谟对归纳法的分析标志着古典经验主义和归纳主义的崩溃。

## 二、康德主义的科学模式

康德（1724—1804 年）是德国哲学家。生于哥尼斯堡，几乎整个一生都在出生地度过。他在哥尼斯大学研究物理、数学、哲学和神学（1740—1746 年），1770 年任该大学的逻辑和形而上学教授。最著名的著作是《纯粹理性批判》（1781）。

18 世纪的科学方法论哲学家按照对牛顿力学的不同理解划分为三个派别：经验主义、理性主义和康德主义。由于牛顿力学一再取得辉煌的成就，足以空前地吸引一大批坚定的拥护者，牛顿力学在科学上的地位逐渐确立起来。于是哲学家的新问题是，那么好的牛顿力学是怎么产生出来的？休谟相信牛顿理论符合培根、洛克的经验主义原则，而分析力学家欧拉则认为牛顿原理最后可以置于笛卡尔理性主义的基础上，因为那时候牛顿理论已被改造成更加严密的分析力学的公理化系统。而在康德看来，经验主义和理性主义各有片面性：经验主义者忽视了牛顿理论论证的演绎严格性，理性主义也无法严格证明牛顿体系的数学唯一性。于是作为第三种选择的康德主义产生了。

休谟把康德"从独断的睡梦中唤醒"。如果像休谟所主张的科学定律的形式和内容完全是从感觉经验中推导出来的话，那么休谟的疑难和结论是不可避免的。然而，康德认为认识过程被休谟简单化了。休谟夸大了感觉和归纳概括的力量，而康德认为不能忽视理性和演绎结构的力量（如在牛顿力学和欧氏几何中所显示的）。

康德的所谓批判哲学及其认为知识反映心灵的范畴结构的先验方法，其主要目标之一就是要为牛顿的力学理论（包括牛顿时空观）提供哲学论证。

康德感到迫切地需要批判地考察人类理性，保证理性的正当要求，研究普遍和必然的知识的可能或者不可能、来源、范围和界限。康德指出，知识总是表现为判断的形式，而并非每一判断都是知识。在分析判断中宾词仅仅阐明主词已经含有者，这类判断建立在同一律、矛盾律之上，不能给人增加知识。综合判断不是同语反复，扩展人类的知识。综合判断又细分为先验和后验的。后验的综合判断依赖于经验，给人增加知识但不牢靠，例如它告诉我们，一个物体恰有如此这般性质（既非必然又非普遍的），因此它提供的知识是不确实和可疑的；而先验综合判断则不是从经验得出，它是从理性得出必然和普遍的真，唯有它能满足科学中的确实性要求。例如空间是三度的、物质守恒、因果性原则等都是先验综合判断。康德认为，归纳推论只限于根据经验寻找个别的科学定律，而不能用来建立像因果性原则那样的普遍真理。普遍真理是不能由经验加给我们的，而只能由理性先验地加给我们。这样，康德自认为他已克服休谟对归纳法的批判。

康德在 1770 年以前，特别注意研究自然科学。这个时期的主要著作是《宇宙发展史概论》( 1775 )。正如他在副标题中所标出的，这是"根据牛顿定理试论整个宇宙的结构及其力学起源"。他在这部著作中，创造性地将牛顿力学用来解释宇宙的演化，并提出了著名的太阳系起源的假说。

《纯粹理性批判》这一书名表示出康德要想使理性成为综合先验知识的泉源，从而在哲学上把当时的牛顿力学和欧氏几何作为必然真理建立起来的计划。在《纯粹理性批判》中，康德提出了三种与实体、因果性和相互作用范畴相关的"经验类比"的原理，即实体守恒、因果性原理和相互作用原理。在《自然科学的形而上学基础》( 1786 ) 中，他进一步将这些原理应用于物理学，相应地变为物质守恒原理、惯性与加速度定律以及反作用定律，于是就给出牛顿理论一个"先验的演绎"。

康德还认为，存在这样的原理，可以把个别定律组织为一个系统的自然解释。他在《判断力批判》( 1790 ) 中指出，需要一个不可能从经验借用来的原理，它的功能是建立更高原理下的一切经验原理的统一性，从而确立它的系统的从属关系的可能性。康德认为，自然界的"目的性"原理正是这样的原理。

## 三、约翰·赫歇尔的科学方法论

约翰·赫歇尔 ( 1792—1871 年 ) 是德国大天文学家威廉·赫歇尔的儿子。老赫歇尔是恒星天文学的创始人、天王星的发现者。约翰·赫歇尔在剑桥学习，其科学成就主要在晶体光学、光谱学和光化学以及天文学方面，他提出了计算双星轨道的方法，并用望远镜统计了南半球天空的大约 7 万颗恒星。他的主要的科学方法论著作是《试论自然哲学研究》( 1830 )。该书的特点是能结合物理学、天文学、化学和地质学的最新成就来探讨科学方法。

赫歇尔的科学方法论的重要贡献之一是对"发现的条件"与"证明的条件"作了明确的区分，这对后世的逻辑实证主义者和其他科学哲学家有很大影响。他坚持认为，关于理论如何被发现的程序问题与理论是否应当被接受的问题是完全不相干的。

关于科学发现的模式，赫歇尔认为，弗朗西斯·培根的逐级归纳上升的发现模式不应当被看作唯一。他认为，科学家从观察上升到自然定律和理论，可以有两种不同的方式，一是应用特定的归纳格（例如波义耳气体定律就是根据 P、V 之间的"共变"关系），二是提出猜测性假说。科学上很多发现并不符合培根模式。赫歇尔肯定假说在科学发现中应占一定的地位。例如惠更斯不知道光的横波运动，却作出了冰洲石中双折射时光线以椭圆形传播的正确假说，这里并没有固定的程式可循。

按照赫歇尔的看法，科学程序的第一步是把复杂的物理现象细分为它的组成要素（特别是那些决定性的要素）。例如，要研究机械运动，必经分析力、质量和速度等要素。科学家以这种经过适当分析的现象为原料，接着就是通过前述两种途径（归纳或假说）发现自然定律。他的自然定律包括诸如波义耳定律中压力与体积那种"性质的相关"和抛物体运动或自由落体运动中小球的轨迹之类的"事件的合乎规律的顺序"。

第二步是把这些定律归并为理论。这又有两种方式：一是进一步的归纳概括（合乎培根的公理梯级模式）；二是通过大胆创新假说建立先前无联系的定律间的相互关系。

至于科学定律与理论的可接受性问题，则属于"证明的前后关系"，与它的发现程序以及表述方式即"发现的前后关系"完全是两码事。可接受性的最重要标准是结果被实验确证或与观察相一致。这是赫歇尔所强调的。

赫歇尔还划分了确证事例的三个重要类型，一是定律扩展到特异场合的确证，如"在抽真空的玻璃管中鸡毛与硬币同时下落"是对伽利略落体定律的令人信服的"严格检验"。二是原先被预料为不利场合的意外确证，如双星系统的椭圆轨道是对牛顿力学的意外的确证。三是可接受理论必须经受的常有毁灭性威胁的检验，即"判决性实验"。例如傅科关于光速在空气中比在水中更大的实验，与牛顿微粒假说相矛盾而与惠更斯波动说相一致。赫歇尔把这种判决看得太绝对了，但鼓励科学家寻求否证事例的态度是有积极意义的。

## 四、惠威尔的归纳方法论

威廉·惠威尔（1794—1866 年）是英国逻辑学家。毕业于剑桥三一学院，在那里任矿物学教授、道德哲学教授。他对微积分学、潮汐现象都作过研究，是科学命名法的权威。惠威尔的知识面既广阔又详尽，不仅包括当时的物理科学，还包括其整个历史背景。他力求把科学哲学建立在对科学史的全面研究的基础上。他的论归纳逻辑的著作《归纳科学史》（1837）和《归纳科学的哲学》（1840）在英国的逻辑研究中开启了一个新的时代。

关于事实和观念、理论，惠威尔对此有自己独特的理解。他把科学进步看作事实和观念的成功结合，并把事实和观念对立两极的相互作用当作解释科学史的基本方法论原理。惠威尔认为，事实和理论之间的区别不应理解为绝对的。广义地说，事实只是片断的知识，是提出定律和理论的原料，一个理论如果被归并到另一个更高的理论之中，它本身就成为事实，例如开普勒定律（理论）正是牛顿引力理论赖以建立的事实。惠威尔认为，事实与观念、理论是相互渗透的。不可能有脱离一切观念的"纯事实"，甚至最简单的事实也包含理论性质的成分。例如大家把一年约 365 天当作事实，可是这里包含时间、数和循环的观念。他认为尽管每个理论可能也是事实，而每个事实又含有理性，但"事实"和"观念"的概念对于解释科学仍是极有价值的。很显然，惠威尔的这一思想对后世具有深远的影响，"观察渗透理论"的学说与此不无关系。

关于科学发现的模式，惠威尔根据科学史总结出来的发现模式包含序曲、归纳期和结局三部曲。序曲由事实的搜集和解剖以及概念的澄清所组成。归纳期将事实综合为现象定律进而归并为理论。结局则是这样达到的综合的巩固和扩展，理论借助于演绎用到相同或不同种类的事实中去。模式内的各个阶段有时是重叠交错的。惠威尔认为，他已经大体上描述了科学进步的形态学。

在序曲阶段，事实的解剖与概念的澄清是并列的。一方面是复杂的事实被分解，还原为"基本"事实，即还原为陈述空间、时间、数和力等基本观念关系的事实。要做到这点，必须借助于数值测量与记录的实验技术。另一方面是通过弄清概念与基本观念之间的逻辑关系而阐明概念。惠威尔指出，科学家之间的讨论常有助于澄清科学概念，例如"力""极化"等，在科学史上是经过好多年的讨论、争论才逐步澄清的。

在第二步归纳期中，序曲中的事实被合理地加以综合，形成一个特定的概念模式，这就是现象定律，更进一步地归并就得到理论。惠威尔把开普勒的天体定律看作归纳法的胜利。他以开普勒第三定律为例说明归纳期的"事实的综合"，开普勒成功地运用"时间的平方""距离的立方""比"等概念把行星公转周期与离太阳的距离等事实结合为一体。

惠威尔的创造性见解在于，认为归纳应被看作一个发现过程，一个综合事实的过程，而不应局限于固定的归纳格。科学的发明不能归结为归纳规则，事实的综合需要科学家的洞察力，也需要创造性才能和尝试性的假说。惠威尔并不否定具体归纳方法，但强调归纳不止于收集事实，而要引入新观点、新因素。他对归纳法的理解要比前人深广得多，实际上他用假说演绎法充实了对归纳法的旧有理解。

惠威尔清楚地看到，使近代科学变强的主要原因，乃是假说演绎法的发明。这种方法作出了以数学假说为形式的解释，从中可以演绎出被观察到的事实。观察材料对科学方法是重要的，但并非它的一切。观察材料必须有定量假说的补充，经过数学推导，把解释中各种不同的内涵加以展开和阐明，并使它们受到观察的检验。观察所保证的理论抽象比观察直接确认的更多，因为理论可以定量地演绎出新的观察事实。与假说演绎法的威力相比，枚举归纳法和培根的归纳表都显得没有力量。观察和实验之所以能建立起牛顿引力定律和近代科学，只是因为它们与数学演绎的结合。

假说演绎法的发明在科学史上可以追溯到牛顿和笛卡尔。出于科学研究的需要，牛顿在实践中自发地设计了科学哲学家此后一再强调的假说演绎法。实际上，笛卡尔已经用这个方法推论说，一种理论的固有形式可以看作是数学体系，其中特殊经验现象都可根据为数不多的一般原则和定义用演绎法推演出来。不过，牛顿的假说演绎法终于抛弃了笛卡尔这一主张：以为不用过问上述一般原则和定义的结论阐明了什么样的经验内容，就可以由理性自身最终决定或确证。

关于惠威尔的"归纳逻辑"线索与"归纳的一致"，把科学的进化比作支流汇合成江河。他认为科学史所表明的归纳逻辑线索是，在科学进步中事实相继归并为定律，定律组又归并为更高的定律，最终归并为理论，在一门特定科学内一组可接受的概括应显示出一定的结构模式，这个模式就是一份分支的归纳表。惠威尔还将几个理论概括归并为一个新理论称作"归纳的一致"。

当代科学哲学家图尔敏（1922—2009 年）在《大英百科全书》第 16 卷中评述惠威尔的归纳哲学时说："惠威尔哲学作为牛顿假设演绎法的康德变形，有其历史意义：只有这种前进的态度才使物理学家达到了惠威尔所谓更连贯而综合的'协调'假说系统——或者说分别导出但仍然相互一致的定律集合——它们同当时随它们支配的经验知识没有矛盾。"①

## 五、近代归纳逻辑的完成者——穆勒

约翰·斯图尔特·穆勒（1806—1873 年，Mill 今译"密尔"，"穆勒"是沿用严复《穆勒名学》的译法）是英国逻辑学家。其父亲詹姆斯·穆勒是著名的英国古典经济学家。穆勒幼年时，老穆勒就对他精心教育，从希腊语、心理学、伦理学到经济学和 18 世纪哲学。其中尤以哈特莱的心理学和边沁的功利主义的伦理学给他留下最深刻的印象。主要逻辑著作有《逻辑体系》（1843）。

穆勒和弗朗西斯·培根是古典归纳主义的著名代表。古典归纳主义包括两个主要方面：一是把科学发现看作是从观察和实验作出归纳概括的问题，即所谓"发现的前后关系"。这里，观察和实验作为经验基础是绝对可靠的。二是一个科学定律或理论仅当符合归纳格即得到归纳论证

---

① ［英］斯蒂芬·图尔敏著：《科学哲学》，引自《科学与哲学》资料，《自然辩证法》，1982 年第 3 期，第 18 页。

时才被认为是正确的，归纳结论是确定不移的。这就是所谓"证明的前后关系"。科学的发展，自然被认为是借助于归纳法发现并证明的真知识的积累过程。

穆勒是伊壁鸠鲁、培根、赫歇尔之后对归纳逻辑有所发展的人，他是寻求因果联系的归纳方法的集大成者。这些方法在他的《逻辑体系》第三卷第八章中作了系统论述，它们以求因果的"穆勒五法"而闻名于世，并成为普通逻辑教科书必不可少的内容之一。

尽管穆勒为他的归纳格加上了一定的限制条件，但总的说来，穆勒倾向于夸大这些方法在科学发现和论证中的作用。另外须指出，穆勒并未否认假说在科学发现中的价值。穆勒五法与培根三表法有联系又有区别。求同法对应于存在表，求异法对应于缺乏表，共变法对应于程度表。但培根的归纳三表只是排除归纳法的辅助工具，其中包含的是对优选的事例谨严地追询和探究的方法，以及透过现象探寻事物内蕴的方法。而穆勒的归纳格则似乎主要表现为论证的形式。

值得注意的是，穆勒很重视归纳法与概率的关系，他在《逻辑体系》第17、18章讨论了机遇及其计算。他指出，估计多因性的存在将是概率论的一种功用。求同法的不确定性就出于事物的多因性，但多因性不会减少理应赋予求异法的信赖。他还指出，在多重因果性的复杂情况下，归纳法难以发挥作用，这时可以应用演绎方法和猜测原因的假说。穆勒并不满足于假说的演绎推论与观察相一致，他坚决认为，假说的完全证实要求排除所有其他的可能假说。因为可能以不同的假说对同一现象作出解释。

## 第四节　20世纪关于西方科学方法的思想：正统的逻辑主义观点

### 一、现代归纳主义

逻辑实证主义者是现代的归纳主义者。逻辑实证主义思想形成于20

世纪 20 年代前后的西欧和中欧各国。

以罗素（1872—1970 年）和维特根斯坦（1889—1951 年）为代表的逻辑原子论思想是逻辑实证主义思想的先导。逻辑实证主义的真正兴起则应从 20 世纪 20 年代中期维也纳学派形成算起。石里克（1882—1936 年）和卡尔纳普（1891—1970 年）是该学派的思想领袖，1929 年他们发表的《科学的世界观，维也纳学派》可算该学派的宣言。逻辑实证主义很快就成为国际性思潮，在德国出现以赖欣巴哈（1891—1953 年）为首的柏林小组，亨普尔（1905—1997 年）是其后期领袖；在波兰出现以塔斯基（1901—1983 年）、卢卡雪维奇（1878—1956 年）为代表的华沙学派；在英国，艾耶尔（1910—1989 年）成了逻辑实证主义最有影响的人物，等等。逻辑实证主义派哲学家大多受过深刻的科学训练，石里克和卡尔纳普、赖欣巴哈等都是物理学者，塔斯基等是著名的数理逻辑学者。经验主义和逻辑主义是他们的共同出发点，认为只有经验才能给我们提供关于世界的可靠知识，只有用数学与逻辑去寻求知识才是精确的。他们广泛运用符号逻辑作为推理和表述的工具，因而他们的观点又为逻辑经验主义。以下重点介绍卡尔纳普、赖欣巴哈和亨普尔这三个代表人物。

鲁道夫·卡尔纳普，1891 年生于德国，1926 年参加维也纳学派，1931 年成为布拉格大学教授，1935 年底移居美国，先后在芝加哥大学、普林斯顿高级研究所和加州大学任教并从事研究工作。主要著作有《世界的逻辑构造》（1928）、《语言的逻辑句法》（1934）、《概率的逻辑基础》（1950）等。

逻辑主义是维也纳学派的重要特点之一。维也纳学派是科学逻辑的积极倡导者。他们首先明确提出"科学逻辑"的概念；主张科学逻辑是科学的元理论，是罗素等人的符号逻辑在科学理论中的应用；按照卡尔纳普的极端说法，科学逻辑就是"科学语言的逻辑句法"。

关于什么是"科学逻辑"，卡尔纳普说："除了各别的专门科学问题之外，可以作真正的科学问题的，只有科学逻辑的分析问题，即对它们的句子、概念、理论等等进行逻辑分析的问题，我们把这个问题的总体称之为'科学逻辑'。"① 又说："哲学的任务……是对思想的逻辑说明，是对科学句子和概念的逻辑说明，换言之，哲学就是科学逻辑。"②

逻辑实证主义认为，科学逻辑作为元科学，它的中心问题是关于科学知识的结构问题，而刻画知识结构的最合适的工具就是符号逻辑的形式化方法。卡尔纳普说："希尔伯特提出了一种他称之为元数学或证明论的理论，其中就应用了形式化方法"，而这种方法"也由我们在我们的逻辑句法中应用于科学的整个语言系统，或它的任何特殊部分"。③ 与"元数学"相似，科学理论可以归结为具有公理化构造的定理体系。因此，这种科学逻辑也叫作"元科学"。这样，知识的动态发展就完全不在考虑之列。

经验主义是维也纳学派的又一重要特点。众所周知，可证实性原则对于逻辑实证主义者具有基本重要的意义。它可以重新表述如下：当且仅当一个陈述或者是分析陈述（例如"偶数可以被 2 整除"）或者是经验可以证实时，才是有意义的。这个划界标准，对他们来说，既是意义标准，又是真理标准。这样，经验自然科学的命题是有意义的、可证实的；数学和逻辑真理是永真的重言式；而其他不可证实的、无意义的、无所谓真假的陈述应当作为形而上学或伪科学而被清除。

他们关于证实原则的讨论，导致"确证"和"证实"、"可确证性"和"可检验性"等概念的细致区分。卡尔纳普在《可检验性和意义》中认为："如果证实的意思是决定性地、最后地确定为真，那么我们将会看到，从来没有任何（综合）语句是可证实的。我们只能够越来越确实地验证一个语句。因此我们谈的将是确证问题而不是证实问题。"④ 他还认为："如果我们知道这样一种检验语句的方法，我们就把这一个语句叫作可检验的，如果我们知道在什么条件下这个语句会得到确证，我们就

---

① ② 见洪谦主编：《西方现代资产阶级哲学论著选辑》，北京：商务印书馆，1964 年版，第 289 页。

③ ［德］卡尔纳著：《哲学和逻辑句法》，上海：上海人民出版社，1962 年版，第 21 页。

④ 见洪谦主编：《逻辑经验主义》（上卷），北京：商务印书馆，1982 年版，第 69 页。

把它叫作可确证的。我们将要见到，一个语句也许是可确证的却不是可检验的。"[1] 不难看出，从强的证实退却到弱的证实，从证实退却到确证，从实际可检验退却到原则可确证，这些都是为了最后保卫可证实原则而采取的"战略退却"。

维也纳学派的经验主义观点还集中表现在关于经验科学理论结构的"两种语言"模型的观点之上。卡尔纳普在《理论概念的方法论特征》（1956）中，把经验科学的整个语言分为两个部分：观察语言 $L_o$ 和理论语言 $L_t$。科学理论 T 是用理论语言 $L_t$ 来表达的。这个理论开始不过是未加解释的演算，理论的原始概念暂时还没有同观察语言的原始概念建立联系。T 一定要得到经验的解释（可以是部分解释），才能成为经验科学的理论，这是借助于特定的"符合规则"（或操作定义）才能实现的。换句话说，科学理论有二层语言结构，下层是关于观察事实的陈述（单称陈述），上层是理论陈述（全称陈述），符合规则将两者对应、联系起来，将理论陈述还原到经验基础。逻辑经验主义关于科学结构的二层语言模型并不是合乎实际的，而是一种简单化的错误见解。

关于归纳确证的概率观点是维也纳学派的另一重要特点。归纳知识的不确实性和休谟归纳问题的疑难激励着他们积极研究解决办法。卡尔纳普和赖欣巴哈等人都企图将归纳法与随机过程的数学理论联系起来，即从统计数学理论中寻找逻辑根据。卡尔纳普晚年致力于"可靠性数学"的量化的归纳逻辑的研究。《归纳逻辑与合理决策》（1970）是他这方面工作的代表作之一。

卡尔纳普的归纳逻辑，即关于科学假设的归纳确证理论，或部分蕴涵理论。卡尔纳普认为，借助于对概率计算法作出解释，假设概率就可以得到确切的说明。假设 H 的概率是在已知的经验材料 E 的条件下决定对 H 信念的测度。在逻辑中，心理学的带较多主观意味的概念被客观化的逻辑概念所代替。如同演绎逻辑中，心理学的联想概念被逻辑必然性概念所替代。在卡尔纳普的归纳逻辑中，信念程度的概念将被部分逻辑

---

[1] 见洪谦主编：《逻辑经验主义》（上卷），北京：商务印书馆，1982 年版，第 70 页。

蕴涵和归纳确证度的概念所替代。①

卡尔纳普所理解的归纳逻辑，是为归纳思考提供规则的逻辑概率的理论。他试图表明归纳逻辑何以能被用于确定合理的决策来弄清归纳逻辑的本性。

以下我们简要地介绍"归纳逻辑与合理决策"的一系列基本概念：

关于统计（客观）概率与个体概率。统计概率是指大量现象中的相对出现率，在确定经验科学物理定律时极为有用。个体概率是指个人 X 对事件、命题 H 的确信程度，其中还得辨别确信的实际程度与合理程度，这些对合理决策极为有用。

概率论中的贝耶斯规则，用到决策理论中的形式是：在各个可供选择的行动中，尽力取价值 V 达到最大的行动。

关于信念函数、可靠性函数。为了引进归纳逻辑的定量概念，卡尔纳普首先引进了可靠性分析的定量概念，这就是信念（即确信 credence）函数、初始信念函数、条件初始信念函数和可靠性（可信性 credibility）函数。几乎任何科学都需要使用理想化概念。可靠性分析与归纳逻辑并不是研究人类在归纳推理方面实际行为的心理学，而以理想化个人为研究对象。理想化的个人具有完善的理性和正确无误的记忆，活像一个装有感受、存储、信息加工、判定和动作等全套机构的机器人。

信念函数 $Cr_n$ 表示理想化个人 X 在 $T_n$ 时刻基于他自己的经验证据 $E_n$ 而得到的信念或个体概率（信念相应于或然的确实性）。

初始信念函数 $Cr_o$ 表示理想化个人在获得第一个经验证据之前的初始时刻 $T_o$ 的信念。从初始信念出发，在理想条件下，借助于各个时刻所获得的证据 $E_1$，…，$E_n$，从 $Cr_o$ 可以有规则地导出 $Cr_n$。②

条件初始信念函数 $Cr'$ 是指这样的意思：时刻 $T_n$ 的信念函数 $Cr_n$ 可以有条件地看作另一个初始信念函数。对任何假设 H，$Cr_n$（H）=

① 参看施特格米勒著：《归纳问题》，载洪谦主编：《逻辑经验主义》（上卷），北京：商务印书馆，1982 年版，第 267 页。
② 文中的规则是 R3（b），略。

$Cr'_0$（$H/k_n$）[1] 等式的读法或解释是：$T_n$ 时刻对假设 H 的信念等效于（或有条件地可折算为）$T_0$ 时刻凭借证据 $K_n$ 对 H 的信念。这里 $Cr'_0$ 是基于 $Cr_0$ 的条件函数。这样，信念函数就可以折算为条件初始信念函数。

对于条件初始信念函数，我们也将使用可靠性函数的术语以及符号"Cred"。若 X 的可靠性函数为 Cred，他在时刻 T 的全部观察知识为 A，则他在时刻 T 对假设 H 的信念总等于 Cred（H/A）。

关于归纳逻辑的定量概念，卡尔纳普认为，以上有关可靠性的决策理论中的信念、可靠性（即可信性）等概念是一些心理学化的概念，只有将这些概念逻辑化，或者说转变为纯粹逻辑的相应概念，我们才从决策理论过渡到归纳逻辑。

关于归纳确证函数或 C—函数，对于一个与 Cred 即可靠性函数相应的逻辑函项，我们将使用符号"C"并把这种函项称作（归纳）确证函数或 C—函数。C（H/E）应读作"假设 H 相对于证据 E 的确证度"。

关于归纳测度函数或 M—函数，对于一个与 $Cr_0$ 即初始信念函数相应的逻辑函项，我们将使用符号"M"并把这种函项称作（归纳）测度函数或 M—函数。

归纳逻辑可以公理化，关于可靠性分析的归纳逻辑需要考虑合理性并可以公理化。一个人只有当他形成一切信念时都运用一个自相融贯的可靠性程序，那才是合理的。关于可靠性分析的概率计算的普通公理，如相关性、对称性、不变性等合理性要求，可以化为相应的归纳逻辑公理。

关于归纳接受以及休谟问题，卡尔纳普认为"归纳接受"的习惯观念是错误的：任何一个个别的归纳推理的结果是一个新命题的接受（或者是它的拒绝；或者是挂起，等待新证据）。我们不应同意这种观点。因为假如接受它，就无法拒绝休谟关于归纳法不存在合理根据的断言。例如已经有千百次的经验表明，类似于今天所出现的天气形势，每一次都紧接着第二天早晨下雨。习惯观点认为，归纳法授权我们接受"明天将下雨"的预言。但我们并无合理根据来接受，因为明天仍可能不下雨。

---

[1] 这里 $k_n$ 是所有证据 $E_1$……$E_n$ 的并集合。

关于归纳逻辑基本任务的新观点。卡尔纳普根据可靠性分析的决策理论认为，我们只应当接受一种归纳推理与假说方法典范式地相结合的新观点。假设 H 是从经验证据 E 出发，我们不能绝对地断定 H，而应说对于 H 存在一个概率分配，就是确证函数 C（H/E）的值（即假设 H 对证据 E 的确证度为 C）。根据新观点，X 不能断定预言 H，却能说（当前瞬时 $T_n$，X 观察结果的全体为 $K_n$）：

$$C（H/K_n）= 0.99（数值是作为例子设定的）$$

这就是说，用归纳确证函数的语言来表述，预言 H 对于全体证据 $K_n$ 的确证值等于 99%。同理，也可以改写为可靠性函数 Cred 或信念函数 $Cr_n$ 的表述形式。他认为使用这样形式的科学语言，在科学上当然是有合理根据的，因而休谟疑难也就不复存在了。[1]

赖欣巴哈与卡尔纳普是同龄人，他俩都生于 1891 年。赖欣巴哈曾在斯图加特工学院学过二年土木工程（1910—1911 年）。但很快就发现自己的真正兴趣在于纯理论方面，于是调转锋芒，相继在柏林、慕尼黑和哥廷根等大学攻读数学、理论物理和哲学。他的导师中有著名的数学家希尔伯特，著名的物理学家索末菲、普朗克和玻恩。赖欣巴哈对归纳逻辑和概率论、时间空间、几何学、相对论、量子力学的三值逻辑、科学规律等问题的研究都提出了独特见解。他所领导的柏林学派是维也纳学派在科学哲学上的支持者。他的主要著作有：《空间和时间的哲学》（1928）、《概率论》（1935）、《量子力学的哲学基础》（1944）和《科学哲学的兴起》（1951）等。

赖欣巴哈赞同赫歇尔、惠威尔将发现的前后关系与证明的前后关系作严格区分的主张。他认为归纳法虽不能直接作为发现方法，却对科学发现有辩护作用。由于科学发现往往由猜测作引导，说不准用什么方法，许多哲学家就误认为从事实引导到理论不存在逻辑关系，归纳法连同假

---

[1] Inductive Logic and Rational Decisions, Carnap: *Studies in Inductive Logic and Probability*, University of California Press, 1971.

说演绎法在内是不可作逻辑分析的。这正说明他们把发现的前后关系与证明的前后关系相混。他指出，的确不可能有取代天才的创造性功能并据以建造一架"发现机器"的逻辑规则。归纳推理的真正用途并非在于发现理论，而是通过观察事实来证明理论为正确。这是归纳逻辑的主题。[①] 赖欣巴哈的这一观点，也是逻辑实证主义的基本观点之一。

关于归纳逻辑属于概率理论的范畴，赖欣巴哈指出，可观察的事实只能保证理论的概率的正确性，而永远不能达到绝对确定。确证推论往往不是单一线索的，它具有更复杂的结构。一组观察到的事实往往不止适应于一种理论，换言之，同一组事实可以导出几种可供选择的理论。归纳推理常常对这些理论的每一种各给予一定程度的概率，概率最大的理论才被接受。这里，赖欣巴哈阐明了确证或归纳接受的过程本质上是概率选择的过程。[②] 他进一步指出，要理解确证推论的本性，就得研究概率理论。侦探破案过程中的逻辑分析包含着概率计算的一切必要的逻辑要素。归纳推论必须被理解为一种概率演算。归纳逻辑的研究必然导致概率理论。

赖欣巴哈的"概率逻辑"是归纳逻辑与概率理论相互结合的产物。1932年，赖欣巴哈发表了《因果性和概率》，其中以提纲的形式提出了一种概率逻辑的方案，用连续标度（从零到无穷大）的概率值来代替古典逻辑的真假两值（0和1）。他认为这样可以克服数学上极限频率收敛问题的困难。赖欣巴哈后来把这种新方案发展成为一种概率逻辑系统，新理论具有他自认满意地解决休谟归纳问题的特殊优点。理论的数学方面，一部分于1932年发表于论文《概率演算的公理化》和《概率逻辑》，更完整地发表于专著《概率论》（1935）。[③]

---

① H.Reichenbach: *The Rise of Scientific Philosophy*, University of California Press, 1954, p230—231.

② H.Reichenbach: *The Rise of Scientific Philosophy*, University of California Press, 1954, p231—232.

③ 均见［德］H.赖欣巴哈著：《概率概念的逻辑基础》（1932），载洪谦主编：《逻辑经验主义》（上卷），北京：商务印书馆，1982年版，第389—390页。

下面从符号逻辑和哲学分析方面简介赖欣巴哈这一理论的要点。概率逻辑的数学研究的首要任务就是要完成概率演算的公理化构造，而这要同时满足数学上及逻辑上的要求。

简述概率论的公理构造。具有数理逻辑初步知识的人都知道，命题演算中就出现了五种基本的逻辑联词：析取（或）、合取（与）、否定（非）、蕴涵（如果……则……）以及等价。通常所用的蕴涵，表示的是科学定律中的"如果……则（一定）……"的那种关系。在概率逻辑中所用的蕴涵，则要表示"如果……则可能（按某个百分比）……"的那种新的或然关系，赖欣巴哈称之为"概率蕴涵"。概率蕴涵可简写为公式：

$$(A \underset{p}{\ni} B) \tag{1}$$

读作"类 A 以 p 概率蕴涵类 B"，或读作"如果类 A，那么以 p 概率可能类 B"。例如，向桌上投抛硬币（类 A），那么抛出结果中正面朝上（类 B）的概率 $p = \dfrac{1}{2}$。

如果照顾到数学上的习惯，那么（1）式可以改换成记号

$$P(A, B) = p \tag{2}$$

意义保持不变。读法是：类 A 蕴涵类 B 的概率等于 p。

除概率符号之外，逻辑符号也可出现在概率公式之中。例如，我们可以求析取 B ∨ C（B 或 C）的概率，或者求合取 B·C（B 与 C）的概率。逻辑代数规则 B·(C ∨ D) = B·C ∨ B·D（分配律），对于概率公式中的符号处理照常有效：

$$P(A, B·[C ∨ D]) \text{ 即 } P(A, B·C ∨ B·D)$$

并且，对于互斥事件 B 和 C，关系

$$P(A, B ∨ C) = P(A, B) + P(A, C)$$

即类 A 蕴涵类 B 或 C 的概率等于类 A 蕴涵类 B 与类 A 蕴涵类 C 的概率和。于是可构成一种符号逻辑与数学方法相结合的演算。对是 P 记号之间的关系，符号逻辑成立；而 P 记号作为整体又具有数字变量特性，服从数学方法中的等式规则。这种结合不仅在理论上而且在实践上都很方便，它可以严格地表述概率演算的所有定理。①

现在转入哲学分析。概率的频率解释是"概率逻辑"或按概率理论解释的归纳逻辑的哲学基础。那么什么叫频率解释？我们说，概率陈述所表达的是重复事件的相对频率，即该事件出现次数在所观察事件总数中所占的百分数。严格说来，概率值等于总数趋向无限大时的极限频率。这就是概率的频率解释。通俗地说，掷骰子时，六点出现的可能性是否刚好是 $\frac{1}{6}$？生男生女的可能性是否各占 $\frac{1}{2}$？对我们的有限次数的观察而言，偏差总是存在的，然而重复次数越多，相对偏差越小。这与归纳逻辑又有什么关系呢？赖欣巴哈指出，问题在于，概率陈述一方面是从在过去观察到的百分比推导出来的，另一方面还包含着同一百分比在未来之中将近似地发生这个假设。它们是通过归纳推论而建立起来的。

赖欣巴哈指出，频率解释包含的主要困难是，概率问题按频率解释是属于重复事件的经验观察问题，那么休谟的归纳问题即归纳推论使用的合理性问题也就会在这里出现。

关于归纳问题的困难的解决，赖欣巴哈认为，根本的问题在于必须将关于未来的预言性知识与关于过去的经验知识在性质上严格区别开来，而假定这个概念是理解预言性知识的关键。所谓假定是指虽不知是否为真而当真对待的陈述。一个预言性的陈述是一个假定，我们不知其是否真，而知道它的评价。概率给出了假定的评价，即这个假定有多大价值。这是概率的真正用途。

如果把预言性陈述解释为假定，归纳疑难就不复存在。因为在这样的解释之下，就不再需要证明预言为真的证据，可以要求的一切只是证

---

① 均见［德］H. 赖欣巴哈著：《概率概念的逻辑基础》（1932），载洪谦主编：《逻辑经验主义》（上卷），北京：商务印书馆，1982 年版，第 390—392 页。

明它是一个好的假定，或者是可以得到的最好的假定，就行了。这样一个证据是可以给予的。于是，归纳疑难也就得到解决了。赖欣巴哈的主要意思就是这样。[①]

赖欣巴哈指出，这个证据尚需要深入和展开。知识的概率理论允许我们建立一个证明归纳法为正当的理由。频率解释接受之后，全部概率公理是纯粹数学的定理，因此都是分析（重言式）陈述。唯一的例外，是通过归纳推论的办法来确认一个概率。因为概率即重复事件相对频率的极限，这须通过对重复事件的经验观察和归纳的过程才能确定。这样，归纳推论就被证明为寻求极限频率（极限百分数）即概率的最佳工具，如果这个极限值存在的话。既然归纳推论是寻找概率的最佳工具，而一切知识都是概率性知识（它没有绝对的确定性），只能在假定的意义上被确认。因此，归纳推论是寻找最佳假定的工具。于是，按照赖欣巴哈的看法，归纳问题就借助于归纳逻辑的概率处理方法而解决。

卡尔·亨普尔是逻辑实证主义后期最有影响的科学哲学家，1905年出生于德国，早年在哥廷根、海德堡和柏林大学学习物理和数学。正如前述，亨普尔与赖欣巴哈同属柏林小组成员，早在20世纪30年代就支持维也纳学派的纲领和观点。他深受卡尔纳普和赖欣巴哈的影响。30年代后期，他们为了逃避纳粹的迫害，先后迁居美国，大大推动了逻辑实证主义在美国的传播和发展。亨普尔曾在耶鲁大学、普林斯顿大学和华盛顿大学等校任教授，后主要在匹兹堡大学哲学问题研究中心从事研究。亨普尔对于科学解释的逻辑和理论结构方面有独到的研究，有关论文最完整地收集在《科学解释诸问题》（1965）一书中。

关于解释逻辑的研究，亨普尔在1948年与奥本哈默合作发表的广有影响的论文《解释逻辑的研究》和其他著作中，以一种现在通常称作"演绎模型"或"覆盖定律模型"（D—L模型）的模型为基础，对科学解释进行了分析。根据这一模型，当某种陈述描述的某个事件能从一般定

---

① H.Reichenbach: *The Rise of Scientific Philosophy*, University of California Press, 1954, p240—242.

律和先行条件（包括初始条件和边界条件）陈述中推演出来时，这一事件的发生就得到科学的解释。亨普尔举例说，关于直杆（划船的桨）在水中发生弯曲的现象陈述不能单单根据光学的折射定律那样的一般定律推演出来，而必须考虑杆子原先是直的，它以特定的角度浸入水中，以及水对空气是光密媒质等先行条件。当一般定律本身可以归入更全面的定律时，它自己也就得到科学解释。

科学解释的覆盖定律模型曾受到怀疑。迈克尔·斯克里文在《解释、预见和定律》（1962）等一系列论文中认为，被解释项包容在一般定律内并不是科学解释的必要条件，尽管解释通常具有"q 因为 p"的形式。然而，亨普尔坚持认为挑选一组特定的先行条件作为特定结果的原因就是预设覆盖律的适用性。他认为，把"q 因为 p"从先后叙述提高到因果解释的正是联系 p、q 的规律性，因此，仅当存在覆盖律时，"q 因为 p"才成为科学解释。换句话说，包容在一般定律内是解释的必要条件。

关于亨普尔科学理论结构的"假说加词典"观点，亨普尔历来认为，科学哲学必须从主要科学理论研究的成果中导出，并随着基本科学向前发展来促进哲学概念的革命。因此，他也很重视科学家对科学理论的看法。英国科学家 R. 坎贝尔（1880—1949 年）在《科学的基础》（1919 年成书）中提出，一个科学理论的形式结构由一个假说和一本"词典"所组成。科学理论中的假说包括公理和定理，两者构成公理系统。另一方面，科学理论中的"词典"是那样一组陈述，它是用以沟通公理系统（假说）的项与经验领域中可确定的量值之间的联系的。例如，气体分子运动论的"词典"的词条，使"温度"（具有经验量值）与"分子的平均动能"（公理系统的项）联系起来。公理系统中并非所有的项都有直接经验意义，例如"个别分子的速度"就是这样，它在"词典"中没有对应经验量值的词条。坎贝尔又把物理理论细分为数学型和力学型的。数学型理论，假说中每一重要术语直接与经验量值相关；力学型理论，假说中某些术语只是通过函数关系间接与经验量值相关。显然，分子运动论是力学型的。

亨普尔在《经验科学中概念形成的基本原则》（1952）一文中发展了

"假说加词典"的观点，他的观点被称为科学理论的"安全网"结构观点。安全网概念原指杂技演员的保护装置。这里，它被借用来说明理论的确证度或经验对理论的支持强度。公理系统被比作由一些杆子从下面支撑起来的网状结构，而这些杆子是固定在科学语言的观察层次上的。

亨普尔在发展坎贝尔观点时注意到，并非公理系统的每个网结在观察层次上都有支撑点。于是问题来了，在什么条件下才能保证公理系统的网已经安全地被固定了，或者说得到了经验观察层次上足够强度的支撑呢？前述数学型理论无疑是支撑联系强度最大的，因为公理系统的每一词项都通过一个词典词条（语义规则）直接与经验量值相对应。那么，力学型物理理论得到经验观察的支持强度又怎么考虑呢？亨普尔认为，只要有合适的确证理论，问题是可以解决的。按照他的看法，一个合适的确证理论应当包含这样一些对应规则，即对于每一个理论（T）和证据（E）的观察语言的每一个句子，这些规则都赋予理论 T 相对于 E 的一个确证度的值。理论的对应规则使公理系统获得经验意义，使其中的抽象演算获得足够强度的经验支撑。有人提出，经验意义从观察层次的土壤中通过"毛细管作用"向上（向定理、公理）渗透。即使"波函数"那样高度抽象的概念，也可以借助于关于电荷几率密度、散射分布等定理间接地赋予经验意义。

亨普尔的"假说加词典"观点显然是与卡尔纳普构模型"二层结构模型"相关联的。在论文《论科学理论的"标准看法"》[①]中，亨普尔开始反戈一击，对原来的正统观点进行全面批评并发表新看法。新看法的要点是：

亨普尔认为，科学理论包含两种陈述，即内在原理和连接原理。内在原理说明理论方案的特征，详述事物、过程及其支配规律；连接原理指出该方案与被考察现象的联系。亨普尔举例说，气体分子运动论假说就是内在原理，其中的规律一部分来源于经典力学，一部分是新的统计性规律；连接原理包括诸如温度与分子平均动能的联系，扩散率与分子

---

① 该论文载《明尼苏达科学哲学》第Ⅳ卷，1970年。

数和平均速度的联系等规律。初看起来，与正统观点相对照，内在原理与公理系统相当；连接原理与对应规则相当。实质上，两种观点存在根本区别。

正统观点是采取"二层结构模型"的；新观点则接近于"网络结构模型"，认为观察语言与理论语言的区别是模糊的，两者是相互交织的。正统观点把科学理论看作起初没有解释的公理系统，只有观察名词才赋予经验意义；新观点则认为科学理论实际上大多数是既包含未解释的新概念，又包含先前理论解释过的旧概念。例如，分子运动论中，分子被赋予质量、速度、动量等特征，先前在宏观对象研究中已经用到过这些概念。因此，并非单纯由观察名词指定经验意义。亨普尔的连接原理与正统观点的对应规则也是根本不同的：连接原理与内在原理同等地属于理论的一部分，并且两者没有严格区别。总的说来，亨普尔并不拘泥于逻辑实证主义的早期信条，被认为是最敏锐的内部批评家之一。

的确，逻辑实证主义的基本信条碰到了越来越严重的种种困难：证实原则难以真正贯彻，完全的经验证实也不可能，而概率确证理论却又面临全称（无限）陈述的确证概率为零的责难；"二层结构模型"的基础已被摧毁，观察渗透着理论；逻辑主义的高度形式化的分析纲领对于大部分经验科学难以贯彻到底，而且单纯静态结构分析不能反映科学的动态发展，不符合科学史的实际。逻辑实证主义终于衰落了。

## 二、波普尔的证伪主义

卡尔·波普尔（1902—1994 年）是当代著名的英国科学哲学家，犹太血统，生于维也纳。曾任伦敦大学逻辑和科学方法论教授。他的科学方法论对某些物理学家，甚至生理学家和地质学家都有过一定影响力。他与维也纳学派交往甚密，但从来不是逻辑实证主义者。代表作有《科学发现的逻辑》（1934 年德文初版名《研究的逻辑》，1959 年英文版改今名）。以此为基础，他的学生和追随者形成了波普尔学派。在《猜测和反驳》（1963）等著作中，波普尔扩展了自己的体系。

与实证主义相对立，波普尔哲学的一个鲜明特点正在于宣扬知识可误论和证伪主义。

波普尔 17 岁时就反复思索科学的哲学问题是：什么样的理论称得上科学？科学与非科学的划界标准是什么？1919 年爱丁顿验证广义相对论的日食观测对他有决定性的意义，这使他认为：从批判眼光看，科学理论都可以证伪，科学知识总是有错，再好的科学理论也不是永恒真理。一再被确证并取得辉煌成果的牛顿引力理论仍可以被证伪。引力理论作为科学，不同于弗洛伊德精神分析学和阿德勒个人心理学的主要方面就在于其"可证伪性"。证伪、批判被看作科学方法的本质，成为波普尔哲学的特殊标记，被称为"证伪主义"或"批判理性主义"。

波普尔自认为深受爱因斯坦批判精神的启发。他自己总结为四点：（1）不管经受过多么严峻检验的科学理论（如牛顿引力论和菲涅尔的波动光学理论）总归还是一种假说、推测，仍可能被推翻或纠正。（2）认识到这个事实对每一个人的科学工作具有突出的重要性。爱因斯坦从不满足自己提出的任何理论。他总是试图探索其弱点，发现并指出其局限性。（3）这种自我批判的态度和探索精神是科学活动最本质的特征。（4）爱因斯坦的工作表明，科学中的批判态度针对科学理论的内容和结果，不同于哲学家的批判态度（说明对理论证明的无效性）。波普尔甚至宣称，自己的工作是把暗含在爱因斯坦工作中的某些论点明确化。[1]

波普尔在《科学发现的逻辑》中论述了两大问题。一是划界问题；二是归纳问题。维特根斯坦和逻辑实证主义者实际上是用意义标准来解决科学与非科学的分界问题。维特根斯坦说，有可能处于科学领域的陈述是可被观察陈述证实的陈述。可证实性与意义、科学性归根到底被当作是一回事。显然，波普尔的创见在于他用"可证伪性"（falsifiability）去代替"可证实性"，但只是用作科学划界标准，并不把它用作有意义和真理的标准。

---

[1] ［美］G.J. 怀特劳著：《爱因斯坦对我的科学观的影响——波普尔访问记》，载《自然科学哲学问题丛刊》，1980 年第 3 期。

波普尔对逻辑实证主义划界标准的批判如下：

第一，波普尔认为逻辑实证主义者总是喜欢用词的意义代替事实问题，这是用典型的假问题来偷换真问题。因为需要认真对待的绝不是词的用法而是事实。理论或假说之有无意义、有多大意义，取决于它与背景知识的关系；它与以前理论和与之竞争的理论的关系；它解决现存问题和提出新问题的能力。

第二，可证实性原则是逻辑实证主义的命根子。波普尔指出，一个陈述的可证实性其实就是它的可推演出观察陈述的性质，但是科学理论、定律作为全称陈述包含着并可推演出无限多个观察陈述，因而永远不可能被证实。这一责难是极为尖锐的。从此，实证主义者不得不放弃并修正了早期说法。前述确证或"弱证实"与证实的区别就是这一责难的产物，赖欣巴哈和卡尔纳普分别作出的概率蕴涵和归纳确证的可靠性理论也与这一责难不无关系。

第三，波普尔认为实证主义的划界标准"既窄又宽"。一方面，它很可能将爱因斯坦广义相对论那样抽象的思辨性较强的理论当作"形而上学"排除掉；另一方面，它又可能将诸如占卜之类的具有某种可证实性的伪科学放进门。

第四，波普尔认为实证主义划界标准最终目的是要拒斥"形而上学"（当作无意义的胡说），但这是不可能的。形而上学并非绝对无意义的，在一定条件下可以转化为科学。古代原子论、早期光微粒说、电的（单、双）流体说都曾带有思辨的形而上学的性质。

作为划界标准的可证伪性。按照波普尔的意见，凡是可以证伪的陈述是科学的；凡是不可证伪的陈述是非科学的（其中包括不是经验科学的和伪科学的）。"天或者下雨或者不下雨"是永真的陈述，不能证伪，不属于经验科学。占星术的抽象预言不能证伪（两种相反的意见都说得通），是伪科学的。天文学家说的"太阳系的别的行星上可能存在高等动物"是可证伪的（虽则尚未证伪），属于经验科学。

他提出可证伪性作为划界标准的主要根据在于全称陈述与单称陈述之间的逻辑关系的不对称性。不论多大数目的有限次的经验观察都不足以证实全称陈述；反过来一个个例外（单称陈述）就足以推翻（证伪）全称陈述。证实总是跟归纳主义、经验主义相联系；证伪总是跟演绎主义、理性主义相联系。按照归纳主义的看法，科学不同于非科学的地方就在于其经验方法，这种方法主要是归纳性的，是从观察和实验出发的。一旦证实被宣布为无效，波普尔反归纳主义就是势在必行了。

按照证伪划界，托勒密的地球中心说、哥白尼的太阳中心说、波义耳的燃素说、拉瓦锡的氧化学说、牛顿引力论、爱因斯坦相对论等当然都属于科学的了。对于达尔文的进化论，波普尔曾经认为这只是形而上学的研究纲领。因为"适者生存"很像分析陈述，生存下来的生物被定义为"适者"，淘汰的是"不适者"，看来难以被证伪。但是自从1968年木村提出"中性突变"学说，情况就起了变化。看来非达尔文主义的进化论也是可能的，达尔文学说也可以在某种意义上被证伪（自然选择对分子层次的进化无作用）。于是波普尔又认为达尔文学说应归于科学之列。

关于证伪的免疫与最高方法论原则，波普尔注意到，观察证据对理论的证伪不是绝对定论的，因为总能采取"免疫措施"（可以有很多对策）使理论避免被证伪，如引入辅助假设，或者引入特设性假设，或者否定实验证据的可靠性，或者修改定义等。那么，什么样的假设是允许的，什么样的假设是不允许的？波普尔认为，只有使理论的可证伪性程度提高的假设才是允许的。并提出了经验科学的一个最高的方法论规则，要求：

"必须这样设计，使得这些规则不去保护科学中任何陈述免除被证伪"。[1]

换句话说，为了避免证伪理论而专门设计的特设性假说是不允许的。

《科学发现的逻辑》中论述的第二大问题是归纳问题。我们已经提到，证实与归纳，证伪与反归纳的联系。关于休谟的归纳问题，波普尔认为有必要用客观的或逻辑的方法重新表述。休谟的归纳的逻辑问题可

---

[1]　Karl R.Popper: *The Logic of Scientific Discovery*, Basic Books, 1959, p54.

表述如下：

$L_1$："某一全称理论是真的这种主张能否用'经验的理由'来证明？即通过假定某些经验陈述或观察陈述是真的能否使之得到证明？"答案是否定的。因为全称陈述超越了无限个单称陈述。但 $L_1$ 可以修改并进一步概括为第二个逻辑问题。

$L_2$："某一全称陈述是真还是假的这种主张能否用'经验的理由'来证明？即假定检验陈述为真，能否证明某一全称理论是真还是假的？"答案是肯定的。但由于对某个科学问题的解决，同时并存若干相互竞争的可供选择的理论，于是就有了逻辑问题的第三种表述。

$L_3$："选择某些全称理论，而不是其他理论，能否用'经验的理由'来证明？"答案是肯定的。因为某些检验可以反驳或证伪某些参与竞争的理论。在筛选时，我们宁愿挑选尚未证伪的理论，因为我们在探索真理论。

总之，波普尔认为，证伪比证实靠得住，归纳的不可靠性是与证实的不可靠性相联系的。经验证实方法使人陷入归纳法的恶性循环，而证伪方法则能把理性从归纳疑难中挽救出来。

关于科学的目的问题。与实证主义相对立，波普尔哲学的另一特点在于，认为科学的目的不在于追求确实性，而在于追求深刻性。波普尔对此提出了一系列极端的看法。在科学史上有两种科学理论：一是深刻性的理想；二是确实性的理想。弗朗西斯·培根和笛卡尔尽管出发点不同，但他们的科学理想是一致的，都认为科学是由无误的、深刻的真理组成，甚至存在对现象提供最后说明的真理。这是深刻性的理想。另一方面，科学不仅是真理，而且是已经证明的、已被认识的真理。这是确实性的理想。休谟以后，在科学中再没有人能坚持绝对确实性的要求，同时再没有人能坚持最后说明的要求。逻辑实证主义倾向于放弃深刻性而追求确实性，即使达不到绝对确实性也要追求概率的确实性，波普尔认为他们是得不偿失的。波普尔宁愿完全抛弃确实性的理想，而片面地强调追求科学的深刻性。

波普尔在《猜测和反驳》中说："依我们看，科学同确实性或概率或可靠性的寻求没有任何关系。我们对于科学理论确定为牢靠的、确实的或概然的并不感兴趣"。<sup>①</sup>可见，对现代归纳主义的理论，无论是赖欣巴哈的概率蕴涵理论或是卡尔纳普的归纳确证的可靠性理论，波普尔都不会赞成。在现代归纳主义者看来，只有当一个信念为正面证据所辩护，即只有当它被证明为真，至少是概率极高的，才能被接受。然而，证伪主义者则有把握相信自己已经发现了上述纲领无法实现的论证。因为已经发现的用作证据的"事实"总是有限的，而理论即严格全称陈述包含或可推演出无限多个单称陈述，以有限比无限，确证程度或概率岂非为零！

波普尔在《科学发现的逻辑》中认为，关于知识确实性的古老幻想是妨害科学进步的。科学按基本性来说必定永远是试探性的，任何确证都只有相对的意义。科学家之所以成为科学家，并不在于他掌握无法反驳的真理，而在于他采取无所顾忌的批判态度和坚持不懈地对真理的寻求！<sup>②</sup>

与科学的目的问题直接相关联的是科学理论的评价标准问题。对于理论或假说作出合理的评价，是科学方法论的中心问题。任何评价理论的学说，都必须解决证据怎样给理论提供真正的支持，不同理论怎样从经验证据中得到较好的支持的问题。同逻辑实证主义相反，波普尔认为科学的目的不是要提高理论的概率或可靠性，而是希望得到较好的理论。丰富的经验内容、高度的可证伪性或可反驳性，或可检验性才是科学的目的。<sup>③</sup>

波普尔认为，一个较好的理论必须满足以下三个方面的要求：（1）"可证伪程度"较高；（2）能经受更"严峻的考验"；（3）"逼真性程度"越来越高。我们分述如下：

第一，可证伪程度（可检验性程度）。这个概念在这里是必不可少

① Karl R.Popper：*Conjectures and Refutations*：*The Growth of Scientific Knowledge*，Routledge & Kegan Paulple，1963，p262.

② Karl R.Popper：*The Logic of Scientific Discovery*，Basic Books，1959，p280.

③ Karl R.Popper：*Conjectures and Refutations*：*The Growth of Scientific Knowledge*，Routledge & Kegan Paulple，1963，p217—219.

的。波普尔把检验一个理论的基本陈述类分成以下两个非空类：一是与理论相矛盾的，理论所禁止或不允许的基本陈述类。只要有这个类存在，理论就是可证伪的，所以这个类称为"潜在证伪者类"。二是与理论不矛盾的、理论所允许的基本陈述类。

可证伪程度是与经验内容的多少成正比的。一个理论所不允许的类比另一理论大，可证伪程度就更高，对经验世界就断定得多。因此，一个理论传达的经验内容（信息量）随着它的可证伪程度而增加。可证伪程度越大，即越容易被证伪。相应于三种不同陈述的可证伪性不同：（1）一切重言式和抽象的形而上学陈述的潜在证伪者类是空类（即没有不允许的），可证伪度为 0；（2）经验陈述的潜在证伪者类是非空类，可证伪度＞0（介于 0 与 1 之间）；（3）一切逻辑上可能的基本陈述类都构成矛盾陈述的潜在证伪者类，换句话说，矛盾陈述是最容易被证伪的，它的可证伪度等于 1。

可见，可证伪性、理论内容与逻辑概率有关。内容最空、最难证伪的重言式，在逻辑上却是最可几的；最易证伪的矛盾陈述，在逻辑上却是最不可几的；经验陈述介乎两者之间。内容越多，越易证伪，因而逻辑上能成立的可能性即概率越小。于是，根据波普尔的分析，一个陈述的逻辑概率是与可证伪度以及理论内容成反比的，即有互补关系。更可检验的（可证伪的）陈述，正是逻辑上低概率的陈述，反之亦然。

波普尔采用两个特殊不等式的对照来刻画理论内容与逻辑概率的反比关系。假如以 Ct（a）、Ct（b）分别表示陈述 a、b 的内容，而以 Ct（ab）表示"a 和 b 合取的内容"。则有关于内容的公式：

$$Ct（a）\leqslant Ct（ab）\geqslant Ct（b）$$

反过来，对应的概率（p）的不等式，规律正好相反：

$$p（a）\geqslant p（ab）\leqslant p（b）$$

这就表明，理论内容增加，逻辑上的不可几性（improbability，即似不可信性）便也增加。

类似地，还有确证程度与逻辑概率的反比关系。波普尔认为，一个理论的可确证性以及事实上经受住严峻检验的确证程度，是随着可检验程度而增加的，因而应当与逻辑概率成反比。[1] 波普尔强调指出，他的观点是与现代归纳主义的有关论点针锋相对的。正如前述，归纳主义者曾借助于概率演算来构造确证函数，他们认为经验证据支持假设的程度即确证度是与理论成立的逻辑概率理所当然地成正比的。波普尔取笑说："如果高概率是科学的目的，那么科学家就应当尽量少说，并且最好只说同语反复。"[2]

第二，"严峻检验"的概念是波普尔的确证学说中的基本概念之一，严峻检验与背景知识有关。背景知识是由什么构成的？它是由在检验时刻被科学界和社会暂时接受为毫无问题的所有陈述所组成。[3] 经验支持或确证不只是理论和证据的两项关系，而是理论、证据和背景知识的三项关系。任何时候证据要是被理论所蕴涵，而不被背景知识所蕴涵，证据就称得上支持理论。什么是严峻检验？如果由理论和背景知识加在一起所预测的结果和单独由背景知识所预测的结果不大一样，前者概率很高，后者概率很低，那么这个检验便是严峻检验。通俗地说，新理论偏离常识极远，看起来似不可信，冒着极大风险却又通过检验，就算是通过严峻检验。例如，广义相对论受到了爱丁顿日食观测的严峻检验。在当时的背景知识下，人们想不到强引力场周围空间会发生弯曲，爱丁顿的证据给新理论提供了强有力的支持。

与严峻检验概念相联系，波普尔的确证学说对有关什么是"对理论的真正支持"的看法也是与众不同的。逻辑实证主义等价地看待所有经验证据。波普尔却主张区别对待：只有理论所预言的新事实才构成对理论的真正支持和证据，才对知识的增长有贡献；理论所推断、解释的旧

---

[1] Karl R.Popper: *The Logic of Scientific Discovery*, Basic Books, 1959, p272.

[2] Karl R.Popper: *Conjectures and Refutations*: *The Growth of Scientific Knowledge*, Routledge & Kegan Paulple, 1963, p286.

[3] Karl R.Popper: *Conjectures and Refutations*: *The Growth of Scientific Knowledge*, Routledge & Kegan Paulple, 1963, p390.

知识并不增加理论的确证程度。波普尔指出，如果一个理论 T 目前被接受了，突然又出现 T 所未料的新证据 E，那么要用 T 和 E 来构造一个能够推导出 E 的新理论 T′ 是并不困难的。

总结以上"可证伪程度"和"严峻检验"两条，可以作出理论之间的比较评价。波普尔在《科学发现的逻辑》一书中提出了简单化的理论评价标准：

理论 T′ 比 T 较好，如果满足：

（1）T′ 可证伪性程度比 T 较高；

（2）T′ 比 T 经受了更严峻的检验。

第一条是在检验之前的估价，经验内容越多越容易检验，估价就越好，叫作先验评价；第二条是在检验之后的评价，最出乎意料地得到确证的理论（通过严峻检验）是好的，叫作后验评价。

第三，波普尔后期关于理论的评价，进一步考虑了逼真性问题，这是他的早期理论所忽视的。证伪主义给人带来的疑问是，似乎科学不追求真理而总是与假理论打交道。波普尔终于修订了自己的概念。到 1960 年，波普尔在《有理、合理性和知识的增长》中开始承认科学的目的之一是真理，是理论同事实的较好的符合，是理论越来越逼近真理。于是提出了理论的逼真性概念。[①]

波普尔为"逼真度"（或"逼真性的测度"）下的最简单的定义是：逼真度等于从理论推出的真命题类减去理论所推出的假内容类。用公式表示则有：

$$V_s\,(\,a\,) = C_{tT}\,(\,a\,) - C_{tF}\,(\,a\,)$$

其中 $V_s\,(\,a\,)$ 表示理论 a 的逼真度，$C_{tT}\,(\,a\,)$ 表示 a 的真理内容，$C_{tF}\,(\,a\,)$ 表示 a 的假内容。[②] 根据这个定义，如有两个可比较的理论，那

① Karl R.Popper：*Conjectures and Refutations*：*The Growth of Scientific Knowledge*，Routledge & Kegan Paulple，1963，p237.

② Karl R.Popper：*Conjectures and Refutations*：*The Growth of Scientific Knowledge*，Routledge & Kegan Paulple，1963，p233—234.

么假内容少而真理内容多的，是逼真度高的理论。波普尔的这些概念后来受到了批评，把真理内容、假内容加以定性比较，实际上很难行得通，因为可推断的太多了。

与实证主义相对立，波普尔哲学的又一特点在于他所提出的科学知识增长的模式与演绎检验法。他也否认古典意义的发现逻辑，他所谓的"科学发现的逻辑"，等同于科学方法论，其任务是要建立那些指导科学家进行科学活动的方法论规则或规范，[①] 因此被人称为"规范方法论"。

波普尔提出演绎检验法与归纳主义的方法相对立。归纳法是一条从观察到理论的道路，而波普尔的方法则是一条从理论（假设、期望）到观察的道路。确认假设（理论）先于观察，这是波普尔采用演绎检验法代替归纳法的一个基本出发点。

波普尔把他的方法称作"试错法"。试错法的基本特点是"试着干"，是不怕犯错误，是准备从错误中学习。它有两个基本环节，一个是推测、猜想、假设，另一个是反驳、批判、证伪。所以波普尔又把它称作推测与反驳或尝试与排错的方法。其中所包含的基本思想是：一切科学知识都必定是试探性的；检验的目的在于反驳、证伪。波普尔方法论的本质是批判精神，这是他从爱因斯坦的思想中汲取来的。

试错法可以作为认识逻辑和科学发现的逻辑。用"P"表示问题，"TT"表示试探性理论，"EE"表示排错（$P_1$、$P_2$ 表示前后问题有别）。写成公式是：

$$P_1 \text{———} TT \text{———} EE \text{———} P_2$$

这就是说，面对问题提出试探性解决办法（理论），对解决办法（理论）进行反驳，排除错误，又产生新问题。试错法是一种用观察陈述否证理论的方法，对它的证明是用可推演性的逻辑关系（从单称前提的真推出全称陈述为假），这种证伪推演的方法在历史上一直可以追溯到斯多葛派和格罗斯代特。

---

① Karl R.Popper：*The Logic of Scientific Discovery*，Basic Books，1959，p45—50.

波普尔哲学的另一个特点是关于经验证据性质的"观察孕育理论"的观点。

在经验证据的性质问题上，波普尔与现代归纳主义者也有很大分歧。归纳主义的主要论点是：经验证据是辩护理论和使它有意义的唯一根据，它们构成科学的经验基础。科学语言是两层结构的：观察语言和理论语言有根本区别；观察和理论有根本区别。观察语言对任何理论保持中立，不受理论污染；观察陈述构成一个理论陈述的经验来源。

波普尔的观点恰恰相反。他在《科学发现的逻辑》第 25 节中指出，一切陈述都具有一个理论、一个假说的性质。他在《猜测与反驳》中也说："一切概念都是趋向性的。……'能够导电'比较'正在导电'具有更高程度的趋向性。这些不同的程度相当紧密地同理论的猜测或假说的性质相对应。"[1] 这就是说，没有纯粹的观察名词和观察陈述。没有中立的、不带倾向的观察语言。

波普尔相信观察必须依靠一个概念的结构。科学家有他的理论兴趣、正在研究的特定问题、他的推测和预期，作为背景知识而接受的理论即"他的参照系"。一切名词都受理论污染，都是充满理论的。

波普尔在《猜测与反驳》中说："'观察名词'（或'非理论名词'）和理论名词之间的习惯区别是错误的。"[2] 他反对归纳主义的两层语言观。

观察是纯粹感性的过程，还是已有理性因素渗透到观察的感性反应之中，这个认识论的基本问题，随着量子物理的迅速发展而变得日益重要。西方有影响的科学哲学家 N.R. 汉森在《发现的模式》（1958）一书中最先系统而深入地阐述了"观察渗透理论"的观点。汉森认为观察是一个有"理论渗透的"感性过程，由于个人以前有不同的"经验、认识和理论"，所以从同一观察对象中可能看到不同的东西。第谷与开普勒一起观察日出。第谷看到一个动态的太阳，开普勒却看见一个静态的

---

[1] Karl R.Popper: *Conjectures and Refutations*: *The Growth of Scientific Knowledge*, Routledge & Kegan Paulple, 1963, p118.

[2] Karl R.Popper: *Conjectures and Refutations*: *The Growth of Scientific Knowledge*, Routledge & Kegan Paulple, 1963, p119.

太阳。①

波普尔在后期哲学中提出"世界 3"（第三世界）理论。1972 年波普尔出版了一本文集《客观世界》，其中详细发挥了他的"世界 3"学说。三个世界都是实在的：（1）世界 1，即物理世界，包括物理的对象和状态；（2）世界 2，即精神世界，包括心理素质、意识状态等；（3）世界 3，即人类精神产物的世界，例如科学理论（不论真假）、神话、故事、工具和艺术作品的世界。三个世界之间处在相互作用之中。

对科学知识的性质问题有不同的见解。第一种看法是主观性的，把科学知识看作个人的信仰。第二种看法是约定论的，把科学知识看作科学家集体的信仰。波普尔采取第三种看法，认为科学理论属于"世界 3"，强调科学理论本身具有客观自主性。认为它能自主地发生、发展，有自己的"生命"。它在客观上可以有某种迄今没有被想到的推论。人们可以根据这种逻辑推论去发现它、认识它，但不能任意改变它。② 例如，数的概念属于人类精神的创造物，属于"世界 3"。由素数概念必然可以推论出哥德巴赫猜想。虽然哥德巴赫猜想从前没有被提出来，现在还没有证明出来，但它还是客观存在着。波普尔强调理论的客观化是片面宣扬理论的独立自主性。

波普尔提出"世界 3"理论，还意味着将科学逻辑与社会学、心理学划分开来。他认为科学逻辑并不研究科学家个人头脑中的主观知识，不是去研究科学家如何提出这个知识，那是心理学的事。科学逻辑也不研究某个科学共同体如何想问题、如何达到集体一致的公认的"约定"，那是科学社会学、科学心理学的事。科学逻辑只研究作为科学家研究活动成果的具有客观自主性的科学知识，我们只参考"世界 3"是怎么运动、发展和变化的。这样就把科学逻辑与心理学、社会学划分开了。这是波普尔提出"世界 3"的用意和目的之一。

---

① 汉森《发现的模式》中关于"观察"部分的摘要，见《自然科学哲学问题丛刊》，1981 年第 2—3 期。

② Karl R.Popper, John C.Eccles, Sir John Carew Eccles: *The Self and Its Brain*, Editions Roche, 1977, p40.

# 第五节　20 世纪西方关于科学方法的思想：
## 非正统的观点

## 一、库恩的科学革命论模式

托马斯·S.库恩（1922—1996 年）是美国科学哲学家，原从事研究物理学史，后转向科学哲学。科学史家柯依列的《伽利略研究》(1939)，迈兹热的《法国从 17 世纪到 18 世纪的化学学说》(1923)，麦尔的《17 世纪的先驱者伽利略》(1949) 等著作曾对库恩的科学史思想的形成产生过强烈的影响。库恩对哥白尼革命和 20 世纪物理学史作了细致的研究，创立了关于科学发展的"范式论"或"科学革命论"，1962 年出版的《科学革命的结构》轰动了西方科学哲学界，提出了科学哲学研究上的新方向。

按照归纳主义的科学发展观，科学知识是以经验为根据的归纳上升和直线式积累的过程。波普尔的规范方法论所强调的却不是知识的数量积累，而是科学理论（假说）的革命交替。库恩认为，只看到积累或者看到革命交替都是片面的，都不合乎科学史的事实。库恩不赞成波普尔那种"理性的重建"，而是主张"历史的再现"的科学发展模式。因而他的学派被称为历史主义学派。

逻辑实证主义以证实原则作为科学与非科学的划界标准，而波普尔的划界标准是可证伪性或可检验性。正如库恩在《发现的逻辑还是研究的心理学》①中所指出，波普尔喜欢强调严峻的检验，最喜爱的例子是拉瓦锡的燃烧实验（证伪燃素说，确证氧化学说）、爱丁顿的日蚀观测（证伪牛顿引力论，确证广义相对论），所有这些实验都有破旧立新的惊人后果。然而，库恩认为在科学史中这类实例虽然存在，却极为罕见，这是科学研究的非常时期才出现的现象。科学史的大量事实表明，在一般的

---

① 译文载《自然科学哲学问题丛刊》，1980 年第 3—4 期。

常规研究中并不出现波普尔式的检验。因此波普尔式的可检验性标准并不总能做到把科学与非科学区别开来。库恩认为波普尔是把科学事业中的暂时性革命特点赋予了整个科学事业。靠检验作为一门科学的标志，就会遗漏科学家的大部分工作，从而也会遗漏科学活动的最主要特征。

库恩在《发现的逻辑还是研究的心理学》一文中指出，解决疑难（duzzle）的活动应当看作常规科学的本质的特点，因而可以作为更好的区分科学与非科学的划界标准。他说，一个简单的例子就可以表明在检验和解决疑难这两个标准中，后者是较确定的也是更根本的。例如，占星术不同于天文学的主要特点在于它从没有天文学那样的释疑传统。一种理论当它难以维持释疑传统时就得被取代。

库恩指出，波普尔在每一篇反应强烈的文章中都追溯了"批判性讨论"的起源。库恩认为，这种方式是哲学、艺术的讨论方式，也是原始科学的特征。科学史表明，每当一门科学从原始时期转向成熟时期，同时就会由批判性讨论转向解决疑难的活动方式。只有当科学的基本理论再度陷入危机的非常时期，批判性方式才会受重视。总的来说，常规科学或在一个理论结构内部解决疑难的活动，这是科学成熟的标志。也就是科学与非科学（包括哲学、艺术、原始科学）的划界标准。①

库恩和波普尔同样致力于探索科学的发展，却建立了不同的模式。波普尔强调爱因斯坦式的批判精神，主张科学通过对现有理论的不断"证伪"、反驳而向前发展，可称之为"不断革命"论。库恩的科学发展模式则可称之为"阶段革命"论：原始科学日趋成熟，终究要建立一定"范式"作为专业基础，经过范式支配下的"常规科学"的发展，使范式日益完善，与此同时，"反常"现象日益增多又终于使旧范式穷于应付而陷入"危机"，于是爆发"科学革命"，并由新范式取而代之。因此，科学的增长总要通过常规科学的累积阶段而进入科学革命，库恩认为，这才是全面的看法。库恩的发展模式大致是：

① ［美］库恩著：《发现的逻辑还是研究的心理学》，《自然科学哲学问题丛刊》，1980年第 3 期。

前科学时期—常规科学—危机—科学革命……

范式（Paradigm）是一个总括库恩全部科学观的基本概念。它是科学家集团即科学共同体的无所不包的研究手段——世界观、信念、价值标准、理论、方法、仪器等，且不仅仅是理论框架。如前所述，常规科学的特点在于原有理论结构内部的释疑活动。库恩在《科学革命的结构》中具体地提出，常规科学活动大部分是为实现范式的最初纲领而进行的扫荡战。常规科学研究总是为了深入分析范式所已经提供的现象和理论。它大致包括：

（1）增加观测事实与范式基础上的计算相符的精确程度（如行星位置、大小、周期；光谱强度等）；

（2）扩展范式范围，以包括其他现象；

（3）确定普遍常数（如引力常数，阿伏伽德罗常数）；

（4）用公式进一步明确表达范式的定量规律（如电的库仑定律，波义耳气体定律等）；

（5）判明哪一种方式把范式应用于新领域更令人满意。[1]

库恩结合科学史来分析，而使"范式"和"常规科学"的概念较有实际感。牛顿的《自然哲学的数学原理》和《光学》、富兰克林的《电学》、拉瓦锡的《化学》以及莱伊尔的《地质学》——这样一些经典著作都确立了"范式"，都在一定时期里为以后几代的工作者暗暗规定了某一科学领域的研究方向、问题和方法。它们具有两个根本特点，一是其成就足以空前地吸引一大批坚定拥护者，使他们摆脱各种形式的竞争活动；二是这种成就又足以毫无限制地为他们留下各种有待解决的问题。库恩认为，凡是具备这两个特点的科学成就都称得上"范式"。[2] 物理学史上以牛顿《原理》为范式的解决疑难的活动，组成了经典力学或牛顿力学。

---

① ［美］库恩著：《科学革命的结构》，上海：上海科学技术出版社，1980年版，第21—24页。

② ［美］库恩著：《科学革命的结构》，上海：上海科学技术出版社，1980年版，第8页。

牛顿既确立了范式，又为后继者留下了很多迷人的理论问题。这在整个18世纪和19世纪初叶，耗用了许多欧洲最优秀的数学家的精力。伯努利、欧拉、拉格朗日、拉普拉斯和高斯都为牛顿范式进一步同自然界相称而作出各自最辉煌的贡献。相应的种种实际应用问题又占用了19世纪中可能是最出色也是最耗费精力的那些科学工作。这就是我们实际看到的"常规科学"。库恩的"范式"概念是与"科学共同体"的概念密切相关的。库恩在《批评与知识的增长》中指出，科学共同体是产生科学知识的单位，它指这样的科学家集团：他们从事给定的专业研究，教育和训练的共同要素把他们联结在一起，他们彼此了解，思想交流充分，在专业上判断比较一致。这个特点正是由共同体的范式所决定的。

如果一个常规科学传统试图解决范式所遇到的疑难和反常再三失败，人们就会把这种失败归因于基本理论或范式本身，这门科学就面临着危机。这是科学发展的转折点。此时将会出现互相竞争的不同学派、互不相容的不同理论。经历科学革命，由一个常规科学传统过渡到另一个常规科学传统。危机是新理论的必要前提，但不同科学家对危机的反应大不一样。

库恩结合哥白尼革命、化学革命和以太危机引起的爱因斯坦革命等科学史上的三次著名事件来考察，托勒密尽管取得了可赞美的成功，但是按照托勒密的范式，无论对行星位置或是对春分、秋分的岁差所作的预测，总是不能符合最好的观测。托勒密派天文学不管怎样调整"本轮"，"均轮"的复合圆环，都无法从根本上消除这种误差。托勒密派把这种反常看作一种未解决的麻烦，是理论尚未解释的相关事实，但并不认为是拒斥理论的事实，即根本性的问题。[①] 库恩概括说，常规科学视为疑难、异例（反常情况）的每一个问题，可以从另一个观点看作反例（逆事件）。[②] 正因为如此，托勒密派感到伤脑筋的行星逆行等反常情况，在哥白尼看来正是威胁托勒密天文学基础的逆事件。类似地，金属熔烧

---

① ［美］库恩著：《科学革命的结构》，上海：上海科学技术出版社，1980年版，第57页。

② ［美］库恩著：《科学革命的结构》，上海：上海科学技术出版社，1980年版，第66页。

后增重现象在普里斯特列看来只是燃素说的可以解释的反常情况（负重量燃素），而拉瓦锡则看作是动摇燃素说基础的逆事件。再看，麦克斯韦电磁理论所引出的以太疑难，在洛仑兹看来是需要煞费心机地作出特设性假设加以对付的反常情况，而对爱因斯坦来说，这个逆事件正好说明经典物理体系的基础本身存在问题。①根据不同的范式看问题，结论截然相反。

库恩指出，放弃一个范式永远意味着同时接受另一个范式。科学革命就是科学家（集团）由效忠于旧范式转变为效忠于新范式。旧范式与新范式的候补者在逻辑上是不相容的，它们的拥护者分别属于两个不同的阵营，相应有截然不同的准则和价值标准。前后相继的范式之间的差别是实质性的和不可调和的。库恩认为，爱因斯坦相对论的范式与牛顿范式就是不可比的。同样的名称"质量、时间、空间"等对两种不同范式意味着完全不同的东西，牛顿力学中质量守恒，相对论中能质联系、质量可变，时空概念具有全新的意义，等等。他反对按照推广的玻尔对应原理，把牛顿力学说成是 $V \ll C$ 的极限情况下的相对论的特例。因为相对论实际能推出的只是与牛顿公式形式相近的另一个东西，它在逻辑意义上是不同质的。②库恩比喻说，对于那些改变了范式的科学家团体，好像他们被突然运送到另一个行星上去。在那里熟悉的对象是以不同的眼光来看待的，并且是由不熟悉的对象连结起来的。③

理论选择和科学进步的问题是与"范式不可比性"密切相联系的。库恩在《发现的逻辑还是研究的心理学》中提出："科学家怎样在相竞争的理论之间作出选择呢？我们怎样去理解科学确实在进步的方式呢？"按照库恩的看法，在常规研究中解决疑难有确定的标准，有明显的进步，这是不成问题的。但在有危机出现的非常研究中，由于范式的不可比性，

---

① ［美］库恩著：《科学革命的结构》，上海：上海科学技术出版社，1980 年版，第 59—62、66 页。

② ［美］库恩著：《科学革命的结构》，上海：上海科学技术出版社，1980 年版，第 81—84 页。

③ ［美］库恩著：《科学革命的结构》，上海：上海科学技术出版社，1980 年版，第 91 页。

归纳主义的逻辑标准、证伪主义的方法论标准都行不通了。我们只能有科学共同体约定的"价值标准"，在不同理论之间不存在中立的观察语言。对胜利的这一派成员，新范式是比较好的，科学革命的结果是进步的。库恩过分突出范式交替中的约定成分，引起许多人的批评。但是他反对超历史、超时代的固定不变而普遍适用的方法论，主张研究科学发展必须考虑社会心理因素，却给人们留下深刻的印象。

值得指出的是，库恩在"范式论"基础上阐明了科学发现的本质，事实的发现被看作一个观察的理论化和理论渗透进事实的过程。

库恩认为，事实的发现要依赖于新理论的发明。惠威尔早已认识到事实与理论的区别的相对性，而库恩作了更多的发挥。一般人都认为，科学史上总是先出现（发现）新事实，然后建立了新理论。但库恩认为，新事实本身的发现有赖于新理论的发明。发现和发明的区别，也即事实和理论的区别，完全是人为的。库恩指出，氧的发现的历史可以作为新事实和新理论在科学发现中密切纠缠的著名例证。发现某一新现象，必须包括认清它是那个东西，又包括认清它是什么东西，否则就谈不上科学发现。最早取得氧气的较纯样品的是瑞典药剂师席勒（1774），但他只是为了取得除去燃素的热素。英国人普里斯特列，同样没有摆脱燃素说的影响。他曾把红色氧化汞加热所释放的气体收集起来作专门研究，但他并没有真正发现氧气，1774 年时他以为得到了笑气（$N_2O$）。只有法国化学家拉瓦锡才第一次真正明确地把氧气看作一种新的独立的实体，1777 年他把氧气确定为大气两种主要成分之一。如果拉瓦锡不突破燃素说的旧范式，不凭借新的燃烧理论（氧化学说），就不可能做到这一点。所以，观察同观察的理论化，事实同事实被吸收进理论，都不可分割地结合在科学发现的过程之中。[1]

库恩指出，物理学中 X 射线发现的历史，同样可以帮助阐明发现的本质。伦琴同时代的科学家有许多人从事阴极射线的研究，其中不止一

---

[1] ［美］库恩著：《科学革命的结构》，上海：上海科学技术出版社，1980 年版，第 43—46 页。

个人已经实际上产生出或接触到 X 射线，但他们由于缺乏新的能够消化、吸收新事实的新理论（范式）作指导，没有一个能够真正发现 X 射线。最典型的是克鲁克斯，他老是抱怨说，照相底片质量不好，以致老是产生模糊的阴影。唯独伦琴一人把 X 射线看作新的独立的实体而认真研究（1895 年 11 月 8 日至 12 月 28 日）。库恩通过科学史实例，令人信服地证明了科学发现过程中事实与理论的相互依赖和相互渗透。①

## 二、拉卡托斯的研究纲领方法论

伊姆雷·拉卡托斯（1921—1974 年）出生于匈牙利。1956 年离开匈牙利去维也纳，最后来到英国剑桥，从此开始他的学术生涯。他在剑桥和伦敦经济学院任教并从事数学哲学和科学哲学研究。代表作有《证伪和科学研究纲领方法论》（1970 年）。拉卡托斯的见解在西方科学哲学中独树一帜，颇有见地，在西方科学哲学界有过较大的影响。

拉卡托斯对数学哲学很感兴趣。他在剑桥的博士论文就是《论数学发现的逻辑》，这成为他的《证明和反驳》一书的基础。拉卡托斯认为，数学是推测和批判性证明的发展过程。数学发现过程是可以接受理性分析的，数学启发法在这一过程中起着特殊的作用。波普尔和拉卡托斯一起在经济学院时，他对拉卡托斯有很大影响。证伪主义和逻辑实证主义都认为科学发现问题与证明问题有别，前者不能有逻辑分析，后者才是科学哲学的主题。演绎检验理论和归纳确证理论都围绕着这一中心。但拉卡托斯则认为科学发现过程中，启发法起着特殊的作用，正是这一问题的深入研究把他引入科学哲学的领域。

波普尔主张科学发展过程是可以理性地重建的，但他忽视科学史的实际；库恩注重科学史的再现，注重科学发展过程中的社会心理因素，但他忽视理性的重建。拉卡托斯则希望把两者的优点即"理性的重建"

---

① ［美］库恩著：《科学革命的结构》，上海：上海科学技术出版社，1980 年版，第 47—49 页。

和"历史的再现"结合起来。拉卡托斯把波普尔的研究逻辑分解为素朴的证伪主义和精致的证伪主义两种成分，认为前者是错误的而后者是正确的。拉卡托斯的方法论是波普尔的精致的证伪主义的进一步发展，它吸取了库恩的常规科学概念，认为理论的"韧性"较强，能不断解决疑难甚至应付反常，而摆脱了素朴证伪主义以为理论是"脆弱"的、经不起反例证伪的观点。

拉卡托斯在《证伪和科学研究纲领的方法论》中指出，素朴证伪主义至少有两个关键点与科学史不符，一是把检验只看作理论与实验双方的斗争关系，而不是看作互相竞争的理论与实验三方面的斗争关系；二是把最有意思的检验结果说成只是证伪、驳倒假说，而有意忽视了确证。拉卡托斯对波普尔的理性重组方式进行了改进。主要是仿照库恩的范式和常规科学，用理论研究纲领代替波普尔的单一理论。研究纲领包括：反面启发法①（反面助发现法）——指示不该做的事，即不得触动硬核，可修改的只是保护带；正面启发法（正面助发现法）——指示应该做的事，即增加辅助假说和改进实验技术，解释和预见新事实，调整保护带，正面启发法是处理预期反常的一系列理论战略或程序性提示。

例如，牛顿研究纲领从最简单的太阳系简化模型出发，经过逐级修正，发展了越来越复杂的一组模型：

$T_1$——在假定太阳为固定点而且太阳和单个行星都是质点的条件下，应用开普勒定律或引力定律。这个最简单模型的一个明显的缺点是未考虑牛顿的反作用定律。

$T_2$——考虑行星和太阳围绕其公共质心而运动，对 $T_1$ 作出修正；

$T_3$——除考虑太阳引力外，还考虑行星际引力造成的摄动影响，据此作出修正；

$T_4$——考虑行星中质量分布的不均匀性，例如非正圆球且有突起等，据此作出修正。

所有这些理论 $T_1$、$T_2$、$T_3$、$T_4$ 都是同一个纲领的产物。牛顿的三大

---

① 注：启发法原文"heuristic"，意即发现的艺术。

运动定律和万有引力定律构成这一研究纲领的不可触动的硬核。反面启发法在研究纲领中的作用正在于防止人们把证伪的矛头指向硬核。

拉卡托斯批评波普尔夸大了否定检验结果的重要性，把驳斥与驳倒混同起来。如果碰到对理论的驳斥，一般地说，正面启发法富有成效的战略可以通过调整保护带的辅助假说以适应这个反常。有时甚至把反常搁置起来，留待以后考虑。在科学史中，曾有过以下实例：

比如，哥白尼纲领的拥护者假定，当时视差检测的失败是由于恒星离地球太远了。这样就把反常搁置起来；牛顿引力纲领的拥护者假定，天王星偏离开普勒定律所规定的轨道这一反常，可以通过引进未知行星X（海王星）这一辅助假说而消除。

牛顿引力理论是有史以来最成功的研究纲领之一，最初它几乎被淹没在"反常的海洋"中，但牛顿派用卓越的坚韧性和才智一次又一次地将反例转变为自己理论的例证。

关于理论评价标准问题，拉卡托斯认为，存在评价理论系列的客观标准。有些理论系列构成"进步的问题转换"并且是可以接受的，另有些理论系列构成"退步的问题转换"并且是该淘汰的。拉卡托斯首先根据精致的证伪主义提出，一个理论系列 $T_1$、$T_2$……$T_n$ 如果满足下列条件，问题转换就是进步的，理论是可以接受的：

（1）$T_n$ 有超过 $T_{n-1}$ 的较多的经验内容：它预测了新事实（称作理论上的进步转换）；

（2）$T_n$ 能说明 $T_{n-1}$ 先前的成功，$T_{n-1}$ 的所有未被驳斥内容都包含在 $T_n$ 之中；

（3）$T_n$ 的超过 $T_{n-1}$ 的经验内容之中有一部分已经得到确证（称作经验上的进步转换）。

反之，如果不能满足以上的条件，那问题转换就是退步的，理论是该淘汰的。不难看出，科学与非科学之间的划界标准已经被科学理论该接受还是淘汰的评价标准所代替，单一理论已经被理论系列所代替。

拉卡托斯指出，证伪具有历史的性质。证伪不是单一理论与经验之间的关系，没有任何实验报告、观察陈述能单独地导致证伪。证伪是经验基础和竞争理论之间的多元关系。波普尔给予证伪过高的地位和作用。当理论与实验结果不一致时，波普尔让实验证伪、否决被检验的理论。拉卡托斯则更宽容些，允许理论上诉。我们为什么不应当认为"实验结果"本身像被检验的理论一样有疑问？任何"实验结果"背后总是隐藏着解释性理论。因此当理论家对实验家的判决提出上诉时，"法院"通常并不直接审问表达实验结果的基本陈述，却审问对实验结果的解释性理论（或观察理论），因为正是由于这一理论的存在，才使实验结果显示出目前这个样子。

当一个理论 T 被检验时，实验家应用了一个解释性理论 $T_1$，他按照 $T_1$ 观点解释实验现象，得到结果 R，仅仅根据 $T_1$，R 才是"确凿的事实"，而在波普尔的单理论模型中，$T_1$ 根本不露面，在拉卡托斯的多元性模型中则确立了"上诉手续"。如果理论家对实验家的否定判决提出疑问，那么理论家可以寻根究底，要求实验家把他的解释理论明确地展示出来，然后他就有可能用较好的解释性理论来替换它，有可能使受反驳的理论重新得到肯定评价。只要他能证明 T 比 $T_1$ 更进步。

按照证伪主义的进步标准，如果一个理论具有超过它的竞争者的多余经验内容，它就是较好的理论。可是在实际的科学革命中，一个新理论往往不见得比已接受的旧理论能说明更多的内容，甚至在某些方面反而说明较少的内容。这个现象称作说明内容的"库恩损失"。研究纲领方法论能在某种程度上予以说明：如果两个纲领所产生的最新理论各自说明了不同的事实，各自获得不同事实的支持，很难说哪个理论得到更多的支持，这时将怎么办？要知道，库恩和费耶阿本德就是根据"库恩损失"或"有得有失"来证明新旧理论的"不可比性"的。拉卡托斯的解释是，新的研究纲领是更进步的而不是退化的，即在启发法上更强有力而不是虚弱无力的。

拉卡托斯指出，19 世纪二三十年代的光学革命确实包含新理论解释力的亏损。由托马斯·杨和菲涅耳确立的新波动说（横波说）能够出乎意料地极好地解释以前难以解释的现象（衍射和偏振光的干涉等），已成为极其进步的纲领，而微粒说纲领则已经退化，越来越丧失启发性和解释力，只能靠不断作出特设性假设而苟延残喘。可是色散现象的存在是牛顿根据微粒说直接得出的推断，但菲涅耳的波动说却一时无法作出解释，这种解释力的暂时亏损，是"库恩损失"的一个典型事例。

为了解释"库恩损失"，甚至精致证伪主义的评价标准都显得不充分，因为我们已经不能根据"多余的经验内容"来区分或定义"进步"和"退化"。于是拉卡托斯根据研究纲领的观点重新表述了理论评价标准：

（1）启发法的力量——有详细和广博的正面启发法，能指示怎样使一组基本理论陈述（硬核）充分而准确地由之导出推断出来，以及怎样详细说明它们，引进新的假设以便应用于新领域，并在遇到困难时怎样修改等的一组观念；

（2）理论上的进步——理论 $T_n$ 比 $T_{n-1}$ 有更多可检验的推断；

（3）经验上的进步—— $T_n$ 任何增添的可检验推断被实验证明了（要是其他推断反而被反驳了也没有关系）。

满足上述条件的，从研究纲领方法论观点看就是进步的和可接受的。反之，则是退化的和不可接受的。这样，更有启发力的新理论尽管暂时蒙受"库恩损失"，却仍然是进步的和可接受的。

关于研究纲领的"韧性"以及"判定性实验"的不存在，拉卡托斯的观点的确比波普尔的证伪学说更能使理论带有强大的"韧性"。证伪不再具有那么大的力量，一次检验不能简单地决定理论的存亡，具有绝对的判定力的"判定性实验"是根本不存在的。拉卡托斯给研究纲领一个充分的时间（间歇期）来经受考验，让它成长，充分显示潜力，到最后才作出判决。如果一个纲领富于启发力，引起有趣的新发展，即使开头不理想也应保留。反之，缺乏启发力的纲领，扼杀想象力并使思想枯竭，就应当抛弃。

拉卡托斯指出，我们不能将"退化"绝对化。科学史表明，一个研究纲领在科学发展的某一历史阶段被断定为"退化的"，可是它可以在另一历史阶段东山再起。这就是旧研究纲领在新历史阶段的"复活"。拉卡托斯举例说，在化学上，普劳特1816年所提出的氢整倍数假说是一个有雄心的研究纲领：它要表明，一切元素的原子量都是氢的整倍数；一切元素都由氢组成。普劳特纲领似乎很有成功的希望，许多元素原子量的测定值都接近于这样的整数值。科学家格姆林、杜马、司大斯都支持这一假说。但是总有一些元素（尤其是氯）的原子量明显是分数（$Cl = 35.5$）。瑞典大化学家伯瑞留斯长期从事原子量的测定，是当时原子量问题的权威，他坚持原子量整数以下的数值是客观存在的，本质上不可消除。许多化学家终于抛弃了普劳特纲领，因为认识到它是退化的。然而，数十年以后，由于同位素的发现，原子量非整数之谜终于被解开了，每一种元素的特定原子（核）的质量确实是氢（核）的整倍数，普劳特纲领在新的条件下复活了。这里可以看出，拉卡托斯用以区分、鉴别科学研究纲领进步和退化的原则，在实际应用时还会碰到困难。例如我们不知道一个理论的考验时间要多长才算充分，也不知道我们该等待多久。

拉卡托斯在他的《科学史及其合理重建》的论文中强调了科学哲学研究必须与科学史研究密切相结合。他说，没有科学史的科学哲学是空洞的；没有科学哲学的科学史是盲目的。他还提出了评价方法论的元方法论（或称编史方法论）标准。按照这一标准，科学史在不同程度上确证了它的各种理性重建，从而对互相竞争的各种方法论作出评估。波普尔证伪主义比归纳主义进步，而研究纲领方法论则比波普尔理论又更进步。因为后者使科学史上更多的基本价值判断得到合理解释。拉卡托斯本人被认为是在方法上目的明确地研究科学历史案例的大师。

## 三、费耶阿本德的多元主义方法论

保尔·费耶阿本德（1924—1994 年）是在维也纳出生的当代美国科学哲学家。曾进过表演学校，还研究过戏剧。1947 年到维也纳大学攻读历史、物理和天文学。1951 年获得哲学博士学位之后，去英国向维特根斯坦求教，维特根斯坦的过早逝世使他到了波普尔那里，后来一直在加州大学任教。费耶阿本德的雄辩和富于表演才能使听讲者深受吸引。他的主要著作有《反对方法》（1975）。该书因反对传统逻辑主义的方法论，提倡"各行其是"的多元主义（或无政府主义）的方法论而著名。他的主张属于历史主义学派。

逻辑主义（包括逻辑实证主义和证伪主义）都忽视了科学的历史条件和心理因素，库恩的观点则对逻辑和理性以外的这些因素予以强调。费耶阿本德则走得更远。他在《反对方法》中甚至主张"人类学方法是研究科学结构的正确方法"。这种方法不会歪曲科学的非正式性质，如丰富多彩性、不清晰性和暧昧性等，这些性质都有重要功能，把它们加以"逻辑重建"，就看不到这些功能，实际科学史要比逻辑主义的简化图式远为复杂。他把逻辑实证主义的原则概括为"要准确；使你们的理论立足于测量；避免含糊的不确定的观念等"，而把波普尔证伪主义的原则概括为"认真对待证伪；增加内容；避免特设性假说；'要正直'等"。认为这些原则不能正确说明科学过去的发展，也无益于未来。因为科学比它的方法论形象"不整齐"得多、"非理性"得多。而"不整齐""混乱"或"机会主义"的东西在今天我们的自然科学理论发展中有着最重要的功能。对旧的"理性"方法的偏离是科学进步的先决条件。科学家是事实、理论和方法论的发明者。

费耶阿本德认为，科学只是许多意识形态之一，也是人类发明的工具之一。科学不应独占"唯一正确的方法和唯一可接受的成果"。社会应当从在意识形态上僵化了的科学的束缚中解放出来，正如我们的祖先已经从唯一的真宗教的束缚中解放出来一样。科学不是绝对可靠的，它有许多优点但也有许多缺点。科学与非科学的分离是人为的。科学史表明非科学成分与科学成分的搀和是有益的，科学与神话之间的界限也不是绝对的，人们给科学的地位是过高了，应当反对盲目崇尚科学的"科学沙文主义"，否则，就会妨害人性的发展，不合乎人道主义。

实证主义的确定逻辑或证伪主义的检验理论，都重视以"经验事实"或"实验结果"作为理论是否成功的衡量标准（有无一致性，一致性程度）。它预设了关于事实的独立自主性假设，即"自主性原则"。但实际上观察陈述与假说、理论之间不可能有绝对分明的界限。事实不是独立的，关于观察和实验的事实陈述往往暗中含有某种假设，根据这样的事实陈述或证据去反驳一种理论，就是根据隐含的未经检验的假设去反驳这个理论，这会使证据受到污染。不难看出，这是与拉卡托斯的"理论上诉"相一致的，即实验结果（R）总是受到不露面的解释性理论（$T_1$）的污染。费耶阿本德与拉卡托斯确有一些思想相通之处，这里费耶阿本德说的是"自主性原则"的问题。他还进一步指出，"一致性"条件也并不带来好处。本来，尽可能发现更多的新事实、新理论，应当构成经验方法的基本部分，但"一律性"恰恰淘汰了其他可供选择的理论，相应地削减了足以显示所保留理论缺点的事实的数量，使它显得是唯一成功的那个，并导致僵化。

费耶阿本德强烈反对科学中和方法论中的教条主义。科学史表明，任何方法都有局限性，也都有成功的希望，不按规则或反规则往往也可能成功。剩下的唯一"规则"是"怎么都行（或各行其是）"。费耶阿本德主张思想开放，他提出所谓"反归纳法"。要点是：（1）建议发明与似最可信理论相违的新假说，引进各种可供选择的理论，并防止急于消除看来已被驳斥的旧理论，主张容纳各种看来互不相容的理论。这就是说，他用"增多原则"来对抗"一致性"原则，用"多元主义"来对抗"一律性"。为此他甚至主张从科学之外，如外行人观念或神话中输入新想法。（2）保留甚至发明与"事实"有矛盾的理论，借以揭露"事实"中的意识形态成分。用它来发现引起矛盾的隐藏原理，发现证据隐含的未知假说。只有通过与另一世界的对照才能发现预设的世界，从它自己内部是无从发现的。（3）通过批判性讨论，推翻支持旧理论的不合适的自然解释，而接受新的自然解释。

费耶阿本德明确地表示，反归纳法（和理论增多）的被推荐不是为了当作新的方法，而是当作显示现存方法论的局限性的方式。

## 四、劳登的科学进步模式

拉里·劳登（1941—  ）是当代美国科学哲学家，在普林斯顿获得哲学博士学位。他是匹兹堡科学史和科学哲学系主任。在《进步及其问题》（1977）中，劳登提出了与库恩、拉卡托斯不同的科学进步模式。

劳登的进步模式把科学描述为解决问题的活动。问题被认为是科学思想的关键，科学进步就是以问题的解决为单元的。劳登认为，科学问题可分为经验问题和概念问题。经验问题涉及所研究领域对象的结构和关系；概念问题涉及科学讨论、争论中的疑难或是科学理论结构与该领域的方法论前提的不协调（例如牛顿的归纳主义与牛顿力学的公理化结构不协调）。劳登认为，解决问题的工具是理论。理论包括两种：一种是特殊理论，可用以直接预言、解释自然现象并直接由实验检验；另一种是相对层次更高的普遍理论，不易直接受检验。前一种理论如玻尔的氢原子理论，爱因斯坦的光电效应理论。后一种理论如进化论、原子论等，它们可以引申出一系列具体理论。劳登把后一种理论称为"研究传统"。

劳登认为，"研究传统"这一概念对于解释、评价科学进步来说具有基本的重要性。不单生物学有进化论的研究传统，物理学有原子论的研究传统，每一门科学都有自己独特的研究传统。所有研究传统的共同点是：每一研究传统都有某种基本的指导思想或方法论规定；都包括一系列并列的或前后相继的特殊理论；都经历过较长的历史发展过程。据此，劳登提出了衡量科学进步的独特标准：（1）在一个研究传统中比较前后相继的具体理论，看在后的理论是否比在先的理论更有解决问题的效力；（2）对一个研究传统，在任何指定时间内找出它的瞬时有效性的变化，从而决定该传统的进步速度。劳登倒转了以前关于理性和进步之间关系的观点：逻辑主义（包括实证主义与证伪主义）认为，科学是否进步由理性标准来评判；劳登则反过来认为，只有实际上进步的（增加解决问题效力的）才是理性的。

劳登认为，科学进步有三个基本途径。第一个途径是通过增加解决经验问题的数目。例如伽利略、牛顿理论属于同一个研究传统，但伽利略的落体理论只是自由落体问题的近似解决，而牛顿理论使天上和地上的物体运动规律统一起来。牛顿理论比伽利略理论所能解决经验问题的数目大大增加，因而是更进步的。进步的第二条途径是消除所谓"反常"。例如，牛顿引力理论起先解释不了太阳系已知行星的单向绕日运行，被看作一种反常。而消除的方法，一是推翻或修正"反常"的经验基础，用新事实说明并非反常；二是增添辅助假说来适应反常；三是有关理论本身作出重大改变。科学进步的第三条途径是使看来冲突的不同理论重新协调起来。例如经典热力学与气体分子运动论的基本观点和方法是截然不同的，后由玻尔兹曼、克劳修斯等人用统计力学方法使两者统一起来，这就构成重大的科学进步。

劳登的科学哲学是从库恩和拉卡托斯出发的，他力图汲取"范式论"与"纲领论"中的有益成分，解决他们所未能解决的问题。劳登提出了评价和发展科学研究传统的新方法，提出了某种衡量科学进步的客观标准。劳登的见解引起了其他科学哲学家的注意。

关于科学理论的发现与评价，以及科学进步问题是当前科学方法理论的中心论题。随着科学逻辑的研究发展，必将有更多的新学说出现。而西方科学方法论的根本缺陷就在于没能把唯物辩证法应用于考察科学认识的进程，因而他们都没看到认识是一个辩证的过程，科学发展也是一个辩证过程。自然，他们也就不可能正确完备地解决科学方法论的课题。

**图书在版编目(CIP)数据**

科学逻辑/张巨青主编. —上海:学林出版社,
2021
ISBN 978 - 7 - 5486 - 1732 - 7

Ⅰ. ①科… Ⅱ. ①张… Ⅲ. ①自然科学-科学方法论
Ⅳ. ①N03

中国版本图书馆 CIP 数据核字(2021)第 076024 号


策　　划　夏德元
**责任编辑**　许苏宜　　石佳彦
**封面设计**　谢定莹


**科学逻辑**

张巨青　主编

出　　版　**学林出版社**
　　　　　　(200001　上海福建中路 193 号)
发　　行　上海人民出版社发行中心
　　　　　　(200001　上海福建中路 193 号)
印　　刷　商务印书馆上海印刷有限公司
开　　本　720×1000　1/16
印　　张　21
字　　数　31 万
版　　次　2021 年 8 月第 1 版
印　　次　2021 年 8 月第 1 次印刷
ISBN 978 - 7 - 5486 - 1732 - 7/B · 64
定　　价　66.00 元